江南水乡古镇水岸研究

新场古镇

薛鸣华
王　林　著

中国建筑工业出版社

序言

“家家踏级齐入水，户户门前泊舟航”，前人有诗称赞水乡古镇沿河水埠的优美景色，水埠是联系水上与陆地的交通枢纽，也丰富了水乡古镇水岸的景观。随着沿河住家或店铺的位置和功能的不同，水埠也就出现了各种各样的形式。有单面的，双面的，如新场古镇的水埠人称马鞍水桥；还有宽大三面的，这往往是供大的商业货栈前停靠多艘船只的，如乌镇东栅的转船湾。大户人家河埠头上要迎接贵客，就出现了水墙门，水埠上有大门可以开闭，两侧有耳房可供下人休息，在周庄沈厅还完整地留存着。周庄的张厅河埠开在后门，船从暗道里进，家里的女眷们进出既隐蔽又安全。还有更大更气派的如虎丘临河山门的大水埠，用两侧隔墙和河对面的照壁，把水埠的领域空间限定，凸显了寺庙的气派。水埠有公用的也有私用的，临街大多是公用的，背街一家一户多为私用，那就有多种形式。甪直镇上多有凹进水岸，并覆以屋顶的，这大多是有坐堂医师的大的国药店家的，这种水埠是为了方便病家，摇了船来看重病的。在清末明初直至上世纪五十年代，甪直镇上国药店有 40 多家，是周围城镇名医荟集之地，“到保圣寺进香，找名医号脉”，使甪直古镇名满江南。

水岸是水乡城镇的门面，因此就有美化的要求，大户人家的河沿水岸多用斩平的花岗岩石板整齐砌筑，出水口，系船拴（船鼻子）雕饰精美，甪直镇河岸上暗八仙的图案就能找全。那种用杂石不规则石块砌筑，虎皮墙式或粗糙的水泥嵌缝，或红砖砌筑的大多是五十年代以后粗劣的做法，既不美，又不坚固。近年来许多古镇都做了重新砌铺，水岸也做了整修，也就有了美化的效果。

本书集中研究水乡古镇的水岸，是抓住了水乡古镇的构成要素。随着时代的发展，古镇也在发展变化，水乡古镇的河道过去重要的运输和用水的功能，在逐步地消退，但古镇的形态不会变，而水岸的作用也不仅仅是落在观赏的功能上。本书以新场古镇为例，通过认真和详尽的调查研究，从保护和发展的角度提出一系列的设想与规划，具有先导性和实际意义，有助于古镇的合理保护与发展，同时在古镇物质形态研究上也有丰硕的积累，研究的方法也颇有新意，补充了水乡古镇研究的缺项，是近年来这方面学术研究的新成果，如能拓展至多个古镇，将会更为丰富和完整，共勉之。

阮仪三

2018-12-08

前言

江南水乡古镇的传统历史风貌是中华悠久历史文明的代表之一，其文化景观在世界上独树一帜。这里河湖纵横，水网交错，就如同各种书中描绘的“小桥、流水、人家”一样，景象如诗如画。古镇中独特的古典园林也是魅力无穷，再加上江南地区水乡民俗的吴侬细语和江南丝竹，别有一番韵味。

江南古镇水乡特色与传统文化的景观价值随着历史风貌保护在国家战略中的提升而被重视，古镇的保护理论与措施在发展过程中亦被不断完善，人类文化景观的延续与传承，是可持续发展的重要源泉。

江南水乡古镇是多元化社会、文化、经济形态的高度聚合体，是我国历史上社会经济文化高度发达的代表，其中蕴含的传统风貌与文化民俗彰显了独特的魅力。在以水路作为主要交通干道的时代，江南水乡因其交通的便利而成为富庶之地；但随着现代化交通的出现，公路、铁路和航空运输的发展，水运的交通慢行系统逐渐淡出了人们的视线。本书通过梳理新场古镇水岸自然环境特质及其古镇驳岸与船舶的物质场所的现象，揭示江南水乡古镇的历史价值及其文化景观的内涵，从而引发人们对于江南传统风貌水乡习俗以及民俗文化的共鸣，以期达到因地制宜地构建城镇风貌保护思路，理性、有序和多视角地理解、研究江南水乡文化景观的风貌特征，发现并整理文化景观的历史变化与延伸。通过在水岸建筑组织的传统空间中、在当代的人与环境交流中、在文化的表象衍变中，总结出整体性结构并形成系统控制，服务于社会发展的各个层面，并且通过文化景观的研究将历史古镇的传统形象界面展示在世人面前，形成重要的古镇未来发展的新契机。

新场古镇是典型的江南“水乡”古镇，同时它又具有我国东部沿海地区盐文化及相关水运的传统基因和环境特点。自古以来，江南地区的风貌特质往往随着时代的发展而变迁，由于陆地交通的发展，原有的水乡特色交通体系逐渐退化，渐渐淡出了人们的视线，也影响了古镇风貌特色的维护与传承。本书也以研究江南水乡新场古镇的驳岸船舶及水岸为核心，通过对新场古镇由驳岸和船舶整体形成的水岸驳船系统文化景观的研究，发掘新场古镇历史文化风貌的内涵，丰富文化景观的各种类型特性，进一步深入揭示江南水乡文化景观的特质与独特性。

新场史称“石笋滩”、“石笋里”。宋代，随着陆地向东南延伸，著名的盐场“下沙盐场”迁场于此，南宋建炎二年（1128 年）正式建镇，称所迁新址为“新场”，而下沙则被称为“老场”，其“新场”称谓也被沿用至今。新场拥有过辉煌的历史，宋、元年间，新场镇逐渐兴盛。元大德四年（1300 年），下沙盐场场部全部搬迁至新场镇，两浙盐运使署松江分司也迁至新场镇。当时的新场镇上茶馆、饭店、旅馆、小百货应有尽有，地域南至南油车（现大治河处），北到北油车（现惠新港处）， 南北长约 2.50 km，洪桥东西街长约 1 km，集镇商店二三百家。新场镇历来是富商大贾汇集之地，交通便利、经济繁荣、文化发达，拥有“笋山十景”、“马鞍水桥石驳岸”、“十三牌楼九环龙”等胜景，古代有“四时海味不绝，歌楼酒肆、贾炫繁华”，近代也曾有“银新场”之说。自古至今，新场境内更是河港纵横，土地肥沃，交通便捷，是个美丽的“千年水乡古镇”，驰名江南。

本书将通过研究文化景观的相关理论，整理江南古镇相关的水乡历史风貌研究成果、结合对自然环境保护和旅游经济学的研究等相关内容，形成江南古镇驳船系统文化景观论文研究的理论支撑与依据。通过对“江南水乡系列古镇”以及新场古镇中典型核心区域内涉及驳岸、水系、河埠码头、船舶、水网水道等信息的调研，对这些元素及周边建筑环境要素所形成集群体系的基本形式、功能、空间建构、文化内容等进行了初步的整理归纳和类型分析，梳理现状中富有江南水乡特质条件的历史风貌与传统特色正逐步退化等问题。按照类型学自定义分析的研究方法，以及通过对江南水乡古镇驳船系统核心内容的体系化比较，形成关于如何看清保护与发展矛盾问题的本质，并从中寻找合理运用资源的方法，从而得出体系化发展与完善优化新场古镇“与驳岸船舶相关联的整体水岸体系暨驳船系统”的综合研究内容以及成果。

1

图 1 新场古镇油画 1

本书还将依据对江南水乡古镇驳船系统文化景观的分类研究，梳理新场古镇水岸的一些基本规律。从河道结构来看，洪桥港、包桥港、后市河和东横港将古镇划分为“井”字形空间格局，大治河从古镇南侧流过。从空间形态上看，新场古镇北密南疏，北边由北栅口而南，建筑密集，肌理整齐，而南边地势开阔，建筑低矮疏散。从新场古镇驳船系统文化景观风貌内涵与传承分析的结论来看，新场古镇以水系水网为主脉络，水岸为承载界面，驳岸与船舶的不同功能类型组成为分类节点，阐述其核心文化景观的内容与特色；探寻在整合点、线、面问题中如何遵循与驳船系统相互关联的必要条件，并进行深入研究，发掘其潜在的文化景观体系要素，梳理形成“保护、传承和发展”的核心规律，形成基本保护与传承核心的策略内容。

本书对新场古镇水岸驳船系统文化景观进行了翔实的梳理调研，并且对其进行保护性设计研究，展示了新场古镇水文化景观的独特性，以及在古镇保护与城镇更新的矛盾与统一中，实践探索出了一条有别于传统保护的路子。通过研究得到江南古镇驳船系统文化景观对于江南古镇保护与复兴的意义和重要性，初步总结出以保护为原则的未来发展方向，从而有效促进江南水乡文化的内容和价值的发展，探索出一条活化古镇驳船系统文化景观发展的复兴之路。

江南水乡古镇的水岸是重要的历史风貌文化景观的展示界面。就如同我们现在城市的街道一样，它是早期中国城镇的生活和工作的场所，其作用与价值与街道是一样。甚至在有些地区，地位更重要。

“新场古镇是体现古代上海成陆与发展的重要载体，近代上海传统城镇演变的缩影，上海老浦东原住民生活的真实画卷。”

– 阮仪三

图 2 新场古镇油画 2

3

图 3 新场古镇的古镇肌理

* 图片摄于新场古镇

清明上河图
中国古代关于水岸文化景观的写实记录

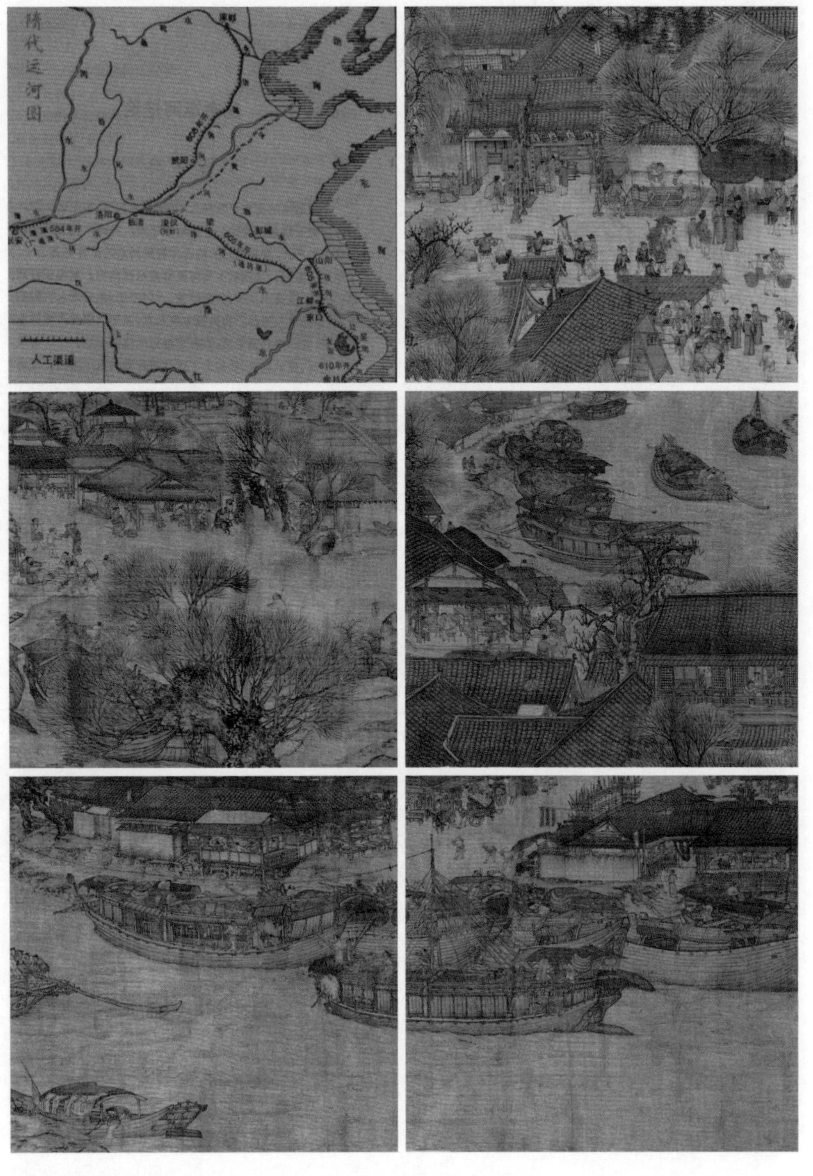

北宋时期保存至今的一幅《清明上河图》，是由北宋画家张择端创作的民俗写实风情绘画巨著，它生动地描绘了北宋时期都城－东京（河南开封）的风情人文与民俗生活。画中主要以大场景纪实的手法，叙述了1000年前中国古代都城的建筑城池、街道水岸、河流码头、市井民生的内容，它们被活灵活现地完整描绘出来，使得我们有机会清晰地了解古代中国与水岸有关的历史风貌。尤其是画中对当时的水岸文化景观和街市文化风貌的描绘更是表现得淋漓尽致。《清明上河图》也是不可多得的让我们了解自古以来中国水岸文化景观历史风貌的重要史料，也是体现中国水岸文化景观风貌优秀历史的重要佐证。

画中还原了当时的民间风俗场景，以“清明”时节为民俗记述的背景，表现了很多传承至今的文化传统，其中很多是与水有关的。画中，人群在街市涌动热闹非凡的集会场景、水岸特色环境的民俗节日与生活，以及当时依靠水路交通的水岸生活、商贸活动等，及其丰富多彩形态各异。全部绘画大致分为汴京郊外春光、汴河场景、城内街市三部分，其中水岸部分的内容表现得最为丰富生动。

* 基础资料来源于网络

汴河 – 汴河是中国大运河系统的一部分，尤其是在北宋时期属于当时国家重要的漕运交通枢纽，也是南北之间的商业贸易与交通交流的重要通道。绘画中可以看到当时的河道沿岸商船云集，河里船只往来，首尾相接，有纤夫牵拉，有船夫摇橹，货船满载货物正紧张地卸货，而客船逆流而上准备靠岸停泊。

虹桥 – 虹桥是一座木质拱桥，横跨当时的汴河之上，规模宏大气宇不凡。整座大桥全部由木材修建而成，巧妙地运用了杠杆斗栱的原理，以自有的创造性榫卯结构嫁接使整个桥身结构精巧，形态优美势如飞虹。

码头 – 河流的不远处有几艘船依次地停泊在岸边，停靠的码头有的是跳板横架其间，有的则已经看见了石砌的水埠。不远处的船在航行，橹工与纤工在忙碌着，还有附近的两条游船，文人雅士在上面饮酒唱茶，欣赏汴河的风景。这些人文的场景与秀丽的河道水景共同形成了水岸文化景观的美丽风俗画面。

虹桥码头区 – 这里是一个水陆交通的会合点，也是街市最有活力的地方。虹桥的桥头是重要的商业服务和码头河埠区域，各类商铺林立布局有工具器皿、饮食与各类杂货摊，商业氛围非常浓烈，虹桥本身也是汴河两岸的交通咽喉，桥面上川流不息车水马龙，过往路人人气旺盛摩肩接踵，商贩不失时机地占道经营，有的摆地摊，有的卖食品，还有一家卖刀剪，牛尾锁等小五金的摊子，为了使商品更加醒目，把货摊设计成斜面，是个功能多元复合的独特区域。

街市 – 街市与河道相互连通，沿岸与内街连成一片，街的两边屋宇鳞次栉比，布局茶坊、酒肆、脚店、肉铺、庙宇、公廨等等。水岸与街区共同组成了一派商业都市的繁华景象。

目录

第四章
新场古镇水岸保护规划与更新的具体策略

第五章
水岸驳船系统文化景观规划策略

第一章

江南水乡古镇水岸文化景观概述

1.1 江南水乡古镇水岸文化景观

1.2 水岸文化景观的风貌内涵与传承

1.3 江南古镇水乡水系环境的相互关联与整体结构

1.1 江南水乡古镇水岸文化景观

1.1.1 研究的缘起

江南，长江之南，文化灿烂，历史悠久，水网密布，有水乡之称。自古，江南地区就已经形成了具有规模的水上社会生产群落与聚居生活交互的环境场所，延续至今并逐步形成了江南水乡地区独特的古镇文化景观，极富特色。悠久的历史造就了江南水乡特有的文化氛围，承载着太湖流域地区历史文脉的发展与传承。因水成市，因水成集，也因水成镇，水系水网是串联起整个江南城镇的骨架，发达的水网系统联结着各个城镇，江南古镇的驳船系统展现了江南古镇文化景观的重要内容，是江南文化景观的重要组成部分。

江南地区的发展经历了各个不同的历史时期，有高度集中发展的时期，也有缓慢增长的时期，客观反映了国家与民族在不同历史时期的兴衰起伏与文化进程。江南古镇因其独特的地理区位，也因江南水网景观格局历史过往与现今的特殊影响与作用，历史城镇的发展一直没有停下脚步。如何更好地解读这一历史现象，同时进一步发掘与整理江南地区水岸文化景观与河埠民俗文化景观的作用与意义，为保护与发展江南水乡文化景观提供良好的思路与方法，是我们研究的主要目的。

江南水乡新场古镇的水岸是此次研究的核心，通过对由驳岸和船舶整体形成的水岸驳船系统文化景观的研究，发掘其历史文化的内涵，提取人文景观的各种特性，丰富江南水乡文化景观风貌历史的特质与独特性。此次研究，我们同时也选取了若干个以水乡闻名的江南古镇来展开相关典型性研究，并且将提炼的研究成果运用到新场古镇保护更新研究的实践中。

1.1.2 江南古镇的独特水乡内涵

江南水乡古镇传统文化景观不仅是中国东部地区的典型，也是亚洲最具有典型性质的文化景观之一，它们代表着一种生活方式，是一部延续的鲜活的生活史。理解文化景观中沉积的丰富层次，整体环境（Setting）这一概念至关重要。

江南地区的整体地理环境以水系统为核心，长江流域、大运河、太湖流域都是与江南地区有着密切关系并相互影响的主要地理环境景观因素。从古代到近代，众多的居民城镇坐落在江南地区水网系统上，很多城镇因为密集的水网交通功能的便捷而兴起兴盛，并逐步形成了商业、生活、运河枢纽集市与消费市镇等各具特色的城镇类型。

江南古镇属于吴越文化体系，以太湖流域水文化彰显特色。温润典雅、秀美妩媚，这都有赖于便利的江南水系交通环境所创造的发达商业贸易与相对优越的经济条件。因此，江南古镇驳船系统的文化景观重点在于水与岸、船与驳的传统水上交通关系。水岸、驳船曾是江南古镇社会活动经济、活动的重要舞台，也是江南水乡古镇重要的文化景观。

太湖流域、大运河体系是江南水系的主要支撑，各个相连的水道水网是重要的延伸支脉，整体环境中的水上交通与文化设施是江南水乡古镇独特的文化景观特色。水乡古镇内部的建筑连接着外部的水网，利用驳船系统整合环境与交通功能，做到古镇生活的对外衔接，为古镇早期的发展创造了良好独立的优质环境。古镇的建筑、街道、水巷、亲水空间也因此形成了其独特的“小桥、流水、人家”的古镇整体环境。这既体现了古镇居民的浓郁乡亲乡情风貌、和睦邻里的人文氛围，又揭示了水岸关联的重要特征。

这些古镇在江南地区都具有共同的特质 – 即“因水成镇”的建筑格局及以水网航道为特色的交通格局，使其获得江南水乡的美誉。然而，就目前现状而言，传统风貌城镇的完整水岸景观还保存完好的已经不多见了，众多的极富特色的水系驳岸与船舶系统环境要素和与之相应的文化景观也逐渐衰落。通过对江南古镇驳船系统文化景观的梳理，通过对江南古镇水乡特色的文化传统、文化价值、文

1–1
图 1–1 新场古镇的水乡风景

* 图片摄于新场古镇

化景观、文化风貌以及独特水乡内涵的保护与发展的解读，通过对江南古镇水岸驳船系统文化景观的可持续性保护及其游览观赏和功能提升，为古镇水乡特色历史风貌与传统的发展提出有价值的可持续发展导则性的具体内容和建议。

在江南地区的很多地方当中，有意思的是，因其环境的特殊，其水域特征也融入到区域称谓的表达上。江南水系之中除了“江、河”等对于大型河道的名称称谓之外，对于小型河流河道依据其形态特征的不同也有着较多的称谓，其中较为常见的有以下几种类型：“浜[1]、泾[2]、浦[3]、塘[4]、漕[5]、滩[6]、港[7]、溪[8]等。”丰富多样的名称充分体现了江南水系水体形态的多样性特点，目前很多江南地区的道路及区域名称依然沿用着原来与水有关的传统称谓。水文化与水岸生活已经深深地影响着江南人的传统与习俗，并体现出江南地区水岸生活对于人们的重要性。

1.1.3 江南古镇的传统历史风貌文化景观背景

江南水乡以太湖流域为中心，以运河为纽带，以长江为大背景，历史上处于古吴越地域文化的交汇之下。早在西晋时期，因受到中原文化向南传播，以及楚文化向东传播的影响，特别是宋元以后社会经济中心的不断南移，渐渐形成了独具地域特色的江南水乡地域传统文化。在独特自然地理环境条件因素 - “水网”的影响下，江南古镇的建置都因水而起、因水而生，形成了自然与环境相互依托相互对应的自然景观，同时人们在与水的交互关系中谋求生存与发展，促成了“水”环境与人的互动关系，形成了文化景观的重要特征。

历史早期的航运对于江南水乡水环境特色的发展与演变以及文化景观的发展起到了一定推动作用，太湖流域的航运因此成为运河乃至长江的航运交通重要枢纽与组成部分。大运河自古以来就是中国南北的航运通道，也是中国文化历史发展的重要生命线，特别是长江东临大海，是主要出海口，也是江南古镇对外航运与水上交流的重要支撑。水网相连的自然环境与航运功能的不断成熟，为江南提供了丰富的交通资源环境，于是其对外的联系交流变得更加方便，经济因此也得以迅猛发展，景观环境也随着人们的需要逐渐发展其文化景观特征。受益最多的就是江南地区的各个城镇与乡村，人的文化交流与社会活动大大加强，使得江南地区的城镇布局、建筑形态、人文环境都有了长足的进步与发展完善，形成了在长江与运河航运大背景下的独特江南古镇文化景观的重要特征。

依托江南航运交通的便利与环境优势，早在明清时期，太湖地区的经济水平就处于全国领先地位[9]。古镇经济的发展，促进了古镇相关生活服务设施的完善，

* 图片摄于新场古镇

促成了古镇人们将与航运及水上生活生产有关的驳岸、船舶、水埠头的设施系统组织建设得更加完善，其驳船系统文化景观的特征也日渐丰富起来。

1.1.4 江南古镇的水乡地理环境文化景观背景

江南水乡古镇是构建在自然水系、水网地理环境基础上的生产生活与经济活动的集聚区。船舶是古镇利用自然形成以及后期整治的河道以联系镇与镇之间、镇与外界之间重要的水上交通工具。船舶与驳岸水埠共同形成古镇的驳船系统是江南古镇的文化景观之一。

江南古镇的水乡地理环境特征非常明显，河川航道型、湖泊流域型是古镇主要的水地理特征。内部水系的形态则要丰富许多，水环型、鱼骨型、十字形、交错型，各有千秋，但都有基本的相同特点。

太湖水系在历史上经历了多轮变迁，水道淤塞以及水土流失导致了类似吴淞江的兴衰、湮废的变化。也由于湖岸线的变迁，使得如周庄、西塘、角直等古镇的发展受到影响。因此，湖泊型低地古镇的规模普遍小于河川型低地古镇。

驳船系统的构筑是在自然河道环境中的人为设施，古镇的驳船系统却更多地与古镇的建筑以及功能环境结合在了一起。游动的小船将古镇的意境提高到一个新的层次，当然自然水乡地理环境优势是主要的基础。江南水系的港口、河埠码头与城镇村落的形成及发展息息相关，从而形成了以“水交通、水文化、水景观”为核心内容的江南古镇，也是独特的江南古镇文化景观的重要特征。

1-2

图 1-2 新场古镇的风景

1-3 1-4
1-5 1-6

图 1-3 鱼骨状水系结构
图 1-4 树枝形水系结构
图 1-5 十字形水系结构
图 1-6 扇形水系结构

* 图片摄于新场古镇

* 图片摄于新场古镇

1-7
1-8

图 1-7 新场古镇的水岸风景
图 1-8 新场古镇的水岸风景

1.2 水岸文化景观的风貌内涵与传承

1.2.1 概念特性分析

1. 文化延续性

古镇是各个历史阶段，人们与自然环境交流互动的过程中所发展创造的物质财富与精神财富的总和。它是将文化内容与人和环境不断交互、融汇与渗透的发展过程。“驳船系统文化景观”作为江南地区典型环境景观代表经历了长期的衍变发展，其文化内涵充分与环境包容、协调、传承。在不同的时代经历了各种不同的历史变迁，并不断延续发展。从传承的角度看，古镇驳船系统文化景观能向未来发展，其文化内涵已成为后代认同并能够共同传承的文化。

2. 时代进化性

江南古镇驳船系统在历史上以经济、生活、文化等情况发生为依据而划分的各个时期的文化景观内容，每个时期都是历史的记忆与延续。文化景观是人类文明的重要内容，在每个时代表现出相应的特征与特质，并且相应持续演变发展进化。驳船系统文化景观还表现在与周边自然、人文环境之间有着共生共息的关联。重视本身文化景观历史性保护的内容，更要重视与周边的环境相融合协调。既要营造良好的历史文化环境氛围，也要考虑到古镇生产、生活条件的提升变化，做到良性进化与时俱进，反映江南地区本土不同时期自然文化特点和社会文化发展轨迹。

3. 环境地域性

江南地区水系水网自然环境属性特征鲜明。当地居民在水乡独特自然环境共同生活的过程中，慢慢形成因自然环境因素与其他地区有着明显差异性的地域文化。这样的文化差异与生活习惯的不同，逐步造成了地域性文化景观的区别。水乡地理环境的特征也影响着人们的出行与行为方式、社会观念和生活思维方式等，这些与外界的差异性表现在人作用于自然景观上所形成的水乡环境交通、水乡环境文化、水乡环境生活、水乡环境界面等文化景观的典型环境地域特性里。

4. 空间完整性

江南水乡古镇从最初的成型发展至今，都在不断协调完善与自然环境的关系，尤其是在空间上的人为设计塑造了古镇功能的因素，相互衔接、相互作用、相互协调的有关空间界面、空间肌理、空间水网的整体内容，是运用自然的属性形成的完整功能系统关系。完整性还表现在古镇驳船系统文化景观成系统地连续性地展示其面水空间的景观界面，使得古镇水岸空间的序列关系完整且有规律可循，反映当地本土的自然环境与人文环境特点。

5. 系统独立性

古镇驳船系统文化景观的完整性也是建立在其系统的物质独立性基础上的。古镇驳船系统随着时间推移，文化景观的物质空间与环境功能的各个要素内容逐步整合完善自成体系。以功能为依托，驳船系统的交通功能形式和古镇空间连动组群系统相互融合，又相互分离，并逐步形成一个相对独立的文化景观系统，完整的系统也成为文化景观的标准之一。

6. 功能复合性

复合功能与复合效应是江南古镇驳船系统特有的一种特性，包括交通功能和景观功能。古镇驳船系统文化景观的功能复合性在于强调以功能为主，结合发展过程中景观外化的展示性作用，尤其以文化景观的特质强调相互的结合与相容。其复合性表现在平行发展、互补协调、相互依存的实质，在功能的基础上重叠积累、补充诱导、系统化的复合效应。

7. 包容融合性

自古以来，江南地区的文化景观有开明开放的风气，不同文化与习俗在这里融汇交织，不断吸纳，不断创新。江南水上交通的特色与便利，将人与人之间、地区与地区之间的沟通与交流变得紧密，也促使各地区间的文化交流、民俗习惯的通达，艺术之间的传递变得非常频繁。古镇驳船系统文化景观就是具有功能上的融合性与文化上的包容性。从早期的各地域之间的经济交流，到后期民俗文化的融合，都赋予古镇驳船系统文化景观整体包容性特质。

1.2.2 风貌历史与传统环境

1. 水界面格局形式的真实性原则

江南古镇驳船系统文化景观所依循的真实性原则，应该以已有的保护国际原则确认，包括外形和设计、材料和实体、用途和功能、传统、技术和管理体制、方位和位置、语言和其他形式的非物质遗产、精神和感觉以及其他内外因素[10]。

（1）水岸建构的古镇肌理延续

水岸空间：古镇依水而生，以水为核心的水岸空间最能体现江南水乡城镇的文化景观特征。古镇的主干河道，即市河，通常宽度比较大，有 10m 左右，有的甚至更宽。这样的河道通航能力较强，在两侧设有公共码头，用于古镇对外联系。临河而建的街道一般在 2 m 左右，又称“河街”，是水乡古镇特有的街道形式。古镇一般土地利用率高，建筑大多沿河而建，有的甚至凌河之上。地面多铺着青石板，少数铺地砖。这样的水岸空间宽高比约在 2.5 左右，仰角约 21° 。这是一个可以看到两岸建筑全貌且相对开阔的空间比例[11]。而在纵向剖面上，依次分布着河道、水埠、街道再到滨水建筑，这些以水为中心的古镇典型景观元素形成层次分明、组织有序的江南古镇线性水岸空间。传统古镇里沿河连续的线性水岸空间在自发形成的过程中，每隔一段距离会利用桥头水埠形成一个供居民进行公共活动的开放空间。同时这些开敞或半开敞的空间打破了水界面呆板的线性形态，形成富有韵律的临水立面。

水界面：河道是古镇的主要结构。正因河道的线性，造就了整个空间的线性特征。沿着河道的横向方向，驳岸、水埠、桥梁、街巷、建筑与水体共同形成了中国江南水乡古镇独特的文化意境与立面形态，形成了一个以水为切入点的空间界面。水界面是认识古镇的第一界面，也是最宽广、最丰富、最典型的界面。不同等级的河道周围衍生着不同的空间模式，所形成的水界面也各不相同。

当河道较宽时，作为古镇的主要通航河道，多形成两街夹一水的格局。河道上的桥多为拱桥。河道两侧，驳岸多由条石砌筑而成，沿着河流形成第一层连续界面。水埠打破了驳岸的连续性，一般尺度较大，多凸出于驳岸，几户合用一个或全体共用。沿街建筑形成了第二层连续界面。滨水建筑通常面宽较小，进深较大。保留到今天的建筑多是明清时所建，但经过长期发展变迁，很多已经翻盖。临水建筑多为两层，二楼为卧室，底层作为店铺。在长时间的发展过程中，江南古镇的临水建筑已经发展出大同小异的形制。底层商铺为了便于日常经营采用可拆卸的木墙板。二楼住宅为了通风采光，门窗基本采用低的槛窗和长格栅窗。这些统一的建筑形式，使沿街立面看上去简洁而富有节奏。因为木结构易遭火灾，所以邻里之间多用高大的防火墙隔开。建筑极少用彩画，立面色彩由白墙灰瓦和栗色的门窗装修构成素净的色调。屋面形式多为硬山，选择 1 ∶ 2.5 的屋面斜度更利于雨水及时排出，减少屋顶积水。沿街界面每隔一段距离，留有约 2m 的通道。骑楼间常以马头墙分隔，增加了线性空间的层次，同时也丰富了天际线。河道旁常有船只停泊，船上船下，两街夹一水的空间形态构成了繁荣的市民交往气氛[12]。

当河道较窄时，作为古镇的生活河道，多形成两房夹一水的格局，住户两岸直接临水而筑。此外多见平桥，也有过街廊桥，有的甚至是整个房子跨河而筑。基础及驳岸均为条石。这样的河道主要以生活性为主。两侧的河埠也通常是自家私有，大多直通院门。因为河道狭窄，为了便于船只行驶，水埠通常内凹于驳岸，若偶有凸出的，亦多悬挑，尽量少占河道空间[13]。此种河道少见船只。

（2）水道水系的交通与景观

江南古镇的水道水系都是通过人工水利工程的开凿对自然河道进行人工整理而成，具有丰富的河道形态。市镇大多依托市河为主要发展轴，通过水上交通与外界进行商品和信息的交易和传递；深入市镇的支流主要以生活性为主，沿河设有水埠方便临水居民的水陆出行和日常生活。古镇内部水系大致分为两个级别：主河道和次河道。在外部，各个古镇通过主要河道与外部水系网络联系在一起，形成以水为脉络的江南市镇群。在内部，古镇以主要河道为骨架形成等级分明的水系网络。内外水系相互连通，形成一整套自我调节的生态水环境。江南水系最重要的作用是交通运输。河道的密度、宽窄直接决定了古镇对外联系的密切程度，也决定了市镇的功能与规模，而河流在古镇内部的走向决定了其内部结构。古镇水道水系的形态类型主要有：1. 单条主要河道，通常形成带状城镇，这种类型城镇受地形限制，规模不会很大；2. "T"字、"十"字形主要河道，沿河道形成指状的城镇格局；3. 网状或枝状河流。这种情况中，城镇内部水域面积比例大，用于建设的陆地相对较少，会在河流间相对开阔的地带形成集聚的团状城镇格局。

（3）水乡界面的艺术民俗文化景观

江南水乡古镇生活离不开水，而作为来源于生活的艺术民俗也与水联系密切。各个古镇的民俗节庆中有很多临水和水上活动。古镇的发展轨迹不同，形成迥异的文化民俗特性。每个古镇在特定时节里都会举办当地特有的民俗文化活动。如今，有一部分传统的民间节庆保留，尤其是在水岸或古镇河道举行的传统民间活动。但是现代化发展对江南水乡古镇中的传统民间节庆也带来的一定的冲击。虽然有所传承，但也潜移默化地受到了现代化或西方文化的影响，使之成为演变后的现代民间节庆活动。

2. 人文情怀的建构

（1）驳岸临水空间的人文特点

江南古镇驳船系统是典型的江南风貌历史传统本真的重要体现与载体。

古镇的驳岸在空间纵横关系上有着丰富的层次，分别由建筑、街道、桥梁、河埠、植被等构成。它们与水体之间形成了古镇的主要结构肌理关系。而古镇水道内，船舶交织往来，不乏各种运输功能的船只穿梭其间，小桥、驳岸、水埠、粉墙黛瓦，这已经成了我们对于江南水乡不能磨灭的人文记忆与情感寄托，这样的场景充分体现了水乡古镇的生活特质与环境特质。因环境与功能的不同，水道驳岸构建了多种用途以及各种属性的水埠码头，它们与临水建筑相应的空间形成了完整独立的空间体系和功能类型。

人在古镇的生活与活动造就了丰富的文化景观，临水环境的特性使得人们的生活也有了很大的特殊性，水上交通是组成江南生活的主要内容，也是水岸生活的传统性和独特性形成的主要依据。城镇与乡村间的交往也往往依托行船来解决，丰富的水系可以使得行船交通直达目的。江南古镇的临水关系让建筑与环境拥有了大量的水埠设施，人们可以在自家门前屋后使用公共与私有的水埠头，这样的设置，更突出了驳岸临水古镇空间鲜明的水乡特征。

古镇临水的特性，水上交通的便利与优势也促成了贸易交流的发展，这些优势让早期乡村城镇街市的发展和城镇的富庶与繁盛成为必然。传统街市位于河道临水建筑的对侧，与对街建筑形成街市的两面，其间，商铺紧密相邻，邻街货物琳琅满目，人来人往熙熙攘攘，繁荣异常。古镇的水路航道结合驳岸系统形成了完整的交通功能体，驳船系统的功能独立性与陆路的交通方式互不干扰，更多的是形成互为补充的有效疏导。空间上，两种交通方式在桥梁、河埠以及由此而产生的桥头广场与码头广场之间产生交汇与融合，驳船系统在这里成了重要的交通系统枢纽与古镇开放空间。物质空间的独特性决定了其在功能上的复合性－商业、交通、休闲、交换功能的混合。不同的功能主体和客体在这里聚集分散，使驳船系统成为古镇中最活跃的场所，形成文化景观空间的独特性。古镇水道不仅是水交通的主要航道，也是古镇与相邻农村、城市联系的重要交流互动的纽带，驳船系统区域的独特性也成了人们聚集、交流的重要场所。

（2）驳岸临水建筑布局的人文特征

中国建筑的传统布局思想都深受儒家哲学、风水堪舆等中国文化的影响。江南地区的村镇在水乡地理环境特质的大背景下，逐步发展形成了独特的水乡建筑风格布局。与水相邻、前街后水，一户一码头，以水为界等布局原则都是将思想与功能完美结合的重要表现。

古镇临水的建筑往往因为功能的需要，也是在经济因素作用下，建筑占据沿河的沿街面，并形成了“下店上宅”、“前店后宅”、“前店后坊”的集商业、居住、生产为一体的建筑形式[14]。建筑的亲水界面往往临水构筑房屋，这样可以与水形成紧密的关联，建筑因功能使用的要求，还会有水阁楼、水榭台、水埠头等各式临水的生活设施构筑物，这些建筑的布局结合了水埠头和船多项要素，共同构筑了古镇水乡临水空间的文化景观。

古镇的驳岸建筑都有其与之对应的驳船系统，驳船系统是与建筑相辅相成的功能系统综合，是古镇建筑的重要组成部分。在空间、功能和建筑布局中，他们的功能与空间一体性都结合得非常完美。古镇亲水建筑按照功能区分主要有：传统民居、私家园林、宗教庙宇、茶馆食肆商铺等，除了使用功能上的不同以外，这些建筑的特点是都有相对应的水上交通设施，即“驳船系统”，这也是江南古镇有别于其他地区古镇的地方。

（3）驳岸临水民俗节庆的人文特质

江南水乡古镇地处长江以南太湖流域，属于古吴越传统文化区域。吴越文化有着丰富典型的水乡文化特征，是江南文化传统文化重要的组成部分。江南古镇在历史的形成与发展中，独特的水乡环境和交通条件很早就确立了该地区相对发达的经济条件基础，再结合生产环境等要素条件，江南自然拥有了很多传统民俗节庆的祭祀活动。古镇发展的传统经济活动中，又因为运河漕运的航运产业发达，南北交流频繁，原本丰富的区域民俗活动又增添了更多的内容，比如庙会财神水事等祭祀，这些都因水而起，与水文化有关。古镇驳岸系统提供了充分的空间与功能，各种民俗祭祀活动在文化上把村镇的生活变得丰富多彩。民间祭祀、节气习俗、庙会活动，真实地记录了江南人民生活的精神与物质生活的人文情怀与状态。

3. 整体变化分析

（1）驳岸景观环境的弱化与船舶交通功能的逐渐丧失

在发展经济大时代背景的驱动下，古镇旅游也如同脱缰的野马般迅猛发展。旅游的重要目的就是吸引游客驻足消费，这使得古镇原本的面貌将彻底被改变，原有的生活模式将被颠覆性的调整。而且，在众多的旅游项目的开发上，大肆改建及功能调整，这往往也忽略了古镇目前的实际客观条件，例如：古镇的承载能力、古老与陈旧的建筑需要不断被整治修理、古镇商业的适应性，同时还必须兼顾重要区域保护的基本规范等等。除了硬性的发展因素以外，还有大量的旅游人流为了更便利的出入，采取陆路交通集中式，大规模的进入，彻底改变了古镇水乡原有的水陆交通的运作模式。

（2）水岸景观环境与特色逐渐消失而雷同化

古镇的沿河亲水部分是江南水乡的特色区域，也是商家必争的空间场所；因为现代化交通设施的不断建设，古镇的水上交通功能以及古镇驳船系统的功能不断地被替代，古镇原本的水乡风情不断在消失。我们记忆中的江南水乡古镇“小桥、流水、人家”的独特格局面临实质性的削弱，其公共设施大量地被放弃使用，取而代之的是仅仅如古董般被闲置，同时，为了单纯追求形象的古典味道，在整治过程中，形象被雷同化，形成了死的景观，没有生机，失去活力，成了不折不扣的道具。

（3）水埠环境的整体系统性不断缺失

另外，古镇的建筑因为时间久远，通风与采光较差，夏潮冬冷，再加上古镇原住居民逐渐外迁。传统地段的建筑不断被弃用，修理与维护变得不完善，建筑的生活设施严重缺乏，而加快走向衰败，这都导致了古镇整体的破败。尤其是沿河驳船系统区域的建筑与水埠更是成了负面的角落，那些极富特色的船舶更是不见了踪影。虽然由于功能不断被商业化，建筑安全性设施有了逐步改善，但是出于经营目的所建造的建筑，特别是驳岸环境已经与本真的文化景观不协调，且不成系统。

1-9 1-10

图 1-9 水埠环境的缺失

图 1-10 水埠环境的改变

1.3 江南古镇水乡水系环境的相互关联与整体结构

1.3.1 海洋文化的影响

中国东南临海，拥有广阔的海岸线。自古以来，中华民族就与海洋有千丝万缕的联系，历史上也曾经有过辉煌灿烂的航海文化。特别是东南沿海的地区，因与海洋直接相接，最早发展出海洋文化，并不断发扬光大，成为中国海洋文明的发祥地。

西汉时已开辟海上丝绸之路，其中明州即宁波是三大主港之一，航线包括南海和印度洋。唐代鉴真和尚六次东渡，前五次均告失败，终于在第六次从苏州黄泗浦出发，成功到达日本。宋代海上贸易特别活跃。元明时期，中国航海达到高峰。元代改运河漕运为海运，由长江口太仓刘家港（即现在的浏河镇）把南方漕粮运入天津、北京。特别是到了明代，郑和带领当时世界上最先进、规模最大的船队七次从刘家港出发，访问了亚洲、非洲 30 多个国家和地区，最远到达东非索马里和肯尼亚一带。

1.3.2 长江文化的影响

江南古镇属于长江文化体系中的吴越文化区。吴越地区布满了河流与运河，拥有众多可通航的水路。江南水路如同网状一样通向四面八方，而其水路干线是由镇江到杭州的大运河部分。独特的自然地理环境推动了航运的发展，使得这里成为长江的航运交通重要枢纽与组成部分。

在江南，水运是极其重要的交通手段。古代落后的陆路交通方式，再加上密布的河网分割造成了恶劣的陆上交通条件，使得船运成为最便捷的交通方式。水网密布的自然条件除了提供便利的交通之外，也促进了商品交换网络深入到各个地方，极大地促进了江南经济的发展，也直接推动了沿河古镇的兴起和发展。到了现代，内河航道依然是综合运输体系中不可替代的重要组成部分，江南地区的主要内河航道依然对我国原油、粮食、钢铁、木材和原盐的运输起到了重要的作用。

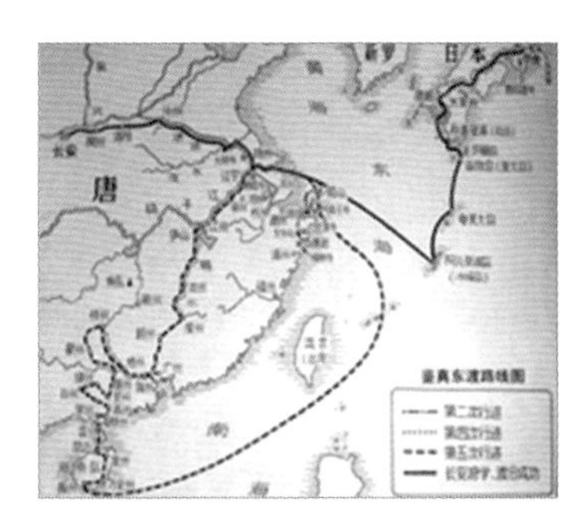

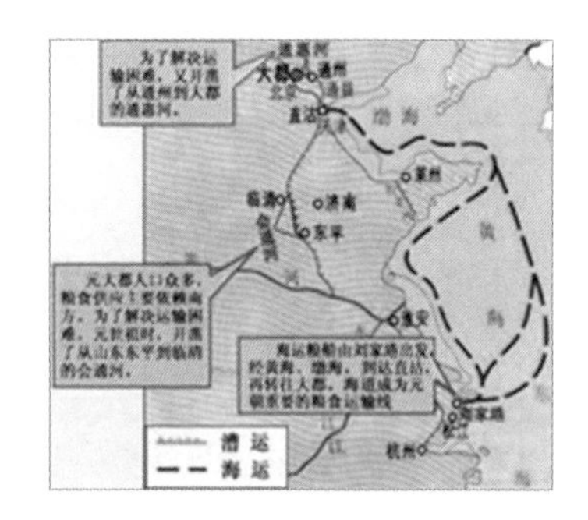

1-11 1-12
图 1-11 鉴真东渡日本的路线图
图 1-12 元朝海上漕运航线图

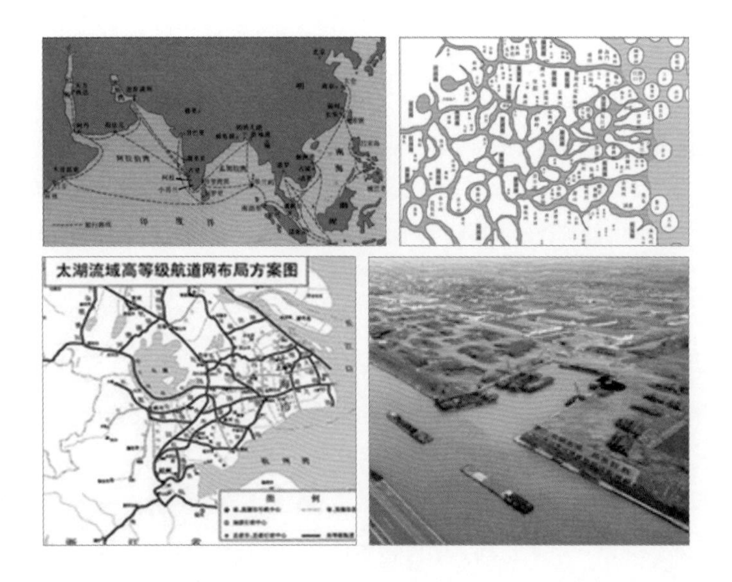

1-13 1-14
1-15 1-16

图 1-13 郑和下西洋航线图
图 1-14 元明时期江南水系图
图 1-15 现代太湖流域航道图
图 1-16 长湖申线南浔沿线

1.3.3 运河文化的影响

江南运河通常是指京杭大运河的南段，北起江苏镇江、扬州，绕太湖东岸达江苏苏州，南至浙江杭州。此地区地势低平，河湖密集。早在春秋吴越时期，就已出现人工开挖的运河。到了隋代，经隋炀帝举全国之力重新疏凿和拓宽长江以南运河古道，形成今江南运河。大运河是中国南北大动脉，促进了南北经济的发展和文化的融合，也造就了一条运河城市带。江南本来就船运发达，大运河的开通更是为丰富的江南特产销往全国各处提供了条件，大大拓展了商品市场，也催生出了一系列靠河发展的城镇。这些城镇依靠水上运输成为区域性甚至是全国性的经济贸易中心。

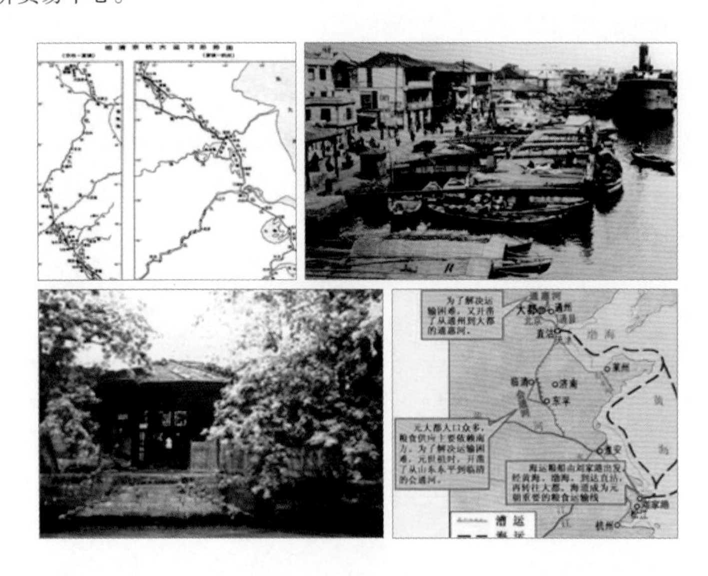

1-17 1-18
1-19 1-20

图 1-17 运河线路图
图 1-18 1930 年杭州运河码头景象
图 1-19 驳岸的场景
图 1-20 海上漕运航线图

1.3.4 漕运文化的影响

漕运是封建社会自始至终一个比较重要的经济制度和经济活动，即运用水道将粮食等物资集中运送到京师等重要城市的制度。大运河的开通就是为了满足漕运的要求，除了河运这一主要方式，漕运还有海运以及水路交替运输的方式。而通常所说的漕运就是指通过运河转运漕粮的河运。漕运改变了中国南北交通，也促进了文化交流。漕运直接催生了运河城市带，如扬州、镇江、淮安等城市，这些城市皆因运河而兴。近代交通运输方式尤其是铁路运输的兴起给了漕运沉重打击，特别是漕运废除后，沿运河的城市地位也一落千丈。

1.3.5 清代江南地区水驿的影响

清代有江南水驿的设置，水驿，从广义来说是指包含水路驿站及其所依托的水路航道在内的水上驿传系统。清代江南地区的水驿设置，将水路航道这一水路驿站所依托的道路亦考虑在内，是一个较为完整的水驿系统。清代江南水驿的设置主要布局在江南地区的两大水系，长江水系和运河水系。江南地区的水驿水运航道连贯杭州府、嘉兴府、湖州府、苏州府、常州府、镇江府、江宁府，水驿驿路里程有从江宁府龙江驿至富阳县会江驿和从江宁府龙江驿至湖州府苕溪驿这两条线路。主要的功能有建设交通网络、传递文报、递送公务人员与外使朝贡、调防军队、运输铜银、发展地区经济。

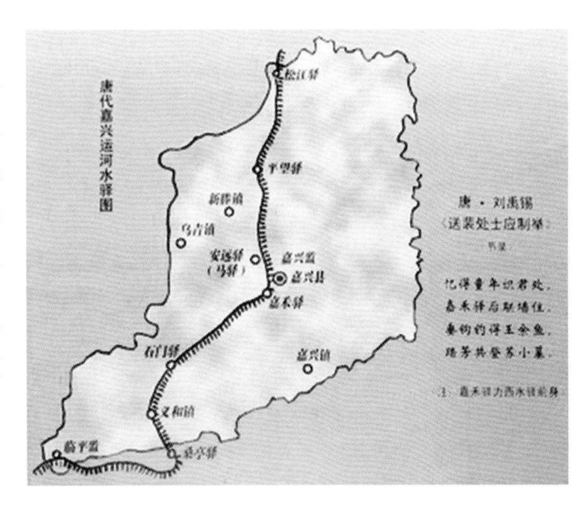

1-21
1-22

图 1-21 繁忙的江南运河水驿码头 - 清 徐扬绘《姑苏繁华图》局部

图 1-22 唐代水系图

1.3.6 江南古镇陆路与水路交通格局特征总结

江南古镇交通格局总结

表 1–1

镇名	位置	外部水系河道	使用情况
乌镇	浙江	江南运河中线，主要河道与其联通	通客货轮，作为重要的航线被使用，古镇内部河道不通航
新市	浙江	江南运河中线，主要河道与其联通	通客货轮，作为重要的航线被使用，古镇内部河道不通航
塘栖	浙江	江南运河东、中线，主要河道与其联通	通客货轮，江南运河东线作为太湖水系主干航道－江南运河被使用，古镇内部河道不通航
平望	江苏	江南运河东、中线，主要河道与其联通	通客货轮，作为太湖水系主干航道－长湖申线的一部分被使用，古镇内部河道不通航
南浔	江苏	江南运河东线，主要河道与其联通	通客货轮，作为太湖水系主干航道－长湖申线的一部分被使用，古镇内部河道不通航
朱家角	上海	淀浦河（漕港河）穿镇而过，向西与淀山湖联通，向东连接黄浦江	淀浦河是六级航道，可通航 100 吨以下的船只，古镇内部河道不通航
黎里	江苏	主要河道连接太浦河	作为三级航道长湖申运河的一部分被使用，古镇内部河道不通航
芦墟	江苏	主要河道连接太浦河	作为三级航道长湖申运河的一部分被使用，古镇内部河道不通航
周庄	江苏	主要河道连接急水港	苏申外港线的重要航道，交通部规划为国家四级航道
同里	江苏	镇外四面环水，为五个湖泊（同里、九里、叶泽、南星、庞山）环抱	通客货轮，古镇内部河道不通航
浏河镇	江苏	位于长江出海口，通过南侧的浏河入江	浏河为镇域的水运大动脉
新场	上海	大治河	通客货轮，作为重要的航线被使用，古镇内部河道不通航

江南水乡古镇都有许多共同的特点，它们的地理位置非常优越，都位于水路和陆路的交汇处和交通要地，也是周围不同行政区划的交界处。

以新场古镇为例。新场古镇自建镇以来，主要的交通一直是以水路为主，包括早期盐务商业活动的运输。人们的生活、交流、商业活动，货物的运输、人的交通都依靠着船舶河道，这也是江南独特的地理环境所提供的优势所在。但是到了近现代，伴随着上海城市的开埠与经济大发展，在工业与技术快速进步等因素的推动下，陆路交通“汽车”的便捷优势逐渐显现了出来，开始慢慢取代缓慢不便且严重依赖自然环境条件的水路交通。古镇的主要对外运输工具逐渐形成了行驶在大马路上的汽车与行驶在河道上的轮船、船舶多种形式同步存在的现象。

新场古镇的水岸主体是四条河道，即“洪桥港、包桥港、后市河和东横港”，其形成了南北东西两横两纵的格局，以“井”字形排布支撑着新场古镇水乡的历史风貌，也完整体现了江南水乡的风格特质。河道两岸，现今还依然保存有风格各异的水桥河埠将近70余座，其中马鞍水桥近15座。在古镇的河道风貌历史遗存之中，各色江南传统建筑及院落连续排列于水岸之间，依然能够感受到其作为水乡特色的古镇水界门面的布局气势。水岸民居在延续的界面中绵延铺展开来，水巷船只川流不息，与街巷同样密集热闹，呈现着千年以来典型的水乡人家的独特生活形态。**同济大学阮仪三教授赞称："新场古镇是体现古代上海成陆与发展的重要载体，近代上海传统城镇演变的缩影，上海老浦东原住民生活的真实画卷。"**

新场古镇主要的对外水路交通早于清光绪二十九年（1903年）已经历了巨大的转变，现代意义上的新场镇水路交通的主要形式也开始由小型的船舶发展成为相对大型的轮船，原来的木质舢板船舶也慢慢被机械化的轮船所代替。此时闸港开始出现了机械客运轮船的身影，其航线是由当时的浦东第一桥"闸港桥"而东始发，驶达新场镇的西市。而货船货运则在新场镇的东南、东北附近，亦经新场镇向西出闸港，去江、浙、沪等地，其船舶也渐渐由木质船舶被机械轮船所替代。据考，民国初年，新场镇上有私营宝顺、日升两信局的货船，每天来往新场镇与上海市区间进行通信带货，这样的交通便利性既有运输功能也兼具邮件通讯功能。交通的逐渐进步也促进了新镇古镇的现代化衍变，从整个20世纪20年代开始，新场镇附近各地已有小轮船或木船来回接送旅客，人们的交流变得越来越便利而频繁。在技术与时代的共同作用下，交通改变的因素同时也是新场古镇形态与风貌开始逐渐改变的主要动因。

民国14年（1925年）至民国15年（1926年），新场开始修筑镇东至惠南镇–北至周浦镇的公路。至民国32年（1943年）起，有东亚汽车公司的客车也参与进来在其间行驶，开始承担交通运输的运营。又至民国35年（1946年）8月起，开始由浦东建设公司进入运营时期，其客车往返新场与市区之间，此时的陆路交通逐渐成为新场运输主角。民国36年（1947年），当时的南汇县城经新场镇至上海的公路已经全线通车，新场镇的交通运输日益便利，成为南汇县、东南沿海各地来往上海市区间的交通枢纽。而当时，船舶水路运输基本形成了以货运交通为主、客运交通为辅的交通功能形式，除了乡村之间的农家交流以及渔民依然在使用小型木质船舶进行交通运输以外，主体的对外交通逐渐为陆路交通所替代。由此带来的新场古镇整体水乡风貌的变迁与衰落已经不可避免，但具有区域特性的"小船、流水、小桥、人家"的水乡风貌特色依然存在并延续着。

20世纪50年代以后，公路与交通运输业开始国营化，新场镇境内的公路，包括公路桥梁由南汇县公路管理部门下属的新场道班养护或修扩。20世纪50年代，客运由水上逐渐转至陆上，水上都为货运交通。此时，惠新港、大治河先后开凿，轮船、驳船日夜不息，新场镇仍不失为水陆交通要道。

1.3.7 新场古镇的水网大区位关系图解

新场古镇及周边地区形成现在这样大水网的结构，其历史并不长远。江南东部地区由海洋退却逐步形成水乡陆地，形成时间最短的也应属新场古镇区域，距今为止其距离东海沿岸也才十几公里。2000 年之前这里还是海洋，随着长江与东海泥沙的不断淤积，海岸线逐步向东部退却，在近千年之前才慢慢形成陆地的基本地理形态。此时由于海水倒灌以及江南的多雨泛滥气候，已形成的陆地依然水乡泽国、沟壑纵横，滩涂泥地水洼遍野。后期，随着盐业经济的进入，人们通过对河道的治理，以及改造海塘洼地形成煮盐晒盐的围塘，同时治理疏浚了主要的河流用于交通与排涝工程之后，在经历了历次变迁才逐步形成现今的河网阡陌的水网环境。依据考证的具体区域形成年代在《新唐书・地理志》与《云间志》中都有记载，古代在东南沿海有捍海塘，唐开元元年（713 年）重筑旧捍海塘，全长约 75km，西南抵海盐界，东北至松江（古代称之为吴淞江），中间经周浦、下沙、航头一带。新场镇西距航头旧捍海塘 4.50km，新场镇成陆应比航头镇晚 100 多年，成陆早于筑塘，因此推定新场镇成陆当在唐代（8 世纪 -9 世纪），距今约有 1200 年左右。

新场古镇历经了千年的变化发展，主要的水系河网逐渐形成。古镇的河网位于黄浦江以东，钦公塘以西，属黄浦江水系，为平原河网感潮区，河港纵横交叉，淡水资源丰富。市河（包家桥港、洪桥港）、奉新港、惠新港、大治河是新场镇水系中的骨干河流。除上述骨干河流外，新场镇尚有东西向、南北向干流若干条。

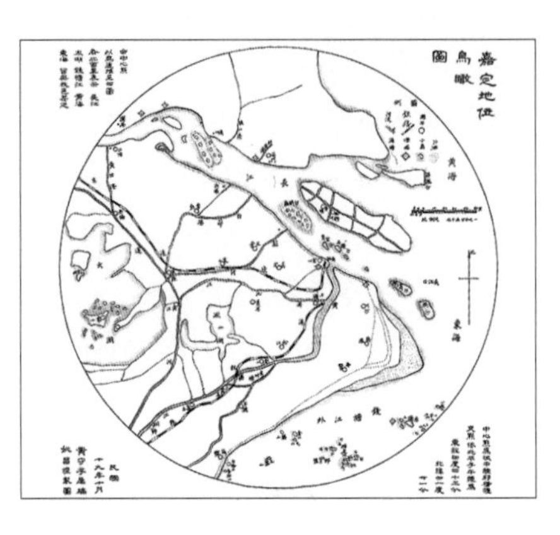

* 地图均来源于网络

1-23 1-24

图 1-23 元 - 清代上海县沿革图

图 1-24 民国年代嘉定区域鸟瞰图

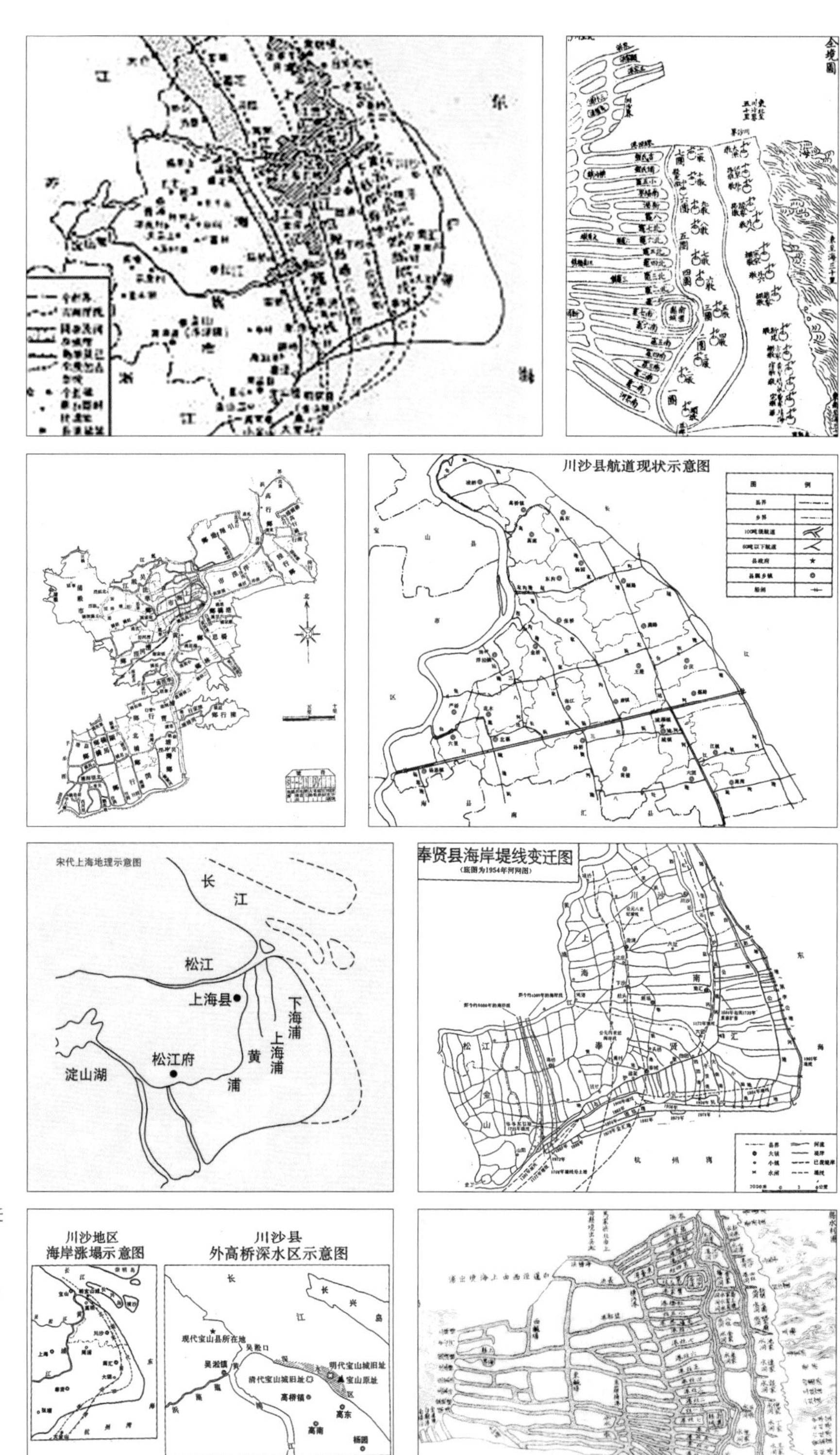

1-25 1-26
1-27 1-28
1-29 1-30
1-31 1-32

图 1-25 上海市大陆部分海岸线变迁示意

图 1-26 南汇县志 - 上海县全境图

图 1-27 民国四年（1915 年）上海县全景图

图 1-28 川沙县航道现状示意图

图 1-29 宋代上海地理示意图

图 1-30 奉贤县海岸堤线变迁图

图 1-31 川沙地区海岸涨塌示意图、川沙县外高桥深水区示意图

图 1-32 上海县水利图

* 地图均来源于网络

第二章

江南水乡古镇水岸文化景观要素分析

2.1 河埠头

2.2 船舶

2.3 当代亲水游览活动

2.4 水埠码头典型设计形式

2.5 水埠泊岸材质与建构类型

2.6 水埠构成类型

2.7 景观体系构成类型

2.1 河埠头

江南古镇中河道水体才是河埠与船舶的空间载体，水埠是衔接驳岸和水体的公共空间。水埠的文化景观空间包含了古镇内宽窄不一的河道，驳岸、水埠以及使用这些空间的人和在这里发生的事。人的活动活化和丰富了空间的功能，同时也增加了河埠空间的文化内涵。

历史水埠保留到现在是对历史水埠样式和文脉的延续。历史上对水埠空间的使用主要与当地人的生产生活密不可分，靠近民居的水埠前多停靠生活用船，包括出行用的划船，生产生活用的小型渔船、桑船等。当时水上交通发达，人们出行多用船，水埠空间就成了非常重要的公共空间。桥堍附近和商业街道附近的水埠就成为贸易交易的地方。各地船只聚集于茶馆食肆、店铺和桥头空间，买卖船上的鱼虾货物，成为古镇特有的生活空间。

江南古镇码头总结

表 2-1

镇名	客运码头	货运码头	游览码头
周庄	全福寺码头		双桥银子浜码头
西塘			送子来凤桥福堂码头
乌镇			财神湾游船码头
同里			同里罗星洲游船码头
南浔		通津桥码头	
朱家角	放生桥码头		放生桥码头
角直		万成恒米行河埠	

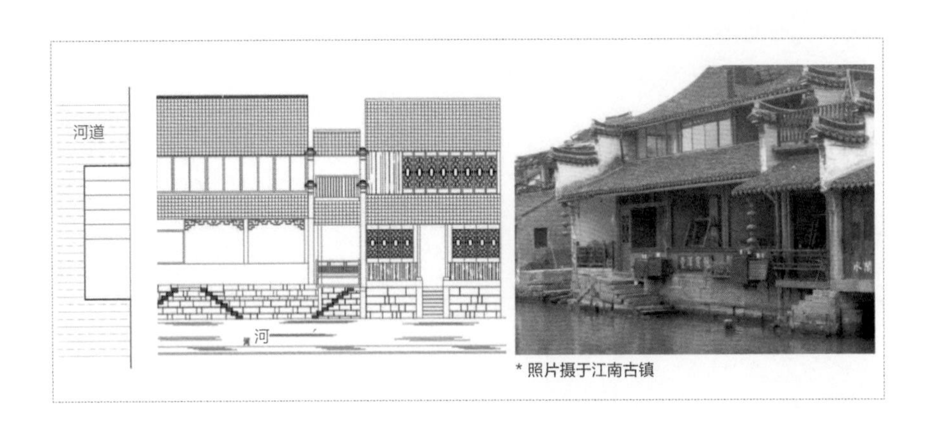

2-1

图 2-1 河埠凸入于河岸且与河岸平行 1

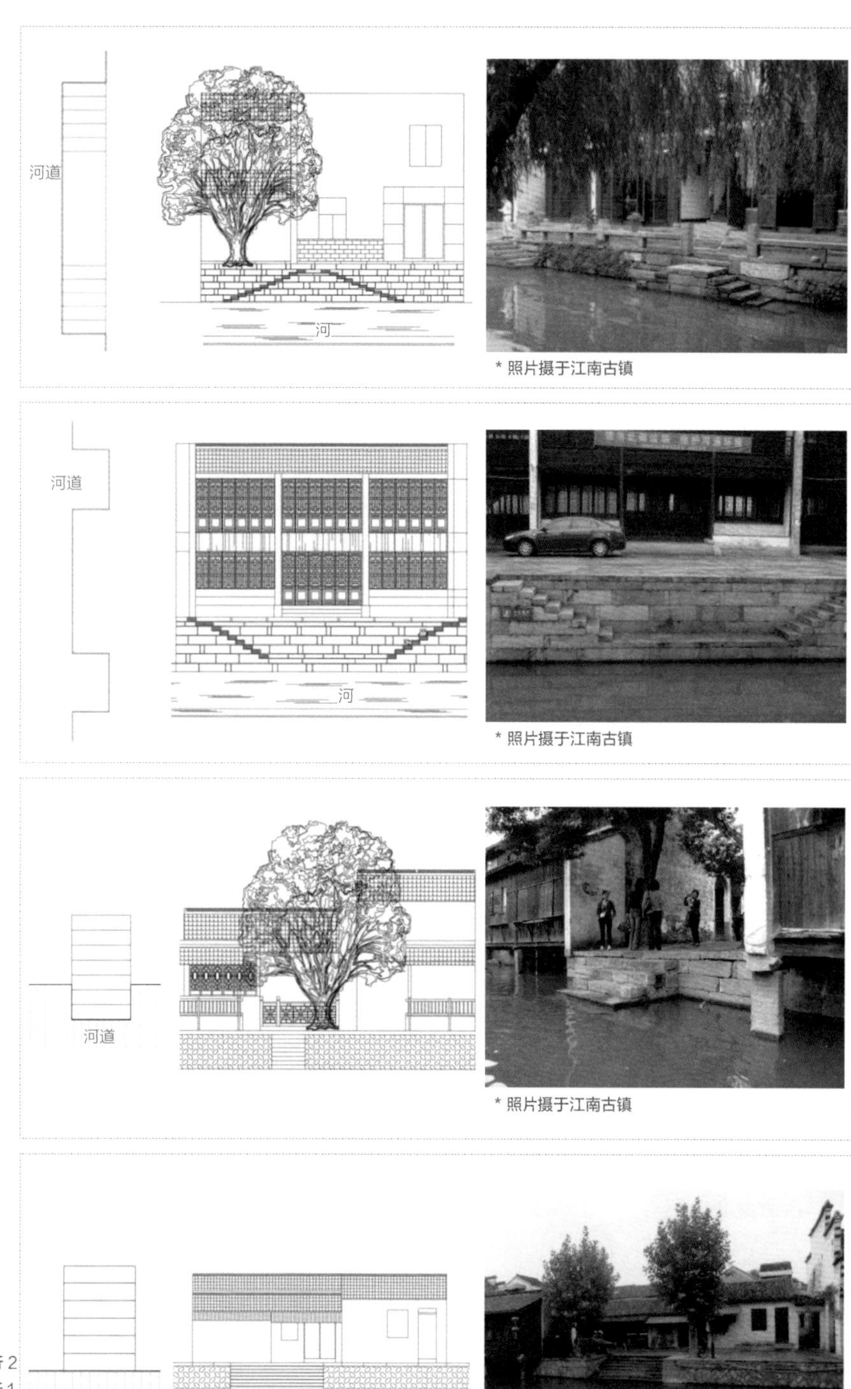

2-2
2-3
2-4
2-5

图 2-2 河埠凸入于河岸且与河岸平行 2
图 2-3 河埠凹入于河岸且与河岸平行 1
图 2-4 河埠凹入于河岸且与河岸平行 2
图 2-5 河埠凹入于河岸且与河岸垂直 1

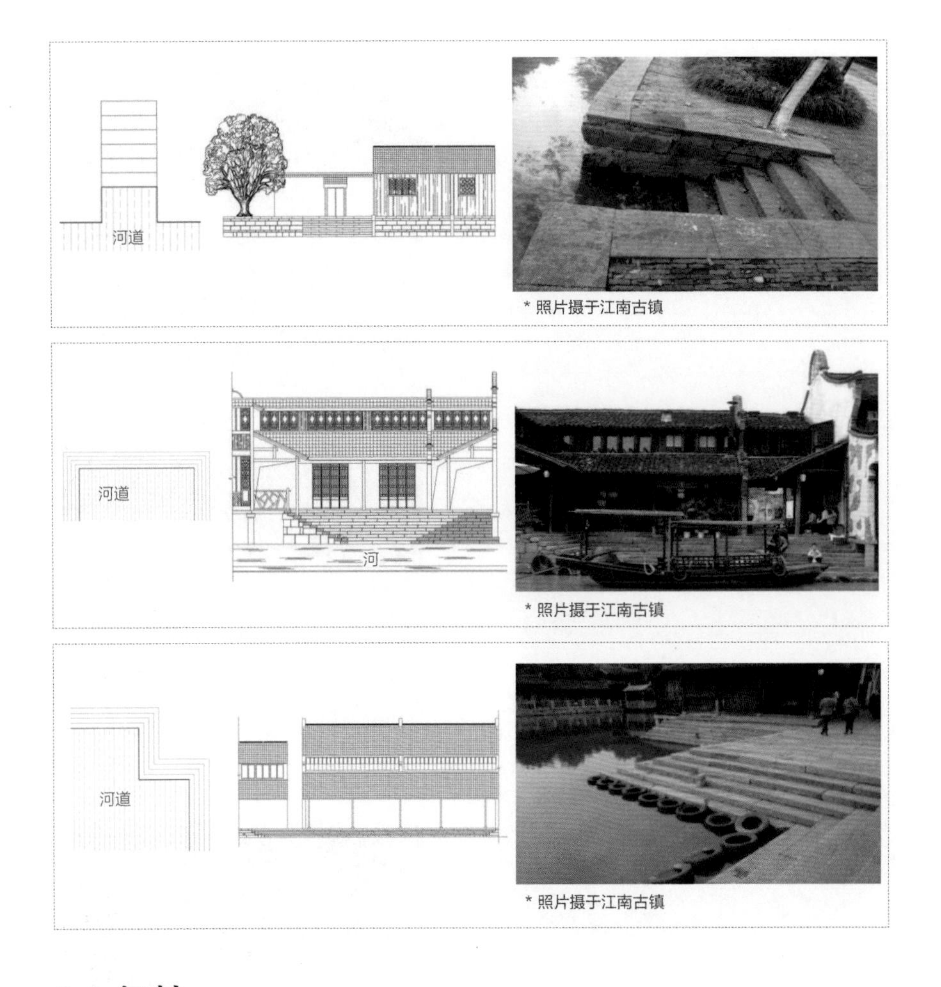

2-6
2-7
2-8

图 2-6 河埠凹入于河岸且与河岸垂直 2
图 2-7 组合样式 1
图 2-8 组合样式 2

2.2 船舶

江南地区地理环境特殊，古镇因水而成，以水相连。船作为水上唯一的工具，承载着古镇居民的各项活动。船舶已不仅仅是驳船系统中重要的文化景观主体，同时还是人们领略典型古镇风貌，认识驳船系统文化景观的最直接、最全面的载体。在历史上，随着社会的发展和生活生产水平提高，舟船的形式和种类也越来越多，其功能也渐渐明晰化。在这里主要分为四大类：客运船舶、货运船舶、游览船舶和生活船舶。

2.2.1 客运船舶

在水乡独特的地理风貌环境中，水网密集，河道交织，舟楫、船是江南水乡古镇在历史发展中不可或缺的交通工具。客运船只一般有两种：摆渡船和航船。

摆渡船，是渡口专用船。船身中等，船体平稳，艄艉皆呈方形，深舱平腹，两边有护栏，上有顶棚，雨天避雨，夏天遮阳，舱身后有小橹，可载客 5 ~ 10 人。

航船是指以城区和农村集镇为中心，用来载客航行的船舶，宋代就已出现这个名称。航船一般用于较远目的地的航程，是古镇对外联系的主要途径之一，沿途停靠于主要村庄的公共码头。航船种类多样，具有地区性，主要有以下三种：一是“班船”，是一种有固定航行路线，按规定班期往返于起止点的轮船，这种船通常规模稍大，也客货通运；二是“划船”，划船有两种，一种是用竿撑使船前进，一种是以腿推动桨划动船只前进，后者尤以绍兴人见长。三是“满江红”，自明代便以知名的满红江是江淮的船名。船门为一斜面，其中有大小一至五号，以五号为最大；航行之际与风的逆顺无关，必使用帆，橹则作为补助被使用。

2.2.2 货运船舶

在江南，以上提到的客运船舶也兼运载货物。小一点的船只如摆渡船、生活及生产用船，人货杂处，而再稍微大一点的船只如航船，通常上层坐人，船舱下层装货。这些船只规模比较小，水乡一般的河道都能通航。古镇中公共和半公共码头都能满足这些船只的需求。专门的货运船舶大多运输量大，船只的规模也大，主要用于漕运及海上贸易，通行于运河及海上，停靠地点一般也为专门的大型港口码头。这样船只有沙船、福船、鸟船。

2-9 2-10 2-11
2-12 2-13 2-14

图 2-9 摆渡船模型
图 2-10 客船模型
图 2-11 客船模型
图 2-12 沙船模型
图 2-13 福船模型
图 2-14 鸟船模型

沙船是中国古代近海运输海船中的一种优秀船型，也叫作“防沙平底船”，在唐宋时期，它已经成型。沙船方头方尾，俗称“方艄”；甲板面宽敞，型深小，干舷低，因其适于在水浅多沙滩的航道上航行，所以被命名为沙船。在内河及远洋航行运输上具有运输量大，能适应河岸浅滩靠岸的特点。

福船是中国四大古海船之一。不同于沙船，福船底尖，适合海上航行，一般作为远洋运输船。古代福船高大如楼，底尖上阔，首尾高昂，两侧有护板。这种船适合海上贸易，因其载货量大，船体宽大结实，百叶窗一样的木质船帆可以使用很多年不换。

鸟船是浙江沿海一带的海船，其特点是船首形似鸟嘴，故称鸟船，起源于元代海上漕运，始发于宁波，在舟山沥港开洋向北方运粮，是中国古代南北洋皆可航行的唯一船系。

* 图片均来源于网络

* 图片均来源于网络

2.2.3 游览船舶

江南地区自古以来就有各种各样专供游览之用的船只，按其大小可以分为两类：一种是大型的游船，这种游船也被称为画舫，是为了满足多种游览功能而设计建造的船只，装饰华美，体型巨大，因其多层船上空间，高度巨大，也被称为“楼船”。大型的游船一般航行于宽阔的江河湖泊上，所停靠的码头也需一定的规模以满足使用。另一种是小型的游船。这种游船通常是由渔家船只因陋就简改造而成，形式也多样，有藤绷、漆板等。一般小型游船能装载五六人左右。这样的船只和水乡古镇中一般的船只一样，穿梭往返于平常的水埠码头之间。

2.2.4 江南古镇现代船只

近代以来，江南地区内河轮运渐渐兴起。新的造船技术大大增加了货运客运，镇中道路基础设施逐渐完善。然而居民日常出行大多选择汽车或火车等方式，原来家家必备的船舶已经成为供游客水上游览使用的游船。大型的运输船只得以长足发展，与此同时，传统的大型木船已无法满足使用，逐渐淡出人们的视线。而轻巧灵活的小型渔船仍然在人们的日常生产生活中发挥着不可替代的作用。

* 图片均来源于网络

2-15 2-16
2-17 2-18 2-19

图 2-15 渔船模型 1
图 2-16 渔船模型 2
图 2-17 当代江南水乡古镇用船 1
图 2-18 当代江南水乡古镇用船 2
图 2-19 当代江南水乡古镇用船 3

2.3 当代亲水游览活动

江南古镇亲水游览活动的类型分类

表 2-2

镇名	驳岸亲水活动	船舶游览活动	传统民俗活动
周庄	1. 水上表演《四季周庄》 2. 水上情景表演《沈万三夜游周庄》	环镇水上游线： 环镇水上游码头爱渡小镇 – 万三水底墓 – 富贵园 – 沈万三故居 – 南湖秋月园 – 南湖园 – 贞丰桥 – 迷楼等景点 – 蚬江渔唱码头 古镇水巷游： 双桥边的银子浜 – 金钩钓月 – 沈万三水底墓 – 富贵桥 – 富贵广场 – 田园风光带 – 沈万三故居	迎财神、打田财、打连厢、荡湖船、摇快船、传统婚庆
西塘	1. 丝竹表演 2. 放许愿灯 3. 夜游西塘 4. 水上戏台	夜游路线： 张正根雕艺术馆 – 中国纽扣博物馆 – 西园 游船路线： 送子来凤桥桥头福堂游船码头 – 永宁桥 – 来凤桥 – 七老爷庙 – 送子来凤桥 游船码头： 西塘古镇景区游船码头 – 送子来凤桥桥头福堂游船码头 – 卧龙桥游船码头	七老爷庙会
乌镇	1. 乌镇戏曲节 2. 乌镇夜游 3. 拳船斗勇 4. 高竿惊魂 5. 提灯走桥 6. 露天电影	西栅游船码头： 如意桥游船码头 – 安渡坊码头 – 候船休息室 – 乌将军庙码头 – 望津里游船码头 – 文昌阁码头 – 包船码头 东栅游船码头： 乌镇东栅景区游船码头 – 财神湾 – 游船码头 – 停车场游船码头	逛城隍会、瘟元帅会、竞渡踏白船、水乡婚礼
同里	1. 古镇水巷游 2. 五福水上游 3. 古戏台戏曲 4. 江南丝竹表演	游船码头： 同里古镇 – 游船码头 – 同里罗星洲游船码头 – 五福水上游码头 – 古镇水巷游码头	罗星洲上放花灯、六月廿三射水龙、踩高跷、提香臂香、蚌壳精、荡河船
南浔	1. 鱼鹰捕鱼 2. 水龙船会 3. 江南竹丝 4. 年货水市 5. 传统民俗汇 6. 新春嘉年华	游船码头： 南浔古镇景区 – 游船码头 1（靠近通利桥）– 南浔古镇景区 – 游船码头 2（靠近紫气东来）– 南浔古镇景区 – 游船码头 3（靠近廊桥）	蚕花节
朱家角	水乡音乐节	游船码头： 圆津禅院码头 – 放生桥码头 – 游艇码头（上海申窑附近）– 课植园码头 – 城隍庙码头	音乐船、灯游船、划龙船、摇快船、拳船

2.4 水埠码头典型设计形式

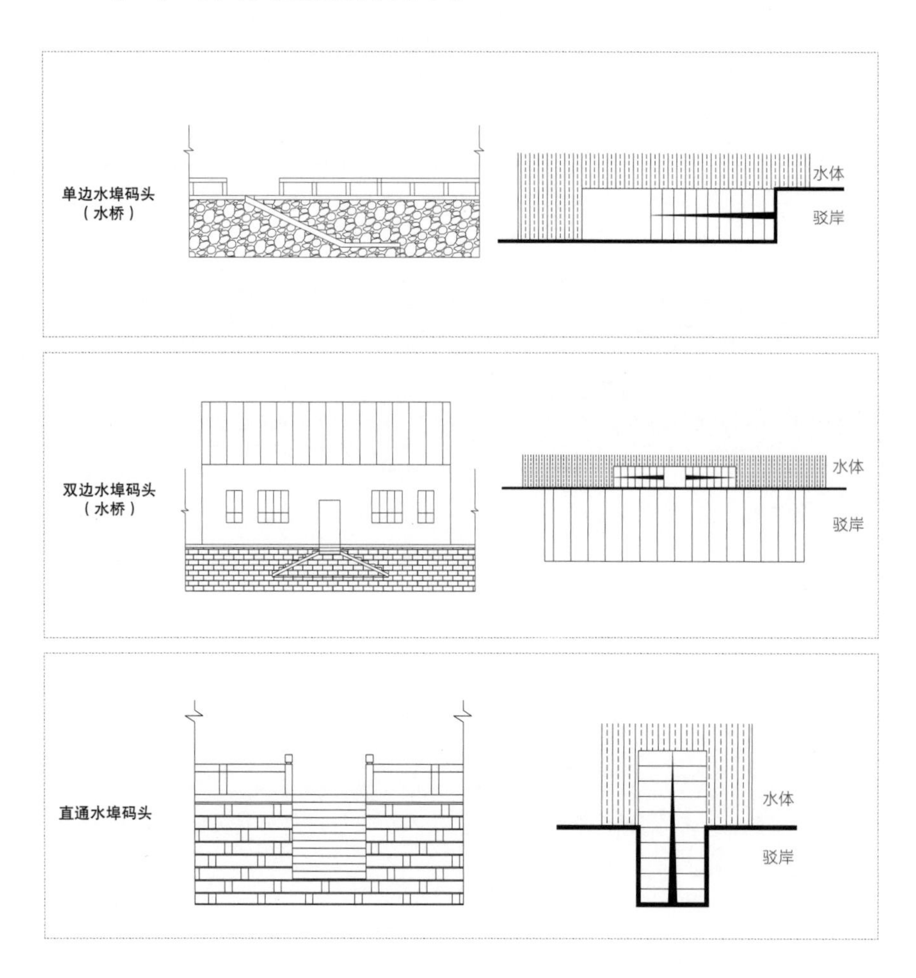

2-20
2-21
2-22

图 2-20 单边水埠码头
图 2-21 双边水埠码头
图 2-22 直通水埠码头

2.5 水埠泊岸材质与建构类型

2.5.1 驳岸的形式建构和材质

新场古镇早期驳岸的原型主要都是自然驳岸，这个和江南大多数水乡都一致。早期的做法就是对于驳岸坡度缓的河段，在保持自然状态的同时配以植被种植，起到稳定驳岸，减少水土流失以及增强抗洪能力的目的。随着新场城镇化的发展，驳岸的类型和结构形式也逐渐丰富多变。新场古镇与传统江南一样，驳岸具有以

2-23 2-24
2-25 2-26

图 2-23 垂直型驳岸
图 2-24 斜坡型驳岸
图 2-25 挑台型驳岸
图 2-26 台阶型驳岸

下几个特点：生态化、自然化、整体性，与自然景观环境地理特点充分结合。

新场古镇驳岸主体的常用材料逐渐由原始的自然驳岸发展到石材、木板、砌砖、混凝土、毛石砖等材料，建构也逐步发展得更为先进。整个驳岸的最底层，被称为垫层，常用矿渣、碎小材料等平整地面，已确保地基与土地的受力均匀。底层上面的基础层为驳岸的底层结构，也是整个驳岸的承重层。先前选材一般为木桩、灰土桩等，逐步发展为石柱桩，后期逐步使用混凝土材料，同时在混凝土驳岸建造中需考虑到气候的变化，为避免温度变化引起破裂，也会设置伸缩缝。虽然构建日趋变化，但不同的部分也会受到不同的破坏因素影响，材质自身因长时间浸泡在水中腐烂而造成朽坏。只有了解对驳岸有破坏影响的因素，才能从根本上减少驳岸的破坏和对其保护的方式。除了人为的破坏因素，温度的变化可以造成基础层的变形，导致驳岸的受损。我们现在所看到的新场古镇的驳岸，特别是垂直驳岸，已经是由五花八门的材质组成，它也反映了各个历史时期的时代特征。

2.5.2 驳岸的建造类型

根据驳岸剖面与河道水面的关系，驳岸的建造类型可分为**垂直型、斜坡型、挑台型和阶梯型四种**。

垂直型驳岸

是江南古镇中最为常见，也是应用最为广泛的驳岸建造形式。这样的驳岸优点是占地面积少，施工方法简单，多余的积水或雨水可以直接排到河道内，也是早期防洪性的驳岸；但河岸生硬，亲水性较差，不能突出和强调滨水景观空间的特色。新场古镇的这种类型驳岸材质多为水乡中传统的元明时期的石驳岸，也包括部分条石和青砖。

斜坡型驳岸

相较于垂直型驳岸有良好的亲水性和生态性，但从防洪性和安全性角度会弱于垂直型驳岸。在新场古镇范围内的新场港河还有部分保护农田沿河处都采用了斜坡式驳岸的历史遗留，这也是体现早期河道农村与城镇结合的典型特征。当然，如果斜坡型驳岸材质为自然驳岸，即由自然生长的植被作为土地的覆盖物形成的驳岸空间，则容易造成较大量的水土流失。此类驳岸占据的空间较大，对使用空间的影响较大，这种类型的驳岸空间在新场古镇的中心片区较为少见。

挑台型驳岸

有很好的亲水空间，形式和功能类似现代的亲水平台。通常的建造方法是将平台或挑台用悬挑的方式建造在水域上方，扩大临水空间。历史上挑台驳岸的材质多选用石材，而现代的新建亲水平台则有木结构、钢结构等。

阶梯式驳岸

空间在古镇中成为水埠空间，是古镇居民生活中必不可少的私人或公共空间，在任何情况下都有良好的亲水性，适用于古镇内各种区域。这种类型的尺度、形式、材质自由灵活，可以适应不同的河道尺度和临水空间。

* 照片摄于江南古镇

2.5.3 水埠驳岸的特性

驳岸的立体性：新场古镇河道的驳岸在河流两边的限制下形成多条古镇中独特的线性空间，而河道两边的城镇街道也因此同河道的关系脱离，形成两条并行的相互没有交集的线性空间。驳船系统中的桥堍、水埠、船舶却刚好起到联系河道空间和陆上城镇空间的纽带作用。通过水埠的连接，驳船系统中的河道和驳岸变成了相互连通的具有空间流动性的立体化空间。

驳岸功能边界的模糊性：在新场古镇，水埠是驳岸的一部分。有的水埠完全突出于驳岸，有的水埠完全内凹于驳岸，有些平行于驳岸，有些悬挂在驳岸上。水埠在打破驳岸单调的岸线时在整体上仍旧保持着河岸的完整性，但也打破了驳岸的连续性和明晰性。

驳岸功能空间的复合特性：驳船系统中的水埠是驳岸空间中功能复合型最强的小场所，也是新场古镇日常生活中的重要场所，在江南古镇水埠又被称为"河滩头"、"滩渡"。从交通运输角度来说，水埠是向船只上货卸货、上客下客的场所。在承载运输终端作用的同时，它也是进行日常交易的重要场所。江南地区特别是沿海地区自古富庶，新场古镇有着“盐乡”之称，水埠在新场古镇的水上贸易中起着重要的作用。同时，由于水埠是连接水面和城镇的重要空间节点，所以它也是城镇居民日常生活的重要场所。水乡居民淘米、洗菜、挑水、洗衣服等需要水的日常活动都在这个空间节点进行。

2-27 2-28
2-29 2-30

图 2-27 新场古镇水埠形式 1
图 2-28 新场古镇水埠形式 2
图 2-29 新场古镇水埠形式 3
图 2-30 新场古镇水埠形式 4

* 照片摄于新场古镇

2-31 2-32
2-33
2-34

图 2-31 水埠洗衣 1
图 2-32 水埠洗衣 2
图 2-33 新场古镇的缆船石样式
图 2-34 其他江南古镇的缆船石样式

* 照片摄于江南古镇

驳岸的文化艺术特性：江南古镇水埠上的缆船石较能体现水埠的文化特性。在江南古镇早期河道两侧的驳岸上，零散可见形态各异的孔丁石，名为缆船石，又被称为船扣或船鼻子。缆船石的出现为水巷边的居民提供了方便。缆船石是水乡特有的物质文化景观之一，不再在单一的表达使用功能，也展示着古镇的生活习俗、民族信仰，并从一个侧面角度展现水乡人民的审美和智慧。目前，新场古镇的后市河与包桥港还有不多但保存完好的缆船石。

雕刻式的缆船石多为浮雕，传统上的样式都非常讲究，富有才艺的工匠们在船缆石上雕刻一些浮雕，象征吉祥美好，既丰富了古朴单一的驳岸，又有实用价值。如果沿着新场古镇的驳岸寻找，还可以找到不多的缆船石，可以想象，传统上应该是花样繁多，种类各异，雕刻手法多为浮雕、立体和造型图案。如下图所示，有“猫眼”、平（瓶）升三级（戟）、如意等，栩栩如生。在一块驳岸石上雕刻，正面看上去有两个对穿的孔可以让缆绳穿过，但雕刻的手法却富有变换，因此造型和款式也千姿百态。它们或方或圆，或长或扁，是石驳岸上的艺术展现，显现了地域民族文化风趣和人们的审美视角。

在岸边细细观察就会发现许多镶嵌在长条石驳岸中的、用于船舶停靠而设置的空洞或浮雕缆船石，他们形式多样，或深入土层，或浮雕于长条石外，呈类拉环形，用于固定船舶，且能够在水体流动移动船舶时承受足够大的拉力。其简单和原始的形式是凸出于河流石驳岸上，中间有孔，可供缆船绳穿梭其中而固定船只，也有隐藏式、浮雕式以及简易式。突出式最为简单和明显，一般在水埠的台

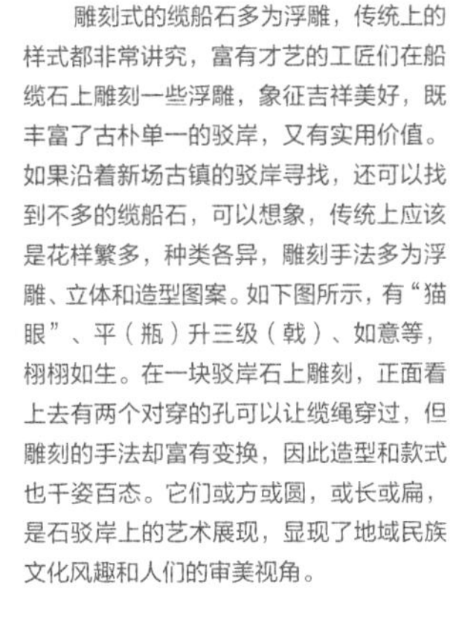

在江南古镇中，有更加多样繁复的拴船石样式，如甪直古镇特有暗八仙图案的拴船石。暗八仙为“道家八宝”，分别是：葫芦、团扇、鱼鼓、宝剑、莲花、横笛和阴阳板，最初见于道家建筑之中，盛行于整个清代。

* 照片摄于江南古镇

阶上有石材的缆船柱，样式简单。隐藏式的制作简单也不容易被发现，在靠近水面的石阶或驳岸上凿开两个孔，缆绳就可以穿过这两个孔固定船只，形式简单，也毫无装饰感。简易的一般为石材或水泥的缆船石柱，或者金属材质的环，可以将船绳绑定在此金属环上。

驳岸与船舶的文化景观构成特性：江南水乡的地理环境决定了人们的生活与水息息相关，密不可分。而驳岸就成了江南水乡古镇中亲水景观的主要水巷部位了。新场古镇的驳岸是水乡中水巷环境必不可少的元素，对河道景观和沿河建筑等空间环境起到了协调作用，使整体环境在空间层面上达到和谐统一。

历史上水埠空间与现代水埠有所不同。在明代，京杭运河全线贯通后，沿河的驿站就发挥着重要的作用。明弘治元年（1488），朝鲜人崔溥记载运河沿线共有 56 处驿站，大部分建于明代洪武永乐年间，是具有水陆双重功能的驿站，而且相邻两驿站之间的水上距离有着一定的规律。而沿河驿站位置的选择一般会选在要冲之地，而且运河沿线驿站一般地势较高以避免水灾的发生。

明代沿河驿站的功能也与现代的水埠码头有所区别。水利河道是封建集权国家进行社会调控的重要手段和途径，特别是各处水马站“专在递送使客，飞报军务，转运军需等物”。除了在封建制度信息传递过程中发挥着重要的作用，同时也为来往的官员和使者提供食宿。因为运河的全线通航带动了区域性经济的发展，自然也是运输物资、信息传递的重要途径，沿线的驿站作用也变得随之突出。但是到了明朝末期，由于驿站在运行过程中贪弊和腐败现象日益增多，它逐渐成为了明政府严重的经济负担，裁撤之声不绝于耳。运河沿线的驿站失去了往日的活力，其所发挥的功能也在逐渐衰退 。

当代的古镇中很多没有保留下来原有的水马驿站，更多的是保留了古镇内部沿河的小型水埠空间，至今为人所用。水埠的空间是体现古镇居民日常活动的重要场所，是古镇妇女们每天交换信息、劳作、调节邻里关系的空间。

2.6 水埠构成类型

2.6.1 “历史水埠”

1. 材质特性：大多数江南水乡古镇中的驳岸材质多为长条形石材堆砌，形成滨水建筑的挡土墙，将民居与河道自然分开。驳岸的砌筑在空间上与街道和河道都是成 90° 直角，但整体驳岸的走势随着河道的弯曲变化而变化。有的水埠选用与驳岸相同的长条形石材，也有青砖的水埠。现在的古镇内大多延续了历史上使用的材质。

2. 类型和文化特性：新场古镇中最为常见的河埠的类型为垂直于河岸和平行于河岸两种，但也有一种比较特殊的河埠形式，称之为“水门”（这种河埠形式新场古镇已经消失了，但周庄和苏州仍有）。与水体的关系可以分为凹进河岸和凸出水面两种形态类型。水埠类型的建构与沿岸的建筑有些关系。背河式民居驳岸的水埠多为平行于驳岸的单侧水埠，或夹在两栋民居间的垂直于河岸的水埠。水埠为私家所用，不需要太大的空间，因此为单侧。面河式的民居或茶馆食肆前的水埠为半公共空间，多为平行于河岸的双向水埠。在水域较为开阔的空间，出现了组合式的水埠空间。这样的水埠空间通常为开放型水埠。随着游船业的兴盛，大型的开放型水埠也成了古镇中游船停泊的主要空间和标志性登岸节点。

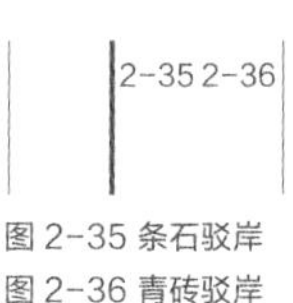

图 2-35 条石驳岸
图 2-36 青砖驳岸

* 照片摄于新场古镇

2.6.2 “近现代水埠”

1. 材质特性：新场古镇在近现代大量采用了水泥、砌砖或非条形石材的水埠，一是为了修补或复原历史上的水埠空间，二是为了自家使用的便捷。出于古镇保护的目的，水泥或石材水埠逐渐需要恢复成原有的历史材质。当代旅游与保护的发展促使了古镇游船业的发展，有些水埠为了方便游船的停靠和游客的登船上岸，采用木质结构，扩大部分水埠空间。

2. 类型和文化特性：现在有些水埠为满足游船上下客的需要，在原有水埠进行扩建。新场古镇就是在南山寺附近恢复了台阶式水埠原有的阶梯式水埠的水域空间，并增加了平台，便于整船游客的上下岸。同时，也为古镇的水上集市功能的恢复创造了条件。

3. 文化景观的构成特性：新场古镇在现代的水埠空间里，除了传统的水体、驳岸、生活生产船只元素外，空间功能的属性相较于历史也有所改变，复合性在逐渐增强。当今水埠空间功能的日常生活使用功能明显弱于历史使用情况，而游览功能日渐兴盛。

旅游功能的融入和增强，使得水埠空间的使用人群和停靠船只发生了变化。也许，新场古镇除了塑造水上旅游的功能之外，恢复其传统水上交通功能也是一种古镇活力的再造创新与保护传承。由单一居民的使用增加成为居民和游客功能使用。现代的古镇随着复兴、保护和开发，旅游业日渐兴盛。虽然水上交通不再是古镇主要的交通工具，但是水埠空间依然是当地人活动的主要场所，居民在水埠空间的活动少了生活生产用船的停靠，保留了部分洗涤、协调邻里关系的使用。水上交通的弱化被游船的兴盛取代，水埠码头更多地成为了古镇内游览的乌篷船停靠点，成为上下客的重要通道空间，组成了河道、乌篷船、水埠、驳岸为一体的水乡古镇文化景观空间。

2.6.3 驳岸环境要素的典型设计形式

驳岸环境要素主要分为四种类型：**块石勾缝驳岸、条石驳岸、条石勾缝驳岸与青砖驳岸**。

2.7 景观体系构成类型

江南水乡古镇中的驳岸与船舶除了自身承载的功能外，更是成为水乡古镇中文化景观的代表和展示空间。

2.7.1 “开放式”景观体类型

江南古镇驳船系统中的开放式景观体主要是指沿驳岸所有的能体现古镇文化、艺术、历史、驳岸建构等的景观元素，例如古镇的驳岸及水埠材质、缆船石的文化艺术内涵等。古镇的驳岸和水埠是古镇驳船系统中最有代表性且使用率较高 的开放式景观体。材质和形式会根据建造的年代而有所不同。较为常见的是

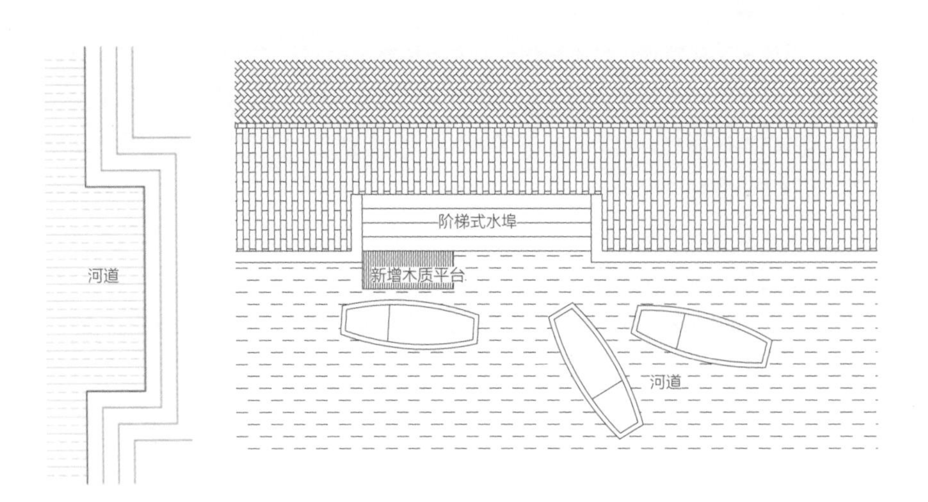

2-37

图 2-37 阶梯式水埠

石砌驳岸，也有砖砌驳岸，距离古镇核心区之外还能找到自然驳岸。

随着发展和使用功能的改变，驳岸和水埠也出现了组合和拼贴的形式和材质。较为常见的是石材与砖的拼贴。水上交通功能的减弱使得水埠的利用率降低，

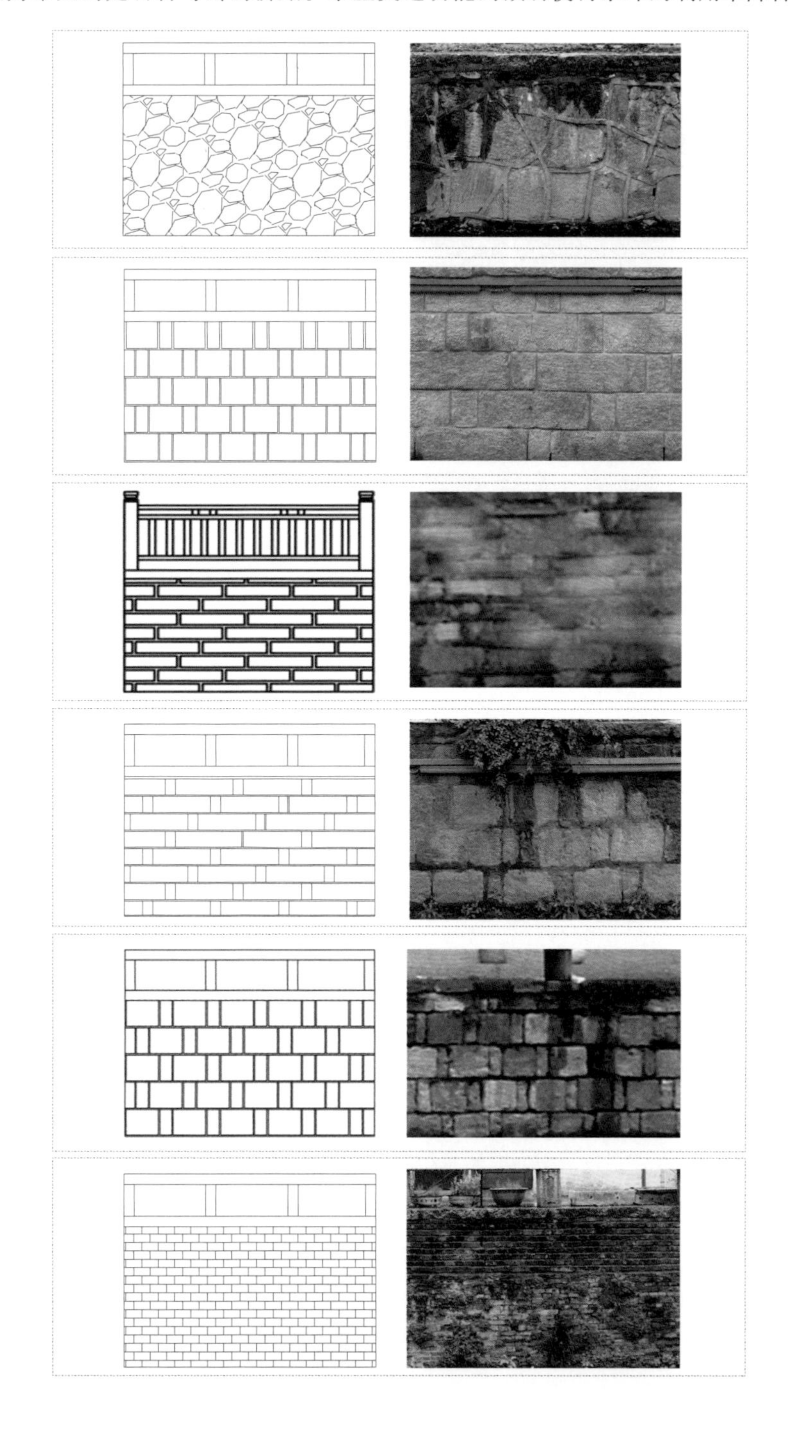

2-38
2-39
2-40
2-41
2-42
2-43

图 2-38 块石勾缝样式 1
图 2-39 条石勾缝驳岸样式 1
图 2-40 条石勾缝驳岸样式 2
图 2-41 条石排列驳岸样式 1
图 2-42 条石排列驳岸样式 2
图 2-43 青砖排列驳岸样式 1

因此居民用砖砌高，使其成为临河民居的微型使用空间。放弃原有水门功能的部分用砖添补，形成石材与砖组合的驳岸形式。水埠空间的使用，也有木质的融入。

2.7.2“功能式”景观体类型

在新场古镇驳船系统中，有特定“功能式”的景观体代表，主要有缆船石、水门、护栏等。缆船石按所在驳岸位置可以分为两种，一种是设置在水埠上的缆船石，另外一种是在驳岸上的缆船石。

设置在水埠上的缆船石一般为石材，样式简单也较为常见。在乌镇的水埠还可以找到更为简单的设置，仅为一个金属材质的圆环可供缆船绳穿过。

另一种是设置在驳岸上的缆船石，多为浮雕形式。花样繁多，也被赋予文化艺术的含义，例如 “瓶升三戟”，意为平升三级，寓意高升。雕刻的手法和样式或圆或方，或简单或复杂，是地域民族文化景观的代表和智慧的体现。

沿河的护栏材质主要为石材和木质。石材护栏一般较矮，既作为护栏起到安全隔离作用，又可作为公共座椅提供停留休憩空间。木质的护栏可以分为两种：一种为传统护栏，沿河而设；另外一种被称为“美人靠”，是一种背河带靠背的座椅。由于古代女子不允许抛投楼面，多身居闺阁，只能凭栏远眺，因此被称作美人靠。

2.7.3 “复合式”景观体类型

“复合式”景观体是江南水乡古镇中物质元素和非物质景观元素的融合，其中非物质元素包含了古镇中与驳船系统相关的民俗节庆以及文化活动。每年在不同的节气或节日中，每个水乡古镇都会有大大小小的水上活动。以古镇的赛龙舟和摇快船为例，在这一天，当地人们组团或组队对特定的船舶进行装扮，比赛或表演的河道旁聚满了群众和游客，一同庆祝。除了传统的节庆，旅游业的兴盛也为古镇带来了现代化的文化景观。例如乌镇举行的“乌镇水灯会”，以 24 组灯

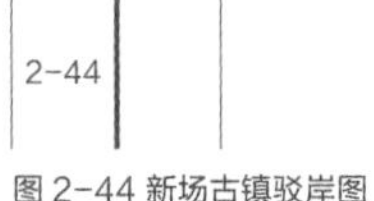

图 2-44 新场古镇驳岸图

彩绵延西栅 10 km 河道，既为中国传统的春节造势，也吸引了众多的海内外游客。这既是将传统手工艺以景观体的形式体现，又是对文化内涵的发扬与传承。

2-45
2-46
2-47
2-48

图 2-45 江南古镇的不同驳岸形式
图 2-46 江南古镇沿河护栏样式与材质的不同
图 2-47 古镇沿河的缆船石
图 2-48 节庆活动和展览

第三章

江南水乡古镇文化景观类型分析

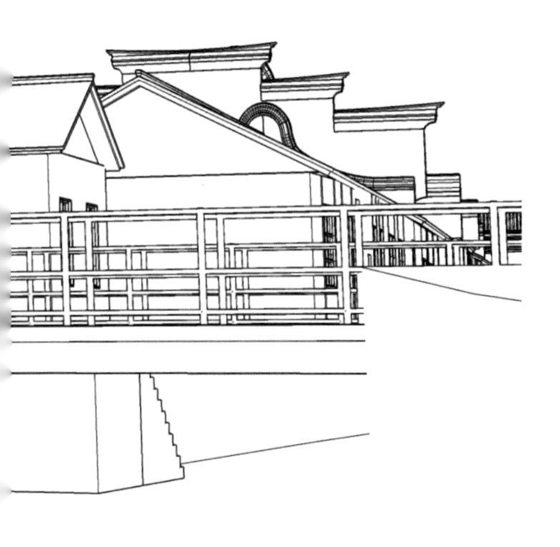

3.1 概述

江南古镇水岸驳船系统文化景观在江南水乡古镇中的定义以及结构性的解读，包括内容、功能、形式、特点以及构架。这里所指的江南，除了地理要素外，还包含了一个重要的与水有关的类型特质，其都隶属于太湖流域和大运河以南沿线的水网系统以及整个江南地区的河运航道体系。江南古镇的基本范围从历史上讲是以明清时期太湖流域“八府一州”的地理区域概念为核心范畴。“八府一州”，指明清时期的苏州、松江、常州、镇江、应天（江宁）、杭州、嘉兴、湖州八府及从苏州府辖区划出来的太仓州。这一地区亦称长江三角洲或太湖流域，总面积大约 4.3 万 km^2，在地理、水文、自然生态以及经济联系等方面形成了一个整体。这“八府一州”东临大海，北濒长江，南面是杭州湾和钱塘江，西面则是皖浙山地的边缘，上海浦东新区新场古镇就身处东海边缘区位，是典型的具备江南古镇风貌环境与水乡特质的江南水乡古镇。

江南古镇以水岸为载体的“文化景观”，是将古镇风貌主要界面之一“水岸界面”的组成部分即驳船系统文化景观的整体结构进行了类型学分析与文化景观系统化的研究，同时结合了江南古镇历史风貌保护与更新发展的具体实践措施经验相关理论，根据江南古镇各自风貌特点与保护内容，逐渐形成的古镇水岸涉及文化景观的相关理论。江南古镇驳船系统文化景观成为了历史风貌保护的一个重要内容，也是为更好地保护发展提供了依据条件与实施策略。

江南古镇驳船系统的各个文化景观属性与要素之间通过分组归类，即类型分析（Typology Analysis）的运用，成系统的进行分析研究，通常称为类型分析。类型的各成分是用预定的各个特别属性来甄别的，这些属性彼此之间相互排斥而集合起来却又有较强的整体性，这种分组归类方法因在各种现象之间建立有限的关系而有助于对象的论证和研究。按照分类的原则，在古镇驳船文化景观研究领域，其操作方法可以归纳为“具体 - 抽象 - 具体”。此次研究的重点是将江南古镇驳船系统通过驳岸船舶的形态格局、使用功能以及对应的空间系统的结合进行分类形成系统，运用文化景观的已有理论解读与探索古镇驳船系统外在表象与内在规律，进行整体的分析研究。

系统是由相互作用、相互依赖的若干组成部分结合而成的，具有特定功能的有机整体，而且这个有机整体又是它从属的更大系统的组成部分。在本次研究中，系统分析的运用非常重要。系统分析包含了多种多样的可以根据不同的原则和情况来划分的类型。从航运交通原则和水域情况来划分系统的类型的话，江南古镇水乡航运水网系统属于长江航运水网系统、大运河航运水网系统、太湖流域航运水网系统的最末端位置。江南古镇驳船系统是隶属于江南古镇水乡航运水网系统中关于驳岸与船舶设施的独立系统，是一个大范围的水网系统的设施类型。江南古镇驳船系统的系统核心是指将有关驳岸船舶及相关零散的内容进行有序的整理、编排形成其整体性，是以水系统为核心→次子系统→子系统→系统之间构成一种层次递进关系的内容。

江南古镇驳船系统文化景观是属于江南古镇文化景观的重要组成部分，是古镇驳岸船舶物质存在于水乡河埠交通功能、古镇水岸生活、古镇亲水文化民俗并相互紧密融合渗透的文化景观类型。

古镇驳船系统文化景观附着于江南水乡古镇文化景观，是由人为创造设计与自然环境共同进化而形成的文化内容与景观体现。其拥有景观的连续界面和历史功能不断演进形成的残留景观特征，与大的自然周边环境背景、历史风貌展示有强大关联性。

江南古镇驳船系统文化景观的水岸关系是古镇文化景观重要的展示要素界面。在水岸关系的重要界面上，驳船系统组成了独立功能体系，形成独特的功能与空间对应的不同类型。因其各个类型都具有对应功能空间的文化景观典型性特征，也因为其驳岸与水埠船舶的水岸空间可以根据其功能与空间的不同划分地更为细致，所以按照类型分类成为此次研究的基础和重点。

江南古镇驳船系统是一个完整的、统一的、独立的文化景观体系，是遵从于中国文化传统风水理念的江南城镇规划布局的文化景观类型中的一部分。

江南水乡古镇驳船系统文化景观是指由“驳岸、船舶 、水埠码头、水岸建构、水道水体、水乡民俗”共同构成的古镇水岸文化景观总体，即古镇中陆域驳岸与水域接壤的水体空间区域整体，由水域船舶、水际线水埠、驳岸建筑三部分景观类型构成，加上人在此空间与环境的整体行为交互作用共同组成。

水域船舶是古镇驳船系统文化景观的基本构成要素之一，它作为古镇水空间的特殊物质实体，决定了与其他城镇空间不同的特殊属性，具有交通性、生态性、生活功能、民俗承载、文化内涵等作用，其中船舶是水道、水体以及人参与行为互动的重要载体。

水际线水埠是塑造水体形态、水岸关系以及水岸功能的重要内容，是古镇水乡特质的外在表现，主要由水埠头、驳岸石、码头、亲水平台等组成，是古镇驳船系统文化景观的重要构成要素。

驳岸建筑是古镇空间特有的亲水界面，也是古镇整体格局面向水体的主要陆

江南水乡古镇文化景观类型的主要区分基于以下几点：

1. 遵从于中国文化传统风水理念的江南城镇规划布局的文化景观类型
2. 基于江南古镇独特水地理环境的水乡地域性文化景观类型
3. 构建江南古镇水岸水体、里弄街巷、历史建筑的空间意向文化景观类型
4. 体现江南水乡古镇丰厚历史渊源的人文与宗教民俗非物质文化景观类型
5. 反映江南古镇居民生活、装饰风格、生活习俗及设施的文化景观类型
6. 当代江南古镇特色旅游性功能转换的文化景观类型

域界面，包含驳岸和亲水建构部分，对自然状态的水体而言，堤岸是河床的延伸部分，但对于古镇而言，驳岸是古镇重要的门户与居民生活的窗口与空间，是古镇驳船系统文化景观的重要组成部分。

对文化景观类型与文化景观特征的研究，和江南古镇驳船系统文化景观的更为细致的类型分析，并对分析类型要素归类，细分了与每个类型的各项同一性内容，以便于对驳船系统文化景观有一个全面的分析与了解。

3.1.1 驳岸与船舶

驳岸：是指沿河地面及以下保护河岸（阻止河岸崩塌或冲刷）的构筑物。在江南水乡古镇中，驳岸是亲水景观的主要部位，材质多为长条形石材堆砌。主要功能有护堤、防洪、船只停靠、居民生活。

驳岸特点：驳岸的堆砌在形态上与街道和河道都是部分成 90° 直角，自然坡除外。整体驳岸的走势随着河道的弯曲变化而变化。而驳岸的走向也决定了沿河民居和滨水街道的走向。我们此处的驳岸是指在空间建构意义上的系统整体，包含有亲水岸建筑、水岸水埠及相关功能建筑。

船舶：是一种主要在水中运行的人造交通工具，是江南水乡古镇在历史发展中不可或缺的交通工具。

船舶功能：交通用船、生产生活用船、休闲娱乐用船。交通用船主要有航船、埠船、乌篷船、楼船、满江红和无锡快。生产生活用船主要有渔船、车水船和沙船。休闲娱乐用船主要有游船、画舫和龙舟。

3.1.2 水埠码头

码头即水埠，是因水而生的产物，是江河、池塘边用石块等砌成供人洗涤或泊船的埠头。一般按服务范围的不同分为公共、半公共和私用三种。人们通常将以劳作为主、装卸货物和搭乘旅客的称之为码头，码头的规模比较大，以公用的或半公用的为多。以居家洗涤为主，方便生活的称作河埠，河埠比较小，多数是私家独用的。

公用码头，属于古镇公共全开放的公用领域空间，一般位于水乡古镇的公共活动场所附近，如街口桥头滨水，可以满足城镇的大宗货物、人流集散及船舶停靠的需求。古镇中最富特色的码头空间当属半公共码头，以 3 ~ 6 户为单元设置一个码头，满足相邻居民的取水、洗涤、停船的使用需求，属半开放空间。是邻里之间相互沟通的重要场所，是社会活动的聚集场生活方式、行为在此得到邻里之间的影响。

私人码头，是指各临水居民为了方便泊船、洗涤、运输、贸易及休闲等生活活动，在临水一面的驳岸上设置有入水台阶的简单空间，是古镇中最为常见、数量最多、最能体现水乡城镇特色的码头空间，也被称为“河埠头”、“河滩头”、“河桥”等，由于大多临水建筑的后门直接开向河流，因此一般各户人家都在此设置河埠。

形式：单坡直下式、单坡半桥式、强调河岸关系的凸出式和凹进式、左右双

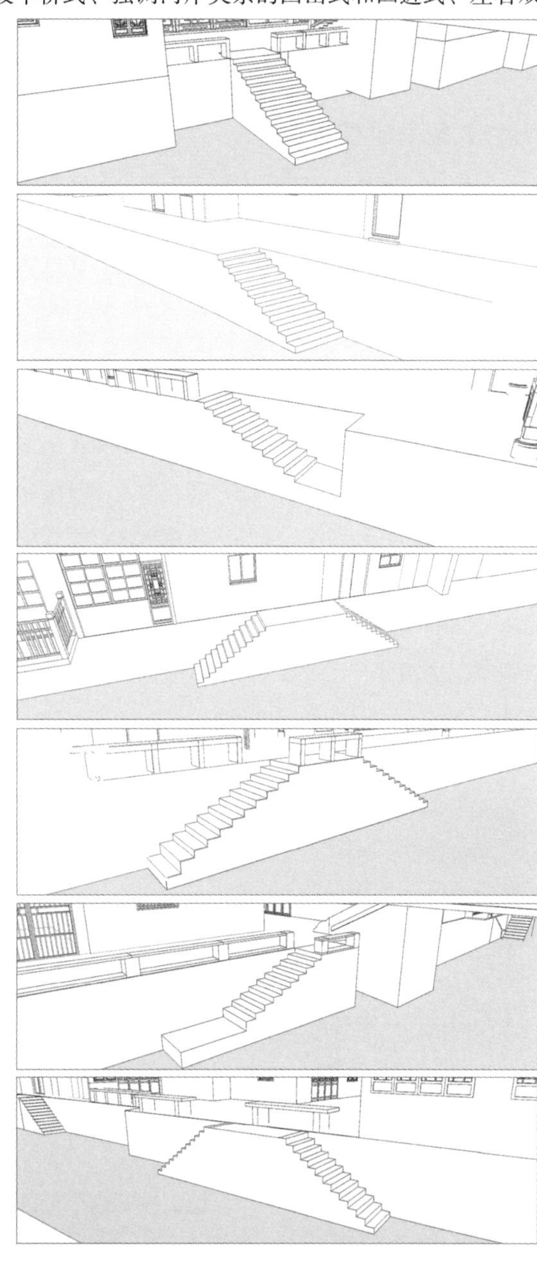

3-1
3-2
3-3
3-4
3-5
3-6
3-7

图 3-1 单坡直下式
图 3-2 单坡半桥式
图 3-3 强调河岸关系的凹进式
图 3-4 强调河岸关系的凸出式
图 3-5 左右双坡的桥式河埠
图 3-6 一面入水式
图 3-7 两面入水式

坡的桥式河埠、一面入水式和两面入水式等。

功能：生活、交通。

作用：河埠作为水乡城镇空间系统的一个元素，连接了建筑与河道或者街道与河道，它直接控制着水、陆交通空间的衔接，以灵活的空间方式为水乡内部空间的交流和运输、贸易提供便捷，也影响着包括桥面的设置，建筑内外功能的布置。公共与半公共码头或水埠空间的大小不仅体现着河道的等级，同时也意味临水驳岸与水体的衔接空间。

3.1.3 水岸建构

水岸建构是指以江南古镇的水系河道为主要骨架，遍布整个城镇的滨水空间系统。水岸建构主要包括水岸空间的建构和水界面的建构。水岸空间是指围绕水体，通过与水有关的驳岸、水埠、桥梁、街巷、建筑共同形成的公共开放空间。水界面是指从水体的角度观察到的构成古镇滨水空间的物质要素形成的连续的界面。

构成要素：水、驳岸、桥、街巷、民居建筑。

江南水乡的地理环境决定了人们的生活与水息息相关，密不可分。而驳岸作为水体和陆地的界线，就成了江南水乡古镇中最亲水的部位。驳岸是水乡中必不可少的元素，对河道景观和沿河建筑等空间环境起到了协调作用，使整体环境在空间层面上达到和谐统一。桥为跨河之用，是江南古镇水陆交通的纽带，亦是江南水乡独具魅力的形态要素。桥的布局、功能和形式千变万化，有庙桥、屋桥、亭桥、廊桥等，是驳船系统中不可或缺的构成要素。江南水乡传统临水建市、临水筑街，水街并行，水陆交错，水交通与水生活交互得体，水街、巷道和滨水建筑共同构成了江南水乡城镇整体空间系统的整体骨架。临水建筑在江南水乡“民居 - 街 - 河 - 街 - 民居”和“街 - 民居 - 河”的传统空间布局中，民居建筑与水系的关系非常密切，是构成滨水空间的重要元素。

功能特征：防洪、交通、生活、休闲、商业。

空间特征：内向性、亲水性。

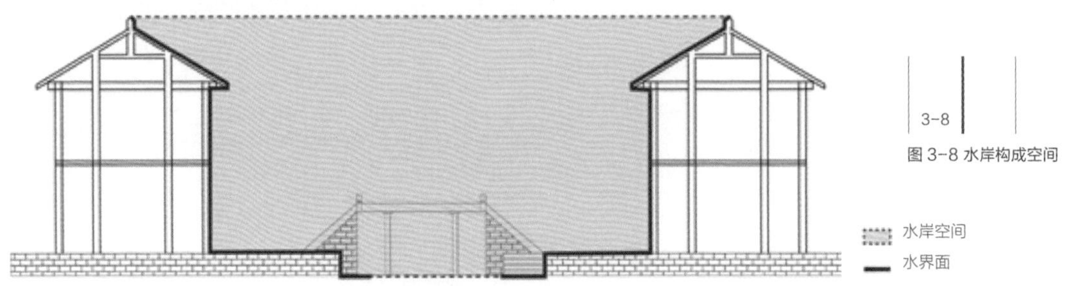

图 3-8 水岸构成空间

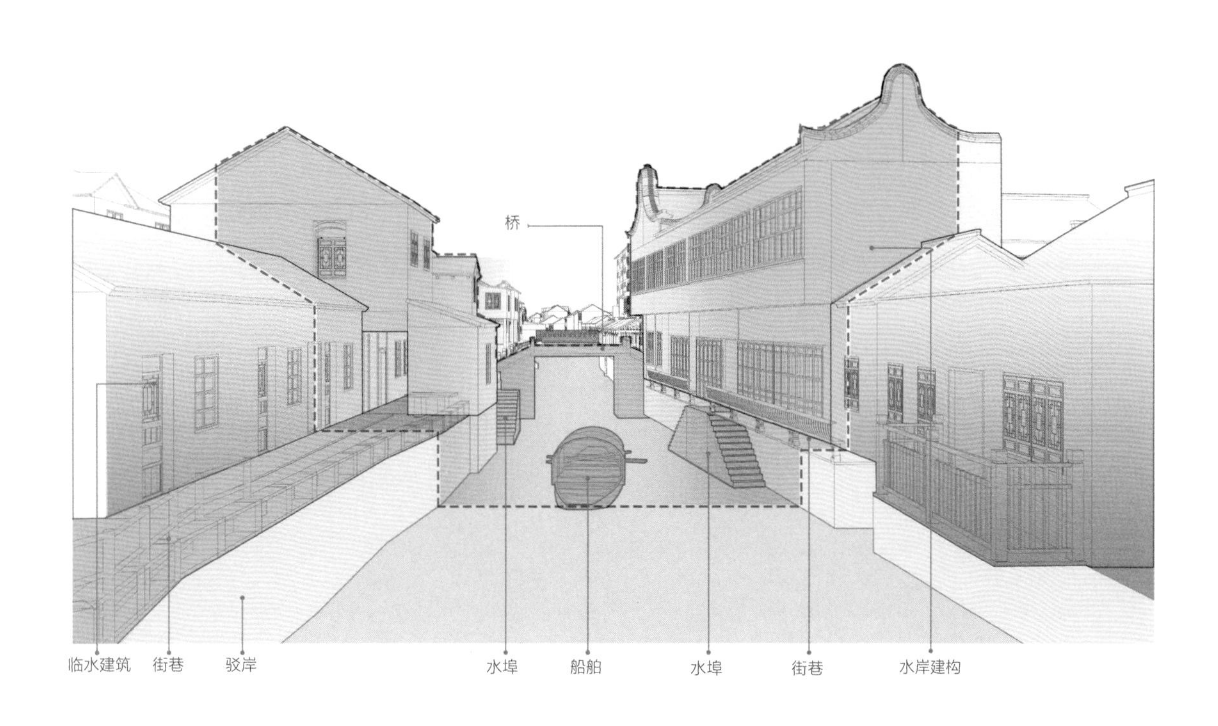

3.1.4 水道水系

水道水系是指流经江南古镇，自然形成和人工开挖的运河、渠道、河流、湖泊及水库等具有统一归宿的水体所构成的水网系统。首先，江南水乡的城镇因河道形态的不同而呈现出不同的形态特征。其次，河道的密度、宽窄与古镇功能有密切关系，水系是其功能的决定者与载体，其形态亦与功能相关。最后，河流的格局奠定了江南水乡城镇的基本结构。河流功能有供水、交通运输、灌溉和水产养殖、军事防御、防洪排涝、调蓄洪水、造园绿化、调节气候等。

水系形态主要分为以下四种：

1. “一”字形河道，属于带状城镇格局；
2. “十”字形、“上”字形河流，属于星状城镇格局；
3. “井”字形河流，属于方形城镇格局；
4. 网状或枝状河流，属于团状镇格局。

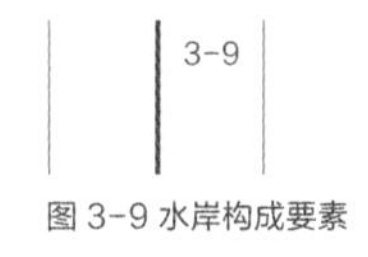

图 3-9 水岸构成要素

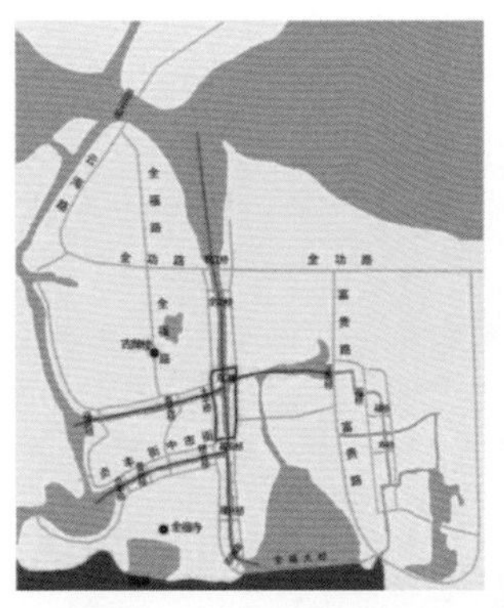

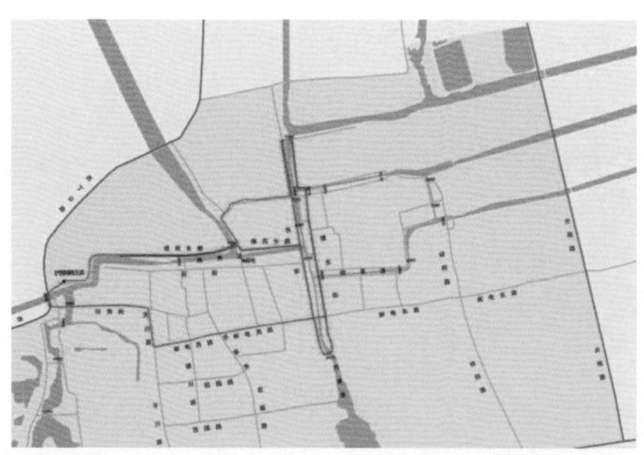

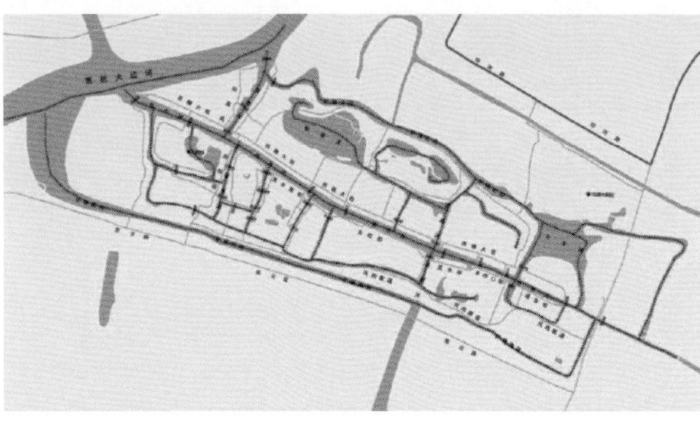

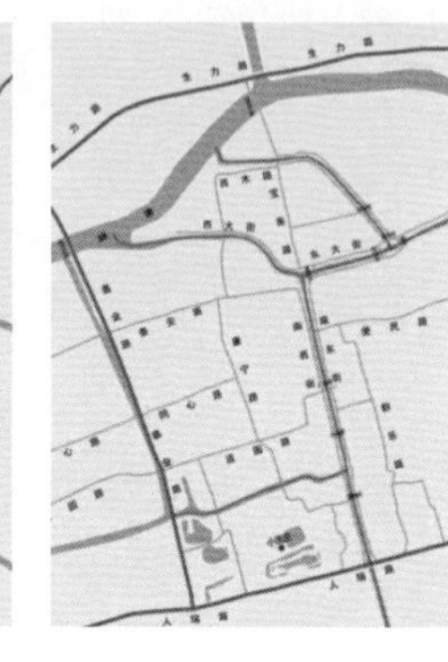

宗教祭祀活动

香市－乌镇：每年清明至谷雨时节，活动内容有蚕花会，祈求养蚕顺利；踏白船，水上争雄、高竿船惊险刺激，茅盾先生称之为“中国农村的狂欢”。

中元灯节－乌镇：每年七月十五在河畔举行，活动内容为祭祀祖先。篾编纸糊的各式花形灯笼，灯中燃烛，下托木板，入夜到水边。

民俗文化活动

水乡婚礼－周庄：主要活动内容为穿传统服饰拜堂成亲，喜坐快船、走三桥，挂“心心相印，如影随形”情侣吊坠，水乡佛国全福寺。

赛龙舟－同里古镇：每年端午节在古镇内部的主要河道举行，用精心装扮的木船互相竞赛，船速极快。

闸水龙－同里古镇：每年六月十三从大庙到渡船桥举行，把水用汽车引擎发动的消防车，把水洒向没带伞的人群。

泥河滩香讯－朱家角：每年七月二十七日漕港河放生桥畔，“摇快船”活动，还有“拳船”、“渔婆船”表演，四乡农民、商贩云集。

接财神－西塘古镇：每年正月初五，财神生日，舞龙舞狮等庆祝表演。

走桥习俗

走三桥－同里古镇：在太平桥、吉利桥和长庆桥举行，同里人每逢婚嫁喜庆都要在爆竹鼓乐声中走过三桥，新人走过三桥寓意心心相印，白头偕老。

元宵节－乌镇：每年元宵节，在古镇桥头，入夜三五结伴出游，途中至少走过十座桥，忌走回头桥。意味着祛病消灾，祈福。

3-10 3-11
3-12 3-13
3-14 3-15
3-16

图 3-10 周庄的水上游览线路
图 3-11 西塘的水上游览线路
图 3-12 乌镇的水上游览线路
图 3-13 南浔的水上游览线路
图 3-14 朱家角的水上游览线路及范围
图 3-15 同里的水上游览线路以及范围
图 3-16 艺术民俗活动发生的水岸空间

节日庆典活动

重阳庙会－同里古镇：每年九月初九，在广场河水边举行，老人民间艺术表演、拳操表演。庙会巡游，还有一些非物质文化手工艺展示。

新年庙会－南浔古镇：每年正月初一到正月十五，在亲水平台、主要河道以及主要景点举行，沿河舞龙舞狮表演庆新年，亲水平台传统的越剧表演。正月十五花灯展，大人小孩儿手拿花灯走过双桥。

庙会－西塘古镇：每年正月初一到正月十五，在塘东街举行，舞龙舞狮、扭秧歌、打莲香等活动。

七老爷庙会－西塘古镇：每年四月初三，在七老爷庙举行，跑马戏、踏白船、荡湖船等民间活动。

看社戏－西塘古镇：春节期间在薛宅举行，“水上舞台”上演江南传统戏曲节。

民间信仰与庙会活动

社戏－绍兴：在水上戏台举办，分为庙会戏、节令戏、祠堂戏、喜庆戏、事务戏、平安大戏等。

庙会－同里古镇：在罗星洲的寺庙举办，乘船到寺庙中祭拜。罗星洲上放花灯、六月廿三射水龙、踩高跷、提香臂香、蚌壳精、荡河船。

香市－乌镇：在水边举行，踏白船在水上争雄，乘船去寺庙祭拜。此活动被称为“农村的狂欢节”。

水上游览－西塘：在古镇内河道举办，踏白船水上争雄，乘船去寺庙祭拜。被称为“农村的狂欢节”。

水上航线－周庄：为纪念江南巨富沈万三特打造财神节。设财道、搭财台、敬财神。

接财神－西塘：在临水廊棚举办，财神生日，舞龙舞狮等庆祝表演。迎接财神，希望来年财源滚滚。

江南传统水乡城镇的河道根据河道的宽度和用途可以分为主河道和次河道。主河道通常是与镇外湖、河、运河水面联通的主要渠道，起到为镇引水的作用，丰富镇内河道，扩大水路联系。主河道尺度较大，交通量大，河道两侧多为店宅。主河道一般位于相对中心的区域，决定了古镇的形态走势。次河道相对于主河道较窄，是主河道的补充。次河道尺度较小，生活气息浓厚，其滨水空间是生活性的场所。次河道将古镇陆地分为几大块，是古镇的次骨架。

3.1.5 非物质文化－民俗艺术物质图

民俗是千百年来人们在社会生活中约定俗成的文化现象。江南水乡古镇的民俗文化都来源于生活，来源于江南人民与水环境打交道的和谐过程。江南古镇水乡的特质，使民俗艺术与文化大都与水相关联，也因此形成了江南古镇水岸驳船系统的主要内容。

构架：古镇民俗属于非物质文化景观，包括了时令、节日风俗、喜庆、婚丧礼仪以及民间生活习俗。江南古镇驳船系统的民俗文化还包含水上节庆、宗教活动、节气祭祀、婚丧嫁娶等。

特点：民俗是江南地区社会生活的缩影和历史的折射，带有极强的江南水乡特色。而通过民俗活动表现出来的艺术也受江南地区多水的地形、温和湿润的气候影响，呈现出精巧、灵秀、细腻、柔美的特质。

功能：

a. 教化功能：民间习俗在人的社会化文明交替过程中的教育和模范作用。

b. 维系功能：民间习俗对于群体内所有成员思想与行为的统一与稳定能保持凝聚力与向心力。

c. 规范功能：民间习俗在社会群体成员交往的行为方式的约定作用。

d. 审美功能：民俗对社会成员心理产生的愉悦耳目、心意、神志的审美作用。

e. 娱乐功能：民俗活动中的娱乐性使人类在社会生活和心理本能上得到调剂、宣泄的功能。

3.2 茶馆食肆商铺

3.2.1 驳船水岸公共服务空间的文化景观

江南水乡古镇，沿河的酒家茶馆鳞次栉比，往往占据独特水岸位置的则是那些在古镇中最古老的茶馆店铺。长江南岸的苏州、无锡、常熟、常州、镇江、南京等地的茶馆统称“江南茶馆”[15]。茶馆，顾名思义就是供人们喝茶的地方。提到茶馆，江南水乡处处桥头，条条小巷见有茶肆，素有“孵茶馆”的传统，茶馆也曾是市民主要的市井活动场所[16]。据史料记载，中国茶馆可以追溯到两晋时代，而食肆酒家的历史则可追溯到商周时期。江南的茶馆古时也有兼具食肆的功能，而现代随着旅游业的发展，酒家食肆的数量则远远超过了茶馆。茶馆食肆的邻河选址是依据古镇的水乡特色、水上交通与水岸环境，其代表的文化景观成为驳船系统中重要的一种类型。

1. 临水空间要素

茶馆、食肆驳船系统的文化景观临水空间要素可以分为物质要素和非物质要素。物质要素是指像街巷、建筑、水体等可见、可触觉的实体物质元素，是空间构成的物质基础。非物质要素是指物质要素的组织方式与内在构成规律[17]。

临水空间物质要素的构成内容：江南水乡古镇的茶馆和酒家、食肆因其功能，大多临近桥头水埠，临河傍水，因此多为水岸式。通过研究其临水空间的实际情况，茶馆食肆的临水空间物质要素构成内容主要包括通道（河道、街道），边界（驳岸），水埠码头、桥头和建筑。

临水空间非物质要素构成内容：各个古镇所处地理环境和发展程度不同，茶馆、食肆的空间要素组织方式可以归纳为建筑直接临水和间接临水两种类型。

建筑直接临水：这种类型中建筑与水体没有空间相隔，而另一侧靠近街巷。因其临水空间的类型有所不同，可以细分为以下三类：“L”形临水，“T”形临水和“一”形临水。

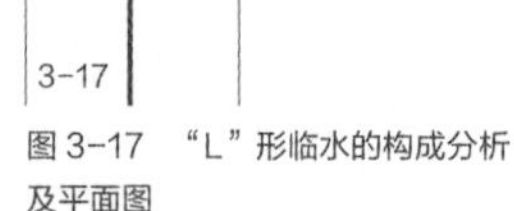

图 3-17 “L”形临水的构成分析及平面图

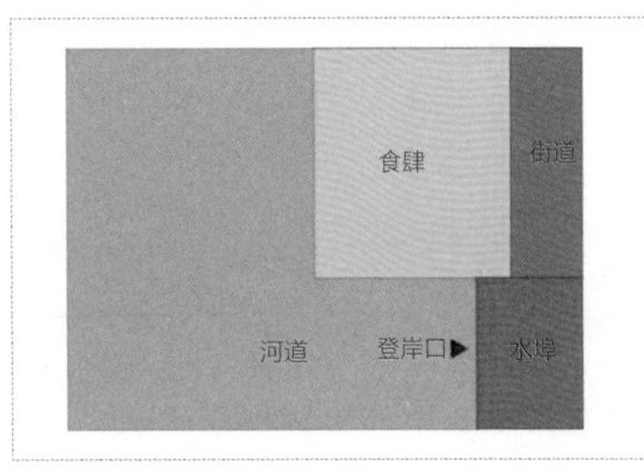

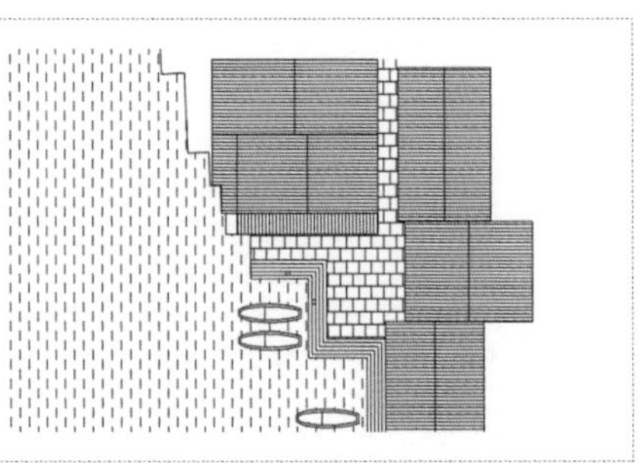

“L”形临水的茶馆食肆

这一类中，建筑有相邻的两个面与水直接相邻。通常会在“L”形短边形成凹形空间。这样的凹形空间天然适于船舶的停靠，所以这里会设置一个大型公共水埠码头。水乡的街道会直通码头，便于集散。乌镇的逢源酒楼就是“L”形临水，一面临街，且大门正对东栅内的一个主要游船码头，码头与街道、店面门前的小型空间构成了一组有特色的临水空间。

“T”形临水的茶馆食肆

这一类中，建筑位于两条河流相交的转角处，其正门所对的街道通过横跨河道的桥连接。乌镇访庐阁的“T”形临水（如图 3-18 中）即两面临水（溪市河），一面临街（中市大街）且与桥头相连，可从一旁的桥腰登梯上楼；空间的独特性在于集结了水乡古镇中河、桥、街重要的空间要素。

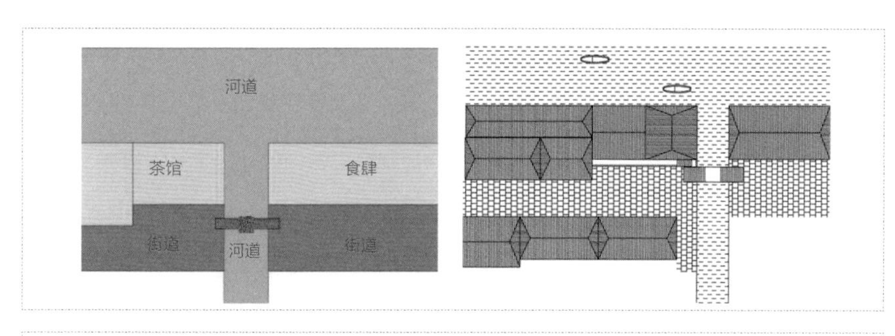

“一”形临水的茶馆食肆

这一类建筑只有一侧与河道相邻，且通常为背面一侧，而其正门朝向街道。这一类在朱家角古镇较为常见。并且会有两种情况，一种为开敞式，有类似阳台的开敞空间并设有围栏，上方有屋檐遮挡；另外一种较为封闭，只在面河一侧开窗。

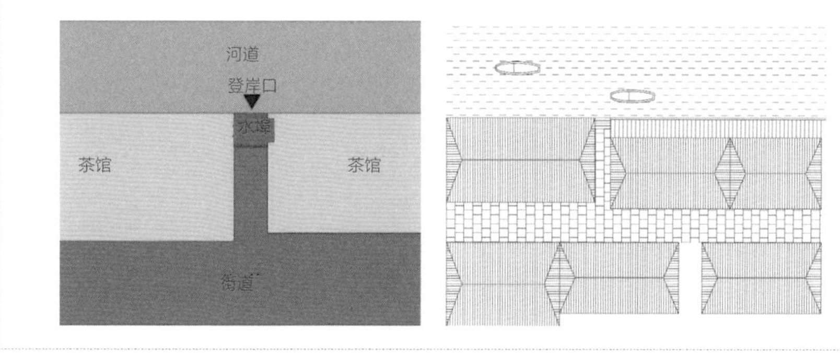

图 3-18 “T”形临水的构成分析及平面图

图 3-19 “一”形临水的构成分析及平面图

图 3-20 “河－水上平台－街－建筑”的构成分析及平面图

图 3-21 “河道－室外空间－街道－建筑”的构成分析及平面图

建筑间接临水：这种类型中建筑没有直接临水，而是通过室外公共空间相隔，这样大大拓展了茶馆食肆的外部使用空间。根据室外公共空间与建筑及河道关系的不同，也可以细分为四类：“河道－室外空间－街道－建筑”布局、“河－水上平台－街－建筑”布局、“河道－开敞空间－建筑”布局和“河道－街道－建筑”布局。

“河－水上平台－街－建筑”布局

外部使用空间通过街巷与建筑相隔，且位于部分水体上空。在乌镇，部分茶馆食肆利用沿街的临水空间，构建水上平台，形成“河－水上平台－街－建筑”的布局关系，通常会保留水埠头的位置。

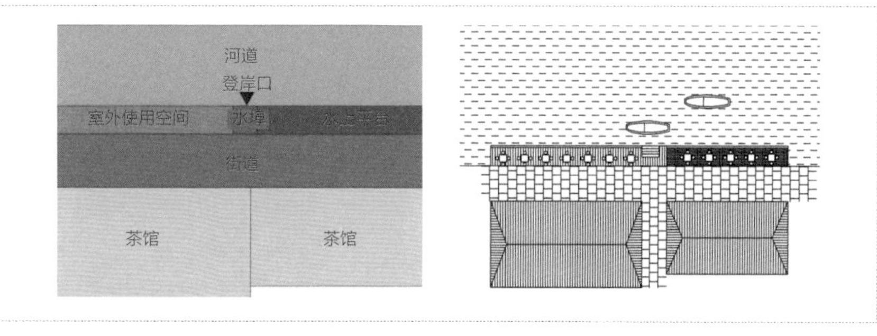

“河道－室外空间－街道－建筑”布局

外部使用空间也通过街巷与建筑相隔，但与河道有明确的驳岸界线。布局关系为“河道－室外空间－街道－建筑”。在周庄存在这种空间布局，这一类与上一类很相似，不同的是室外的空间占用了部分临水街道空间，与河道有明确的边界。

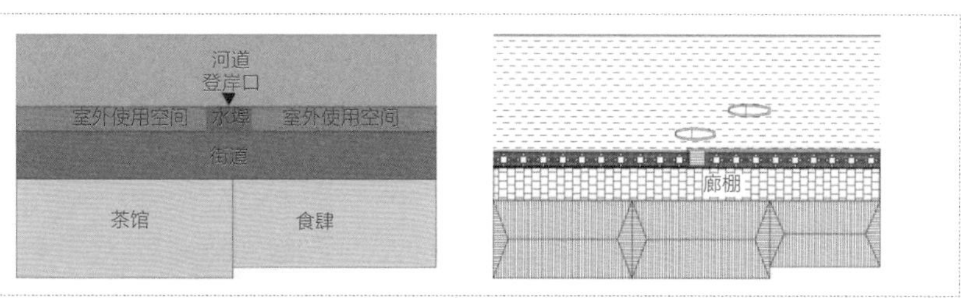

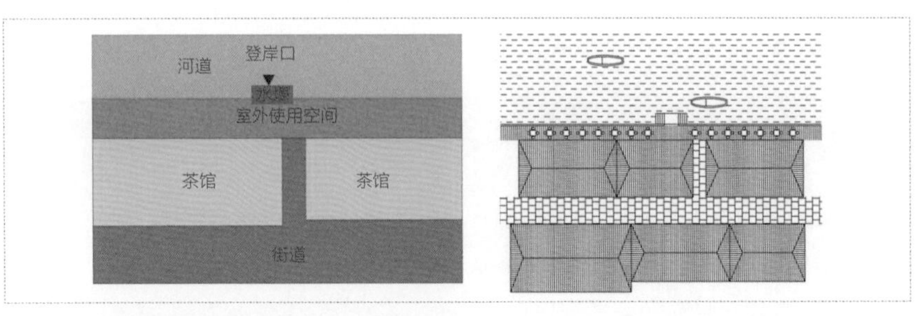

"河道 – 开敞空间 – 建筑" 布局
外部使用空间将建筑与河道分开。这种情况下外部使用空间的私有性及私密性更强。此种布局关系为"河道 – 开敞空间 – 建筑"，河道与建筑之间有平台，但平台是功能建构亲水的一部分。

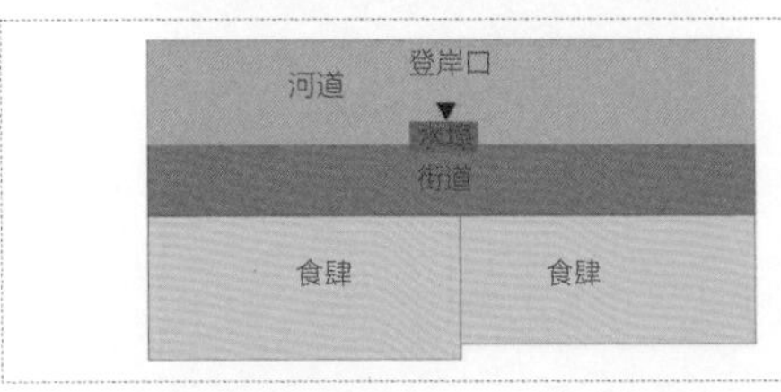

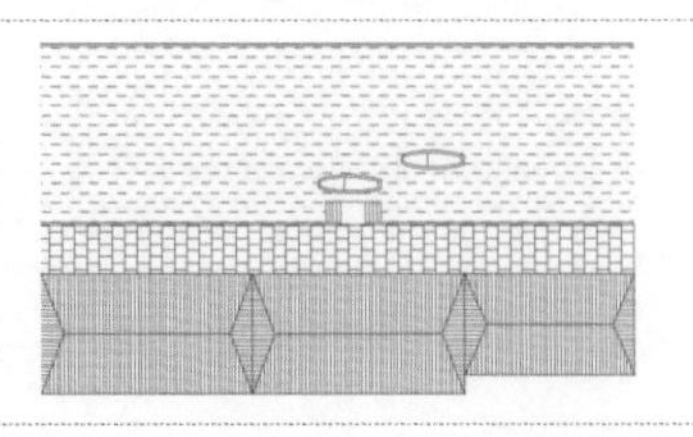

"河道 – 街道 – 建筑" 布局
街道将建筑与河道分开。这种情况，没有外部使用空间，布局关系为"河道 – 街道 – 建筑"。

图 3-22 "河道 – 开敞空间 – 建筑"的构成分析及平面图
图 3-23 "河道 – 街道 – 建筑"的构成分析及平面图
图 3-24 相交式形态 1
图 3-25 相交式形态 2

2. 临水形态要素

空间形态的本质内涵是在特定的地理环境和一定的社会历史发展阶段中，人类的各种活动与自然界相互作用的综合结果。茶馆、食肆临水空间的形态则是与其相关的功能活动与水体、驳岸之间相互作用的表现形式，是驳船系统临水空间要素在空间上的组合，是临水空间要素之间的关联、变化、相互影响的反映和体现。形态要素主要是几种空间的关系，其中有建筑、水系、开放空间以及各个空间之间的联系。根据功能使用空间与自然水体空间之间的关系，将江南古镇茶馆食肆归纳为以下三类：

相交式形态：这一种类型是指部分茶馆食肆的功能使用空间侵入到水体空间内部，与水体空间有一定的交集。根据相交空间的开敞性可以分为两类：封闭的相交空间和开敞的相交空间。

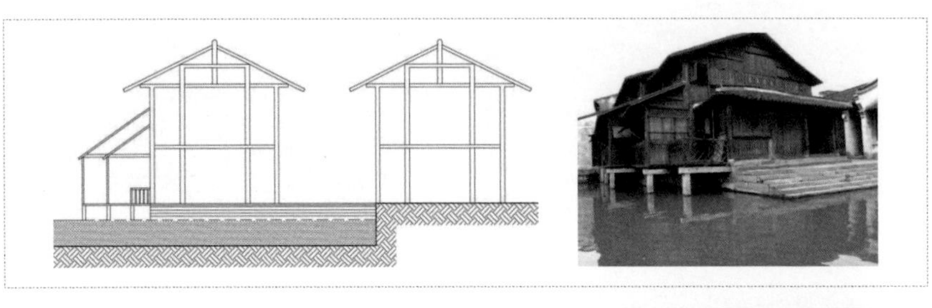

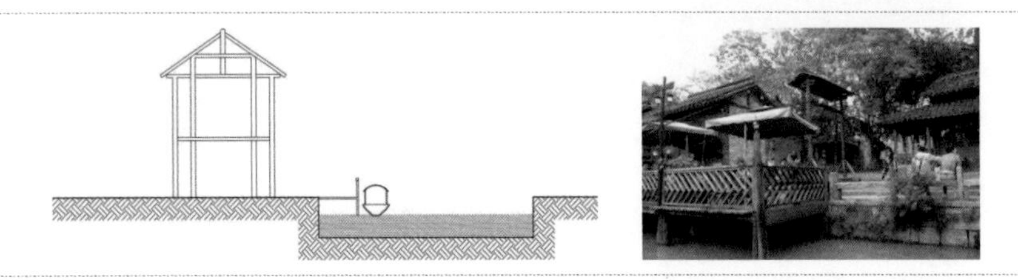

封闭的相交空间 – 水阁空间
这一类多出现于乌镇，水阁是乌镇有代表性的古民居建筑，随着使用功能的变迁，水阁也成为茶馆、食肆中特殊的组成空间。建筑多为两层高，街道尺度一般在 2 m~4 m，水阁部分在各个方向几乎都有开窗。水阁空间与建筑是一体的。

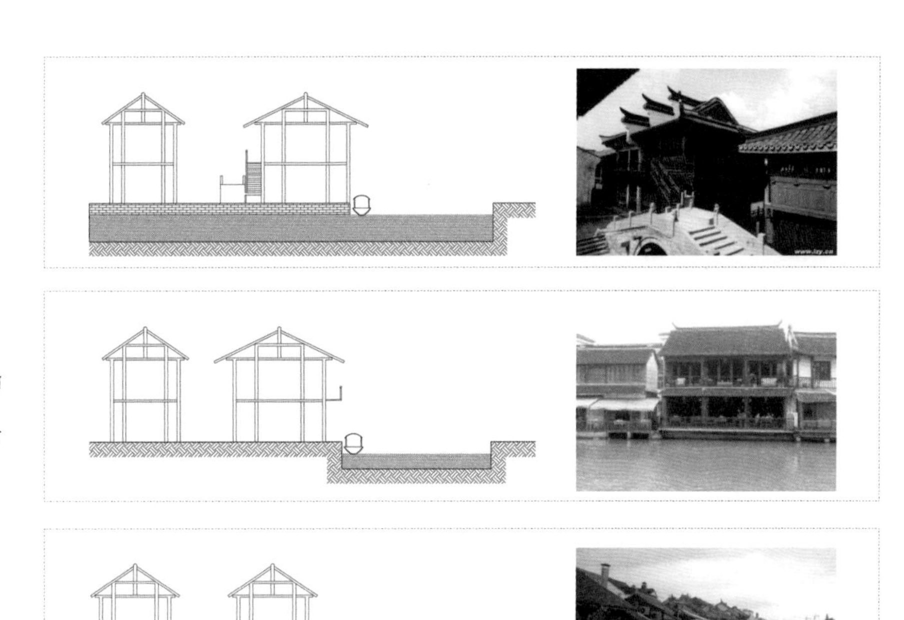

开敞的相交空间 - 水上平台
这一类是搭建起来的水上平台。建筑与河道隔街相对，利用部分河道空间搭建平台。水上空间的搭建会让出水埠头的位置，方便古镇内的居民洗涮拖把和游客上下船。

3-26
3-27
3-28
3-29
3-30

图 3-26 相交式形态 3
图 3-27 相交式形态 4
图 3-28 相交式形态 5
图 3-29 相隔式形态 1
图 3-30 相隔式形态 2

相隔式形态：这一种类型是指茶馆、食肆的功能使用空间与水体空间通过公共开放空间相隔。这一类型根据公共空间的尺度可以分为两类：尺度较大与尺度较小。

尺度较大
这一类通常公共空间尺度较大，店铺会利用部分临河街道空间设置茶座餐桌，形成室外就餐喝茶环境。

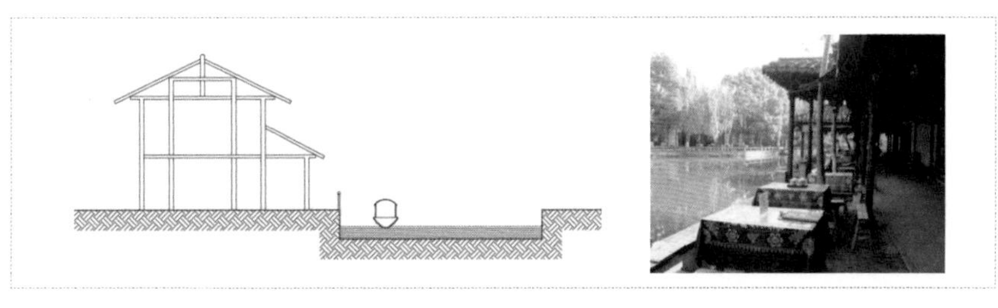

尺度较小
这一类尺度较小，只能满足公共的交通功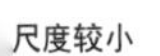能，没有临时的茶座餐桌。

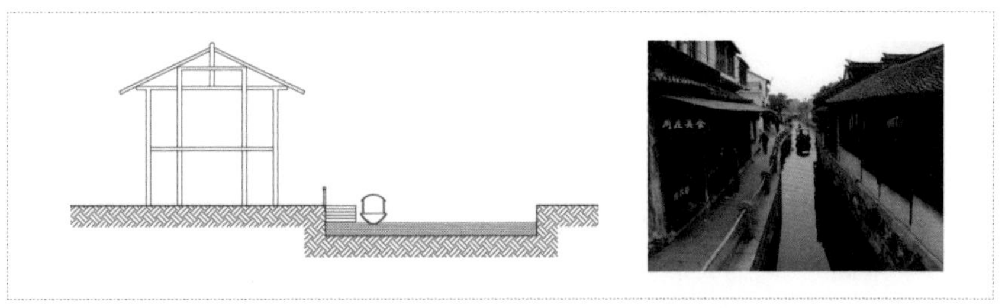

3.2.2 驳岸船舶的构成要素

1. 船舶要素的变迁

茶馆食肆商铺在古镇出现伊始，便就是当地居民重要的市井活动场所，也是小商人及过往旅客休憩、交易的地方。因此，作为当时重要的交通工具，种类多样的船舶常常聚集于此，其中既有居民日常生产生活所用的渔船，也有运货载客的班船、航船。在江南地区，还有一些用于休闲娱乐的舟船，通常也具有茶馆食肆商铺的功能，如酒船、画舫。这些船集餐饮、娱乐、观光等功能于一体，有的体型巨大，装饰华美，有些还专门配备了特定的折子戏曲供游客乘坐其上泛舟观景饮酒的同时享受取乐，因此这种船备受文人士大夫的青睐。到了现代，随着水上交通功能的衰落，船只的作用也大大下降，人们大多通过街道到达茶馆，往来于茶馆之间的多为游览船只而已。

2. 水埠码头的变迁

随着城镇的发展，古镇镇域的范围逐渐扩大，陆路交通也变得更为健全，与此同时水上交通的功能却不断被削弱。与茶馆食肆商铺相邻的水埠头的功能也由原来的船只停靠、食材运输渐渐地转变为私用生活性水埠头。现在古镇居民的主要交通方式已经由水上交通转变为陆路交通，因此茶馆食肆商铺的选择也渐渐地扩大到非临水空间。而临水的店面，更多是考虑景色而非交通功能，新场古镇便是这一变化的典型。

3.2.3 水上生活场景与生活方式

1. 古时茶馆食肆商铺生活场景

江南水乡河网纵横，交通便利。茶馆往往临水而建，大多都有临水驳船系统。茶馆食肆商铺是人们休闲、娱乐、集会的重要场所。每天附近十里八乡的人们会特意乘船到一个知名或熟悉的茶馆来消磨时光，外来的客商多半选择靠窗的位置，一边喝茶，一边谈着生意，这已经成为古镇中的一道风景。

2. 现代茶馆食肆商铺的生活场景

如今的新场古镇，茶馆食肆商铺已经不像古时那样承担众多的社会功能，传统的茶馆食肆商铺数量已经大大减少。但古镇的很多老年人还是保留着传统的喝茶习惯，不多的场所还保持着上百年传承的服务功能。随着古镇的保护开发，茶馆食肆商铺被赋予了新的意义，更多的这一类场所成为外来游客游览休憩以及品味古镇风情的场所。当代茶馆食肆商铺的形式已经不再拘泥于传统的建构，当然，将茶馆食肆商铺的功能特性搬到游船上，则是完成了历史的轮回与重塑，这样的“游船茶馆”，例如朱家角放生桥畔的游船茶馆，总体结构可以分为两层均可落座，设备好一点的还有备用电视、扑克等休闲活动设施。

3-31 3-32

图 3-31 茶馆食肆商铺场景 1
图 3-32 茶馆食肆商铺场景 2

* 照片摄于新场古镇第一茶楼

3.2.4 文化内涵与时代特性

茶馆食肆商铺是古镇茶文化、食文化以及船舶文化的集中体现场所。历史上的水乡古镇饮食文化都是以河鲜为主，因此渔民从河里打捞河鲜后会直接通过与茶馆食肆商铺最近的水埠头运送上岸，为食客或居民提供最新鲜的食材。除了饮食依靠船舶外，来往经商的人们也会将船靠岸，到岸边的茶馆、食肆休憩停留或洽谈生意，这也是水乡古镇中茶文化与食文化的重要组成部分。当下的水乡古镇中，游客会乘坐小船来体验古镇的水上生活，伴随着摇橹的划动和潺潺水声，听一听船夫所唱的当地小曲，在沿途选择一家临水的茶馆食肆作为自己的用餐之地，这已成为体验水乡独特文化的一种经典模式。

1. 文化时代特性

（1）传统茶馆食肆商铺驳船系统文化风貌

在茶馆品茶与当地民间文化的结合中，又形成了以喝茶听书为休闲方式的文化形式，其被称为茶馆文化或茶馆听书，成为新场当地典型的一种精神生活的形式。新场水岸茶馆食肆商铺驳船系统因功能的必然性，在传统中逐渐形成为水乡居民传统文化生活提供了水岸服务的公共服务空间。

（2）茶馆文化的复兴与嬗变

茶馆的发展也随之经历了动荡与兴衰、发展与复兴。而近二三十年，人民除了对物质生活的追求，也渐渐地重视精神生活的品质，传统的文化生活形式 - 茶馆也渐渐开始复苏。如今，江南古镇的茶馆作为传统的特色遗存也逐渐慢慢复兴。

用茶场所不仅是当地人茶余饭后的休闲之处，更是外来游客体验古镇文化中必不可少的一个去处。如今的周庄镇上还保有“日出而作，日没而歌，四乡渔民茶馆议事，镇市亲朋桥头趣聊，邻里姑嫂河埠欢聚，遗老雅客园林消闲”的生活型活动。最具有周庄特色的“阿婆茶”最近几年也在年轻人中流行起来，只是时间改到了晚间，内容和形式更为活泼丰富。

2. 功能时代特性

茶馆食肆商铺随着时代的发展，功能也有所转变，有其自身功能的丰富，也有从其他功能转变为茶馆食肆商铺的案例。

（1）茶馆功能的历史演变

唐代的茶馆除了提供茶水，还兼有过客留宿和提供餐饮的功能，与现代意义上的茶馆相类似。宋代是茶馆的鼎盛时期，随着数量的增加，茶馆的功能也随之丰富起来，类型和分工也更为仔细。从明代开始，人们对品茶的方式开始有了变化。茶馆不再是单一喝茶的地方，逐渐地成为大众休闲、娱乐、交易等的首选之地。

（2）现代江南古镇茶馆食肆商铺的时代特点

现代随着古镇旅游业的发展与兴盛，大量游客进入古镇，茶馆食肆商铺的需求大大增加。但出于古镇风貌的保护，新建建筑受到控制，新兴的茶馆食肆商铺只能通过对古镇原有功能的置换才能得到发展，而在这个过程中也伴随着对传统功能的丰富。古镇中原来曾用于米行等店铺的计量和监管场所的沿河的街道或廊街已被各式各样的茶座餐桌所占，原有的功能逐渐消失，转而成为人们享受古镇生活的优选之地。古镇中功能变化最多的要数居住功能。随着古镇的商业开发，沿河或主要临水民居或租赁或自营，很多都已转变为食肆。一些民居将茶馆食肆商铺和旅馆的功能结合，形成“前店后宅”的结构。从功能上来讲，大多数前店的部分则成了茶馆或咖啡厅。这些都是丰富传统功能的手段。

3. 形态时代特性

（1）功能的转换和变迁对茶馆食肆商铺的形态的影响

功能的转换和变迁对茶馆食肆商铺的形态改变起到一定的影响。特别是由于商业利益的驱使，古镇内的临水公共空间，尤其是沿河的街道、水埠、桥头空间，被紧临的商家扩大为沿河茶座，比比皆是。这些茶座主要为游客服务，是外来人休憩及领略江南风情的最佳场所，这样的形态具有独特的时代性。

（2）古镇的保护开发对茶馆食肆商铺的形态的影响

通过发展旅游业对古镇复兴而引起的保护开发对古镇内茶馆食肆商铺的形态特性也带来一定的影响和改变。例如木渎古镇山塘街的整治，不但对河道和街道宽度以及水埠码头进行保护维护，而且局部增加建筑高度，重新植入餐饮、茶食、酒吧等功能，以此激发古镇区的活力。

3-33 3-34
3-35 3-36
3-37

图 3-33 新场古镇茶馆食肆商铺 1
图 3-34 新场古镇茶馆食肆商铺 2
图 3-35 新场古镇茶馆食肆商铺 3
图 3-36 新场古镇茶馆食肆商铺 4
图 3-37 新场古镇茶馆食肆商铺 5

* 照片摄于新场古镇

3.2.5 新场古镇茶馆食肆的典型空间布局组织

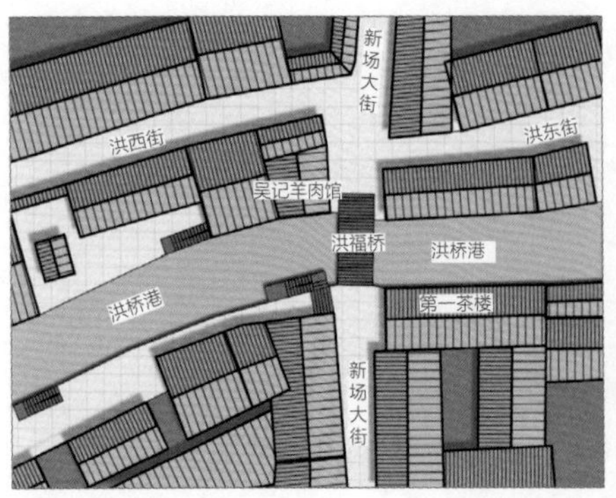

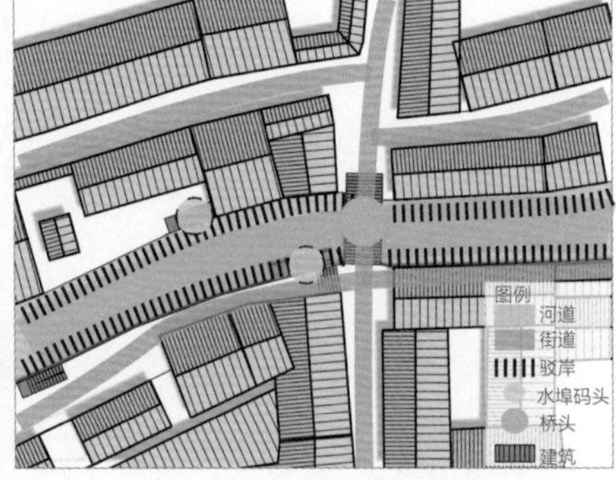

3-38 3-39
3-40
3-41

图 3-38 茶馆食肆商铺平面空间肌理

图 3-39 茶馆食肆商铺临水空间物质要素构成内容

图 3-40 茶馆食肆商铺临水空间要素组织方式 1

图 3-41 茶馆食肆商铺临水空间要素组织方式 2

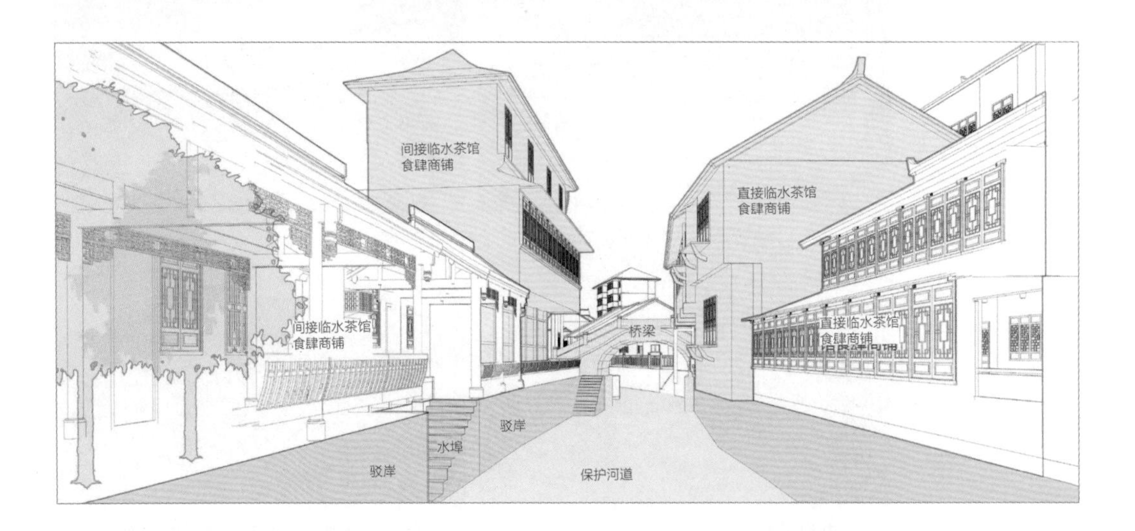

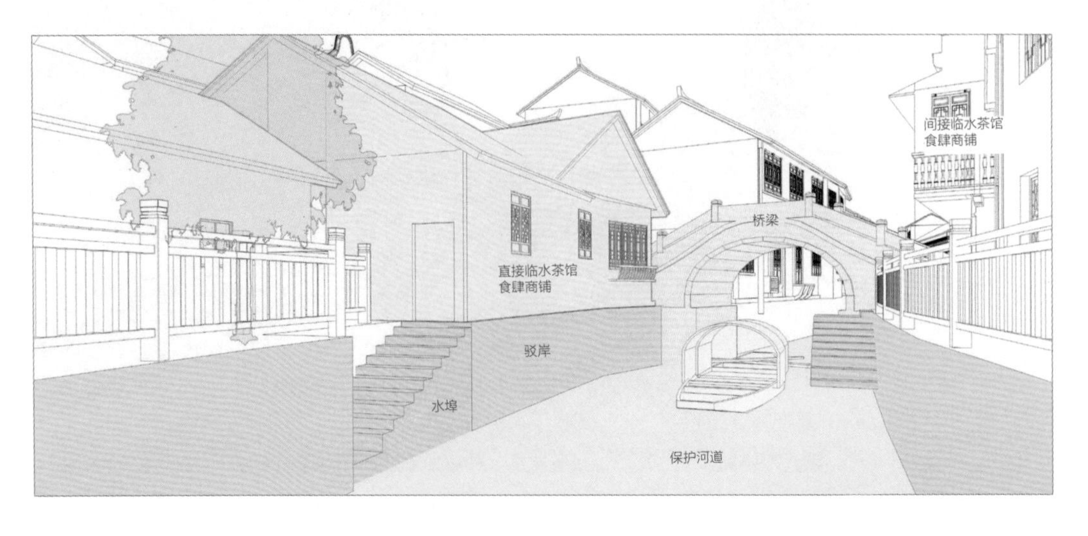

3-42 3-43
3-44 3-45

图 3-42 吴记羊肉馆平面位置
图 3-43 吴记羊肉馆鸟瞰
图 3-44 第一茶楼平面位置
图 3-45 第一茶楼鸟瞰

1. 建筑直接临水 – 吴记羊肉馆

平面空间关系：建筑与水体无空间间隔，另一侧靠近街道。临水空间形态呈“一”字形。建筑山墙一侧与河道相邻，正门朝向街道。临水的建筑界面较封闭，只在山墙面开窗。

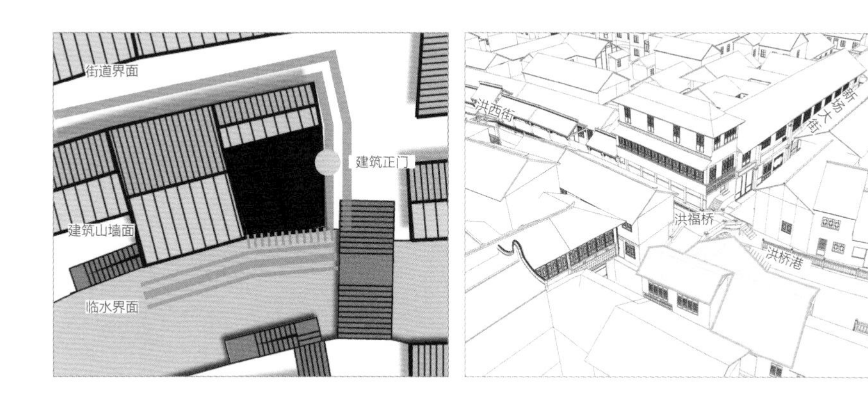

2. 建筑间接临水 – 第一茶楼

平面空间关系：建筑没有直接临水，而是通过临水过渡空间（骑楼）相隔，这样大大拓展了茶馆食肆商铺的外部使用空间。外部使用空间将建筑与河道分开。过渡空间不仅作为建筑使用空间，还成为临水步行通道。此种布局关系为“河道 – 过渡空间 – 建筑”。

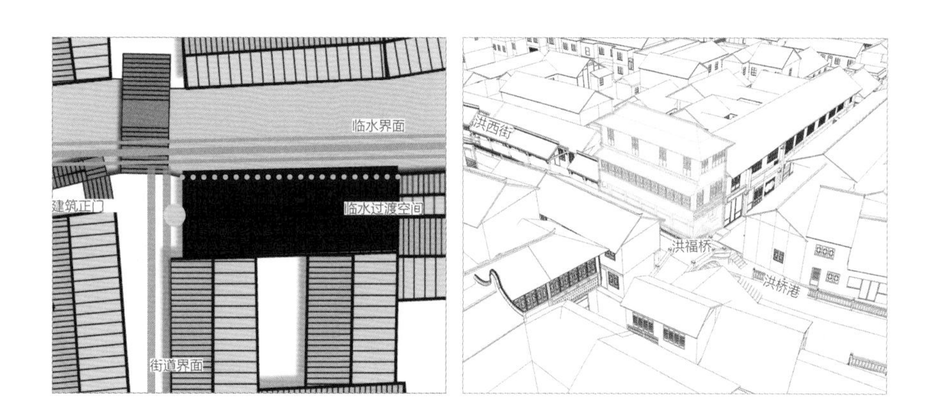

3.2.6 临水形态要素组织方式

新场古镇内茶馆食肆商铺类物质功能空间主要紧贴水体空间布置，以驳岸为明确的分界线。根据边界使用空间的开敞性分为三类：封闭式边界、半开敞边界和开敞式边界。

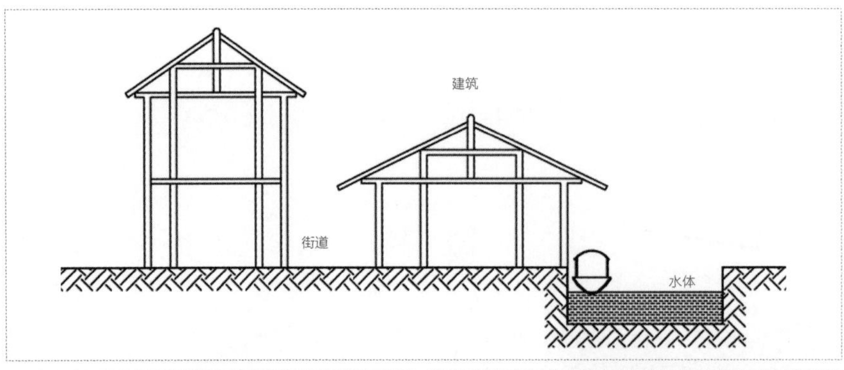

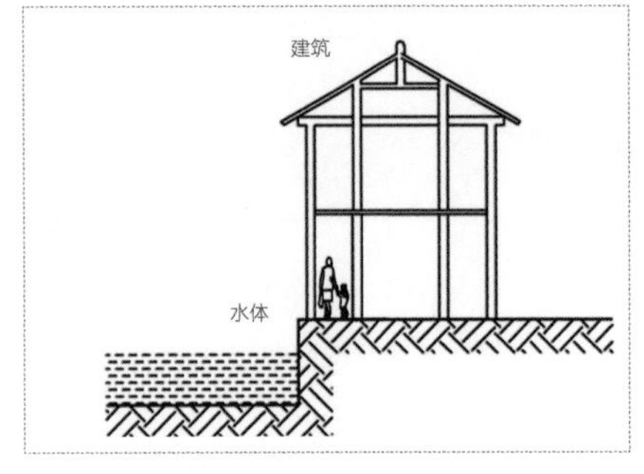

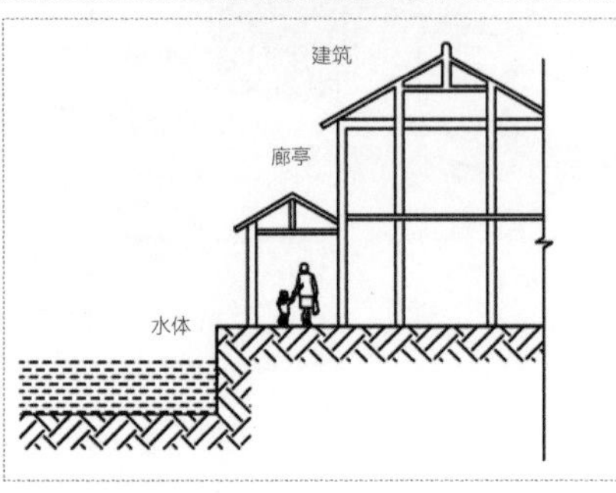

封闭式边界

这一类建筑外墙紧贴驳岸，与水体空间零距离接触。仅在临水一侧开窗，以吴记羊肉馆为代表。

半开敞边界

这一类建筑空间与水体同样零距离接触，但其外墙没有与驳岸紧贴，建筑二层阳台部分挑出有栏杆围挡，一层亲水区域也有围栏和雨棚，整体形成半开放的临水空间，以第一茶楼为代表。

开敞式边界

这一类建筑空间与水体有一定的距离，通过临水廊亭作为建筑与水体之间的过渡，以下塘饭庄为代表。

3.2.7 驳岸与水埠码头类型

新场古镇茶馆食肆商铺水岸两侧的驳岸包括条石勾缝驳岸 1、块石驳岸 1 与青砖驳岸 1 三种类型。具体形式参照驳岸特征表。水埠码头形式主要为单边式，根据水埠平台位置，主要包括下平台式（水埠码头 1、水埠码头 3）与上下平台式（水埠码头 2）。具体形式参照水埠码头特征表。

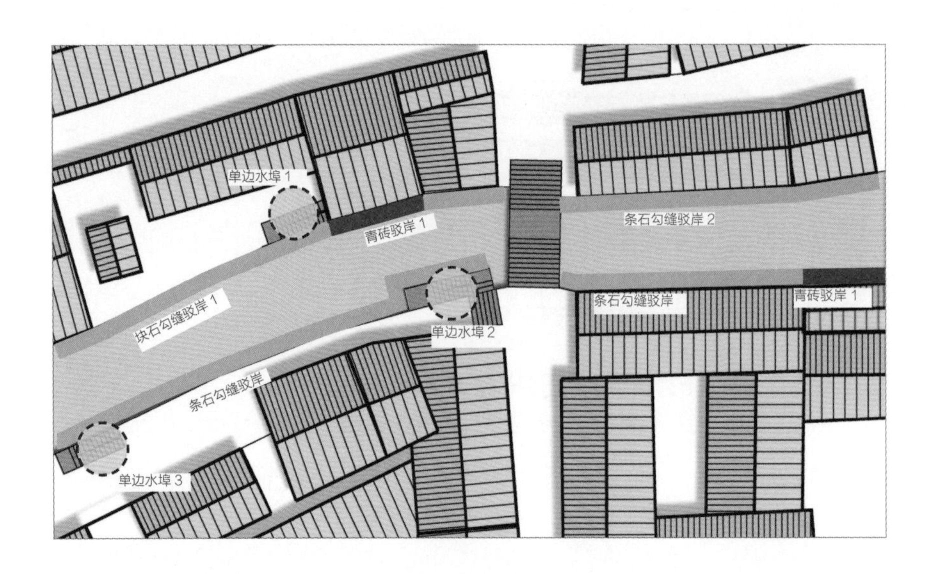

3-46
3-47 3-48
3-49

图 3-46 封闭式边界布局形态－吴记羊肉馆
图 3-47 半开敞式边界布局形态－第一茶楼
图 3-48 开敞式边界布局形态－下塘饭庄
图 3-49 茶馆食肆商铺水埠驳岸类型分布图

3.3 宗教寺庙

3.3.1 驳船系统文化景观

江南水乡古镇中的寺庙主要作为宗教建筑存在，虽然整体规模多小巧，但却融入了地方性文化特色。江南的寺庙空间多以轴线对称结构呈现，寺庙的山门多临水，或有一小广场。庙前广场、山门与寺庙主要建筑形成轴线，空间层次清晰。寺庙一般坐北朝南，有少数寺庙的山门会朝北。江南水乡古镇的寺庙建构形式虽然相近，也会因为地域性而呈现出一些特殊的建筑符号和色彩，如黄墙、高侧窗采光、圆窗等。寺庙与古镇中其他的建筑不论在形制、体量、色彩上都能形成强烈的对比，也正是因为这样，这些宗教性祭祀类建筑才会成为当地的标志性建筑之一。

1. 临水空间要素

宗教寺庙的临水空间主要分寺庙内和寺庙外。寺庙内部的临水空间主要是放生池区域，寺庙外部的临水空间则主要指山门正对水埠的临水空间或紧邻寺庙的临水空间。这里主要研究寺庙外部临水空间。根据寺庙与水体空间关系的不同，现将宗教寺庙的临水空间归纳为以下两种类型：

第一种类型：“一”字形临水。这种类型寺庙只有一侧临水，且通常是主要入口一侧。可以根据寺庙与水体空间距离的远近分为寺庙隔街坊临水，以太仓浏河镇天妃宫为典型案例；寺庙直接临水，以周庄全福讲寺和西塘护国随粮王庙为典型案例。

寺庙隔街坊临水

这一类中，寺庙与水体空间相隔较远，寺庙与临水空间隔街（坊）间接相连。宽阔的场地便于形成举行大型祭祀活动的开放空间。这样的空间由一系列的通道广场组合而成，仪式感更加强烈。太仓的天妃宫就是一个典型的案例。浏河天妃宫位于太仓浏河镇中心庙前街，当年郑和七下西洋，每次从刘家港出海之前，都会率船队官兵在此向海神娘娘祈福进香，祈佑出海平安；而每次平安归航时，又要至此朝拜谢神。

图 3-50 太仓浏河镇天妃宫临水布局

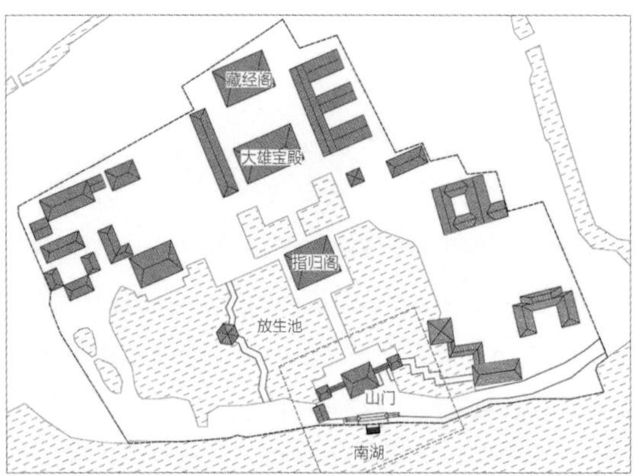

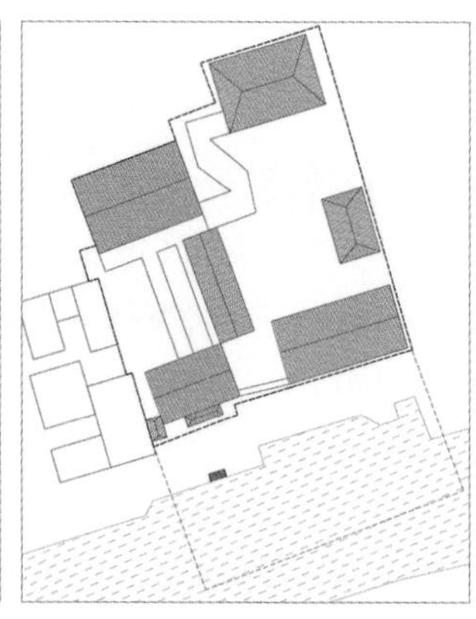

寺庙直接临水

这一类，寺庙与河道距离较近，从水埠上岸就已经到达寺庙山门前的开放空间。由于宗教寺庙建筑多成轴线排布，通常山门正对水埠。例如，周庄全福讲寺的山门正对着南湖，且山门前设有水埠。当年寺庙外的全福大桥还没建成的时候，周庄百姓要乘船到寺内烧香，因此河岸有供船舶停靠的水埠码头。西塘的护国随粮王庙的山门前也是这样的临水空间，护国随粮王庙位于烟雨长廊的西头，沿河而建并设有码头，外地来烧香的可以通过水路到达，隔水与古戏台相望。

第二种类型：多面环水。因为各个寺庙所处的地理环境的不同，有两面环水、三面环水和四面环水。随着与水接触面的增加，寺庙与水的关系更加密切，对水上交通更加依赖，驳船系统对于寺庙的重要性也不言而喻。分为四面环水，以同里古镇罗星洲以及锦溪莲池禅院为例；两面环水，以朱家角圆津禅院为例。

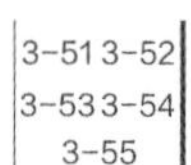

图 3-51 周庄全福讲寺临水布局
图 3-52 西塘护国随粮王庙临水布局
图 3-53 同里罗星洲临水布局
图 3-54 锦溪莲池禅院临水布局
图 3-55 朱家角圆津禅院临水布局

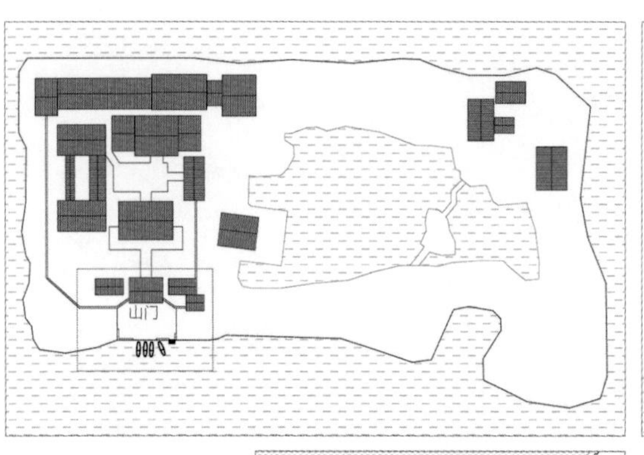

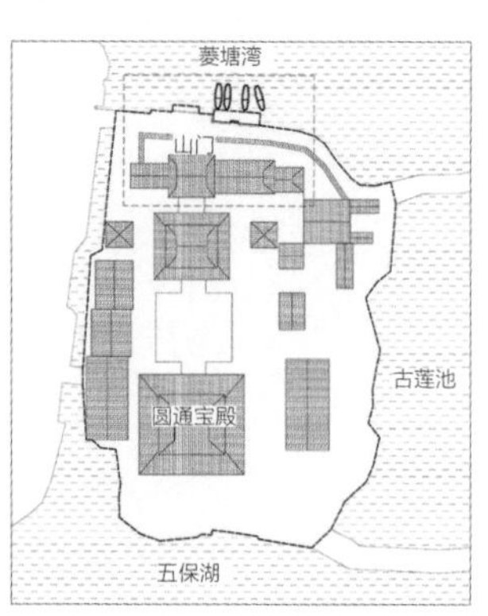

四面环水

同里的罗星洲就是一个最典型的案例。罗星洲是同里湖入口的一个小岛，四面环水，只能通过乘坐船舶才能到达。寺庙山门正对主要的水埠码头，游客可以通过罗星洲码头乘船直达。锦溪的莲池禅院也是四面环水，寺院的南边是五保湖，寺院的北边是菱塘湾。寺院山门正对水埠，且山门朝北，门前有较大的水埠码头。

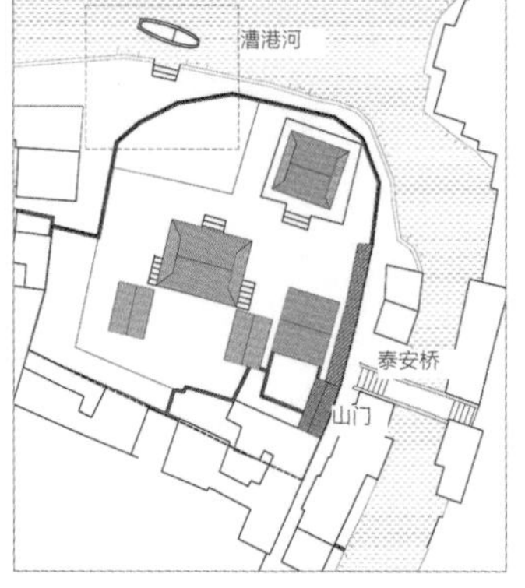

两面环水

圆津禅院是朱家角的著名古刹，位于放生桥畔，漕港河边，两面临水，在寺院后侧漕港河边有一个码头。

2. 临水形态要素

宗教寺庙驳船系统临水形态是与寺庙相关的功能活动，与水体、驳船系统相互作用的表现形式，主要指从船上所能感受到的临水空间在三维上的形态及空间层次关系。其形态要素主要包括水体空间、水埠（驳岸）空间、广场（街道）空间、山门入口、建筑、空间尺度及相互间的组合关系。根据这些要素之间的序列排布关系，现将宗教寺庙驳船系统的临水形态要素归纳为以下两种类型：

第一种类型：轴线对应形态。在这种类型中，寺庙建筑空间组合的轴线延伸至外部，贯穿山门正对的水埠码头，形成“水体空间－水埠（驳岸）空间－广场（街道）空间－山门－宗教建筑”空间序列。这样的空间序列形态相对舒展。从水上看去，寺庙建筑沿轴线一层一层地展开，变化起伏，富有节奏的韵律。同时由于寺庙的山门入口直接对着水埠码头，相对应的，水埠服务于寺庙的专属性更强。这种类型又可以细分为两类：紧凑型轴线对应形态，以周庄全福讲寺、西塘的护国随梁王庙以及锦溪的莲池禅院为典型案例；有仪式感的轴线对应形态，以太仓天妃宫为典型案例。

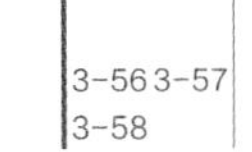

图 3-56 全福寺水埠
图 3-57 护国随粮王庙
图 3-58 莲池禅院临水布局

紧凑的轴线对应形态

寺庙的入口与水埠码头之间的公共空间尺度较小，仅仅只是一个小广场或者一条步行街道。这种形态，庙前空间简单直接，没有太多虚实变化。寺庙的山门成为水岸空间中的视觉重点，广场、水埠和水体作为前奏减弱了建筑的突兀感。以周庄全福讲寺为例，其空间形态为水体空间－水埠空间－广场空间－山门。山门耸立在南湖边，人们可以乘船登岸，或通过全福拱桥进入寺庙。牌坊与山门之间有用于祭拜的小型广场空间，山门与指归阁通过拱桥相连，桥将放生池一分为二，整体形成有宗教寺庙中有代表性的临水空间。西塘的护国随梁王庙也有类似的临水形态，只不过山门与水埠之间是街道空间，呈现出水体空间－水埠空间－街道空间－山门。由于人们古时候和现在的祭祀方式与纪念活动不同，因此寺庙的临水空间尺度也不尽相同。锦溪的莲池禅院门前有较大的水埠空间，可供游客登岸到访寺院。

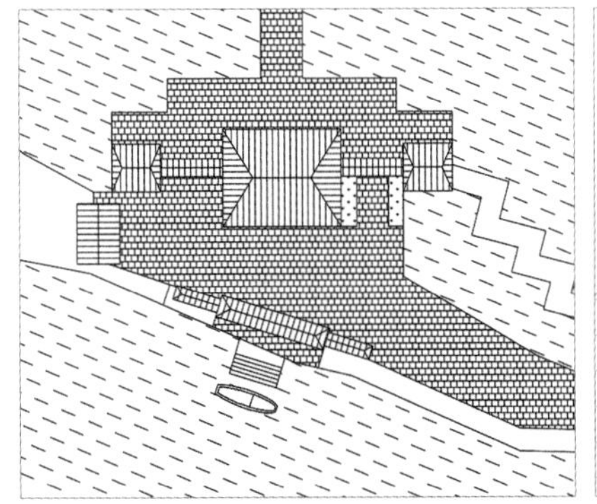

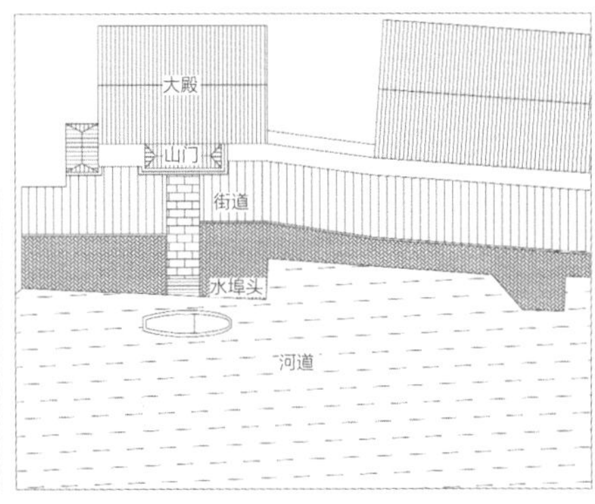

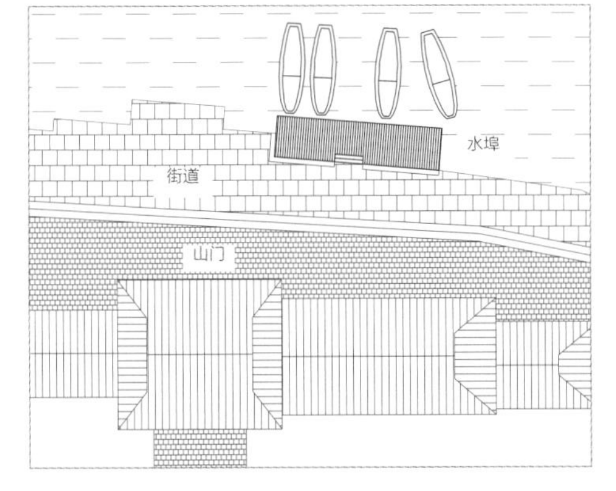

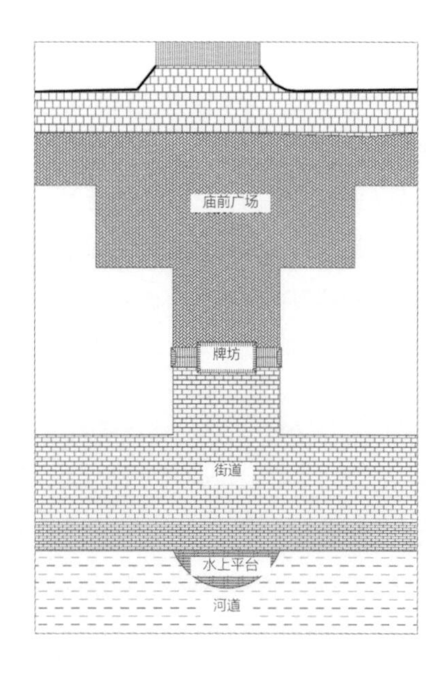

有仪式感的轴线对应形态

在这一类中，山门和驳岸之间的空间尺度更大，沿着寺庙的轴线排列着不同规模的空间，有收有放。富有层次的空间体验能够引导香客和参观者由临水空间至寺庙建筑，营造出庄严的宗教气氛，使空间呈现出仪式感。

以太仓天妃宫为例，其空间形态为水体空间－水上平台（码头）－街道－牌坊－广场－山门。这里曾是郑和七下西洋祭拜海神的地方，通过这种有层次的空间形态，可以想见当年祭祀活动的隆重与盛大。随着河道以及水上功能的减弱，现在临河的码头已经被水上平台替代。

第二种类型：非轴线对应形态。这一种类型，水埠没有与寺庙的山门入口直接对应，也没有在整体空间轴线序列上。相比于第一种类型，空间缺乏秩序感。从水上看去，空间形态比较散乱，没有明确的组织规律，但呈现出自然生长的效果。同时这种类型水埠码头的专属服务性更弱，在为寺庙服务的同时，也为其他主体服务。以朱家角古镇的圆津禅院为例。

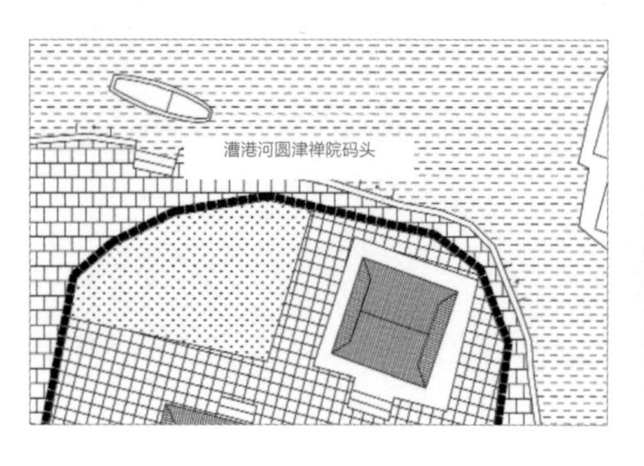

圆津禅院码头

位于整个寺院的北部，既不与山门相接也不能从码头直接进入寺庙。码头与寺庙的入口由一条沿河的街道相连通。因水路交通的弱化，圆津禅院的水埠头尺度也较小。

3-59
3-60 3-61

图 3-59 太仓天妃宫临水布局
图 3-60 朱家角圆津禅院码头平面图
图 3-61 朱家角圆津禅院码头位置

3.3.2 驳岸船舶构成要素

1. 特殊船舶构成要素

祭祀的交通主要分为船舶和陆路街道。而寺庙码头水埠的空间尺度不同，所容纳船的种类也有所不同。历史上太仓古镇的妈祖庙是郑和七下西洋之前和平安归来都回去祈福还愿的地方，通常郑和每次远航，船队都由 63 艘大、中号宝船组成船队主体，佐以其他类型船只，大小共“乘巨舶百余艘”[18]。

2. 一般船舶要素的变迁

在古时，通常古镇里的居民到寺庙祭拜通常使用自己平时生活生产用船，例如渔船、蚕船等。到了现代，水上交通渐渐衰落，当地居民在平时更多的是通过陆路到达寺庙。船舶更多是在举办传统庙会活动及接送外来游客的时候会用到。例如在同里，除了古镇中常见的游船以外，还能看到的是游舫和班船。现在的班船已经区别于古时两地之间的班船，而是用于接送往来游客到罗星洲的班船，每半小时一班。由于罗星洲位于岛上，因此在同里还能看到游舫接送来往宾客。

3.3.3 建筑布局方式

历史上，宗教寺庙在乡村社会往往是一个政治中心。临水的宗教寺庙的选址必然会有码头水埠，方便居民从水路前来祭拜。但并不是所有江南水乡古镇的寺庙都设在临水空间。寺庙的建筑布局多遵循宗教建筑的布局规则。例如佛教，大致结构由山门 - 天王殿 - 大雄宝殿 - 藏经楼组成，建筑多在同一轴线上。山门多朝南，但往往不是正南，偏东或者偏西。但塘栖古镇的莲池禅院是个特例，它的山门朝北，与其他大多数寺院方向相反。

寺庙所处位置的水系河道各有不同。当仅与一个河道相邻时，寺庙的轴线会延伸至水上，即山门正对水埠。当寺庙被多条河流环绕，其对外联系更加依赖水上交通，临水会有不同的水埠以供使用。从建筑高度来讲，寺庙建筑的高度往往由低到高，园林部分的建筑又低下来。其中大多数寺院会有放生池，大小因寺庙大小而定，多为人工开凿。

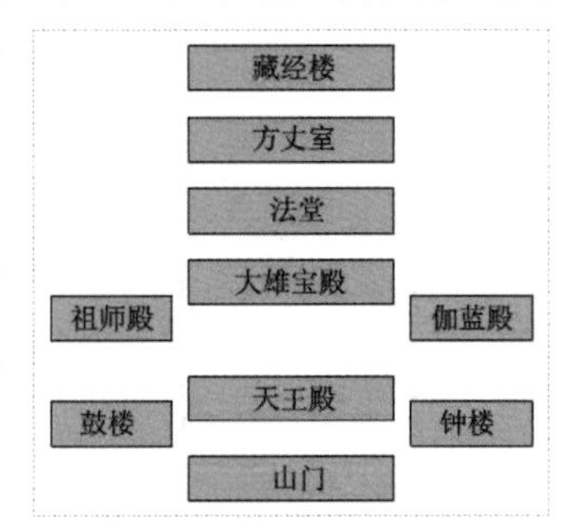

3.3.4 水上生活场景与生活方式

1. 古时生活场景

宗教寺庙不仅是居民祭祀祈祷的场所，也是古镇很重要的公共活动节点。

2. 现代生活场景

寺庙前的水埠码头现在渐渐成为游船停靠的码头，游客就此登岸，到寺庙祭拜。而以前定期举行的祭拜活动，现多作为招揽游客的重要手段。

3-62

图 3-62 寺庙平面分析图

3.3.5 文化内涵与时代特性

寺庙的选址讲究“后靠山，前傍水”或“山朝水抱”的风水位置要求。因为宗教原因，通常会选在较为清净的地方，远离繁华喧嚣，因此古时到访寺庙往往离不开船。

1. 文化时代特性

江南水乡寺庙作为宗教活动场所，承载着水乡居民的精神寄托。这在人们的日常生活中，会一直存在下去。同时作为古镇文化的代表，也吸引着更多的外来游客来此体验水乡风情。现在的江南水乡古镇的宗教寺庙除传统的祭祀祈福等活动外，还会定期举行举办文化性纪念活动，传统水上活动，例如庙会。

2. 功能时代特性

在以前，宗教寺庙是仪式祭典、庆祝活动、居民信仰的中心，是居民休闲聚会、文化表演、集贸交易的场所，在居民日常生活中扮演着重要角色。但是宗教寺庙通常命运多舛，历经战乱和变迁。在历史过程中，因其独特的空间环境，通常会作学校、粮仓等其他用途。在今天，寺庙凭借自身的宗教文化及本身的建筑、珍藏，乃至其园内的树木等历史文化遗产，成为古镇重要的文化节点，带动了周边的经济发展。同时，宗教寺庙在社会生活中依然发挥着一定的服务功能。例如主持民间婚丧嫁娶等大事，为群众提供重要的利益服务。

3. 形态时代特性

历经变迁，宗教寺庙也历经修复和改善，整体布局和建筑形态大多依照原样复原，形态并没有太大变化。以天妃宫为例，天妃宫历经元、明、清、民国诸代多次扩建修缮，直到 2008 年郑和公园落成，郑和纪念馆迁至新址。现存的天妃宫为清代所建。2009 年开始恢复成道教活动场地，现在人们看到的天妃宫的牌坊也是近年来新修的。

3.3.6 构成特性

1. 宗教寺庙的文化景观构成内容

宗教寺庙的文化景观构成主要由自然地理位置和宗教风俗两大部分组成。自然地理位置主要包括寺庙在古镇的位置，与船舶、河道、水埠头、建筑和街道空间的关系；宗教风俗主要包括宗教本身的文化风俗、祭祀祈福方式等方面。宗教寺庙的平面布局决定了其景观特性。当驳船系统与建筑布局轴线对应时，空间随着寺庙建筑的轴线排列呈现出由低到高，层层后退，富有韵律的景观特性。当驳船系统与建筑布局非轴线对应时，空间缺少秩序，呈现出自然生长的景观特性。

2. 宗教寺庙文化景观的时代变迁

寺院的主要作用是为众生息灾祈福，净化心灵，同时也是出家僧众修行的地方。古时，古镇人们的生产劳作需要依靠自然而并非现代化的科技。因此人们会到寺庙中祈求上苍保佑家庭中劳作的人得以平安，同时也祈求每年能有个良好的收成，求学的孩子可以高中等等。例如郑和出海前，回到天妃宫祭拜海神，希望可以平安归来。

随着发展，宗教寺庙已经成为文化场所的代表。在特殊的节日，宗教寺庙会举办宗教活动，如宗教法会等。随着水乡古镇旅游业的逐渐兴旺，寺庙开始成为商业活动的一个场所，会举办夹杂着当地社会习俗、人生礼仪、宗教礼仪的与原始宗教祭祀活动、纪念活动相关联的活动，成为旅游业的一个文化点。宗教文化礼俗也是当地民族地方的文化习俗，年轻人在宗教寺庙活动中也能体会着民俗文化的内容。

3.3.7 新场古镇宗教寺庙的典型空间组织

新场古镇当中具有典型特征的宗教寺庙节点为南山寺节点以及城隍庙节点。

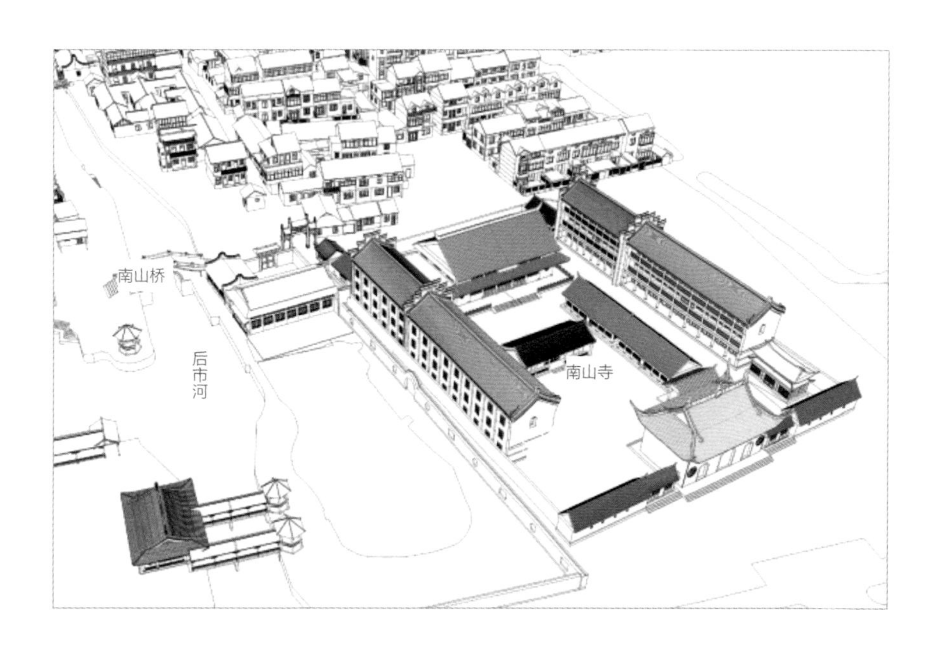

3-63

图 3-63 南山寺鸟瞰图

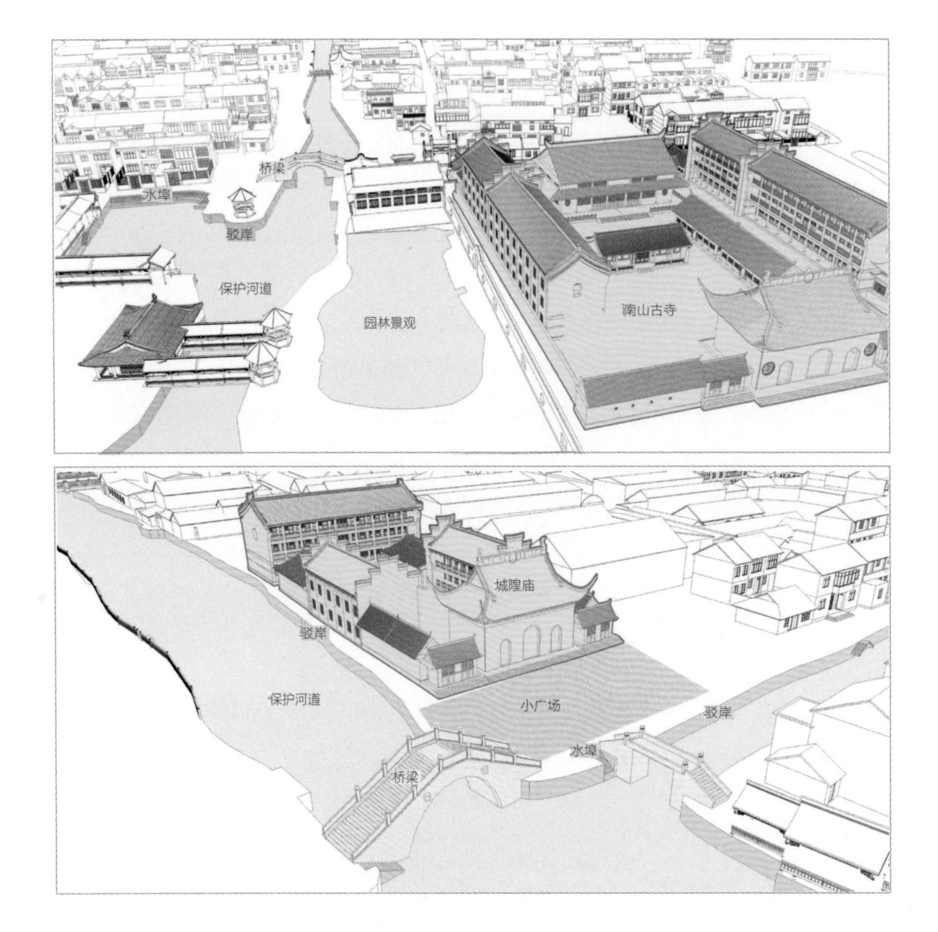

图 3-64 宗教寺庙临水空间要素构成
图 3-65 宗教寺庙临水空间要素构成
图 3-66 南山古寺空间要素

1. 宗教寺庙临水空间要素组织方式

“一”字形临水 - 南山古寺

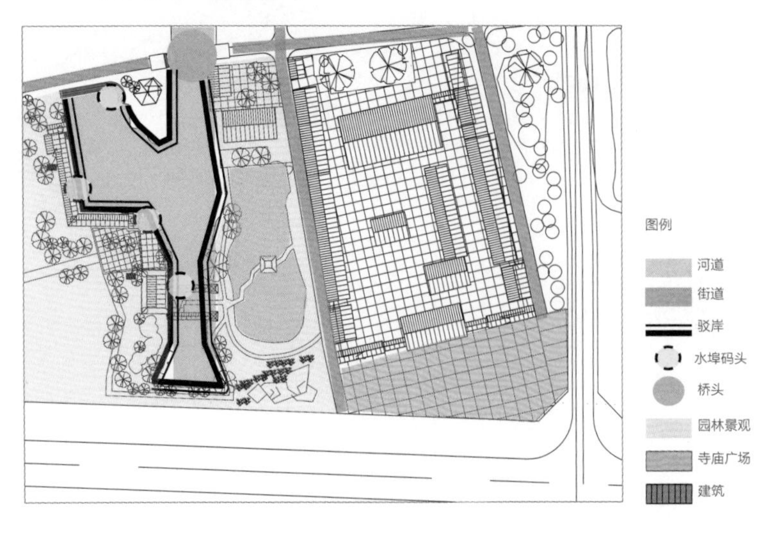

南山寺平面空间关系

寺庙位于后市河东侧，周边布局园林景观。寺庙建筑山墙面一侧临水，寺庙主体建筑呈南北向轴线对称式布局，正门朝南，面向主要街道，中间以小广场作为过渡。利用桥梁、水上交通、水埠、道路与园林景观等要素组织周边空间。

3-67

图 3-67 南山古寺空间意向

两面环水 – 城隍庙（根据现状遗址复原分析）

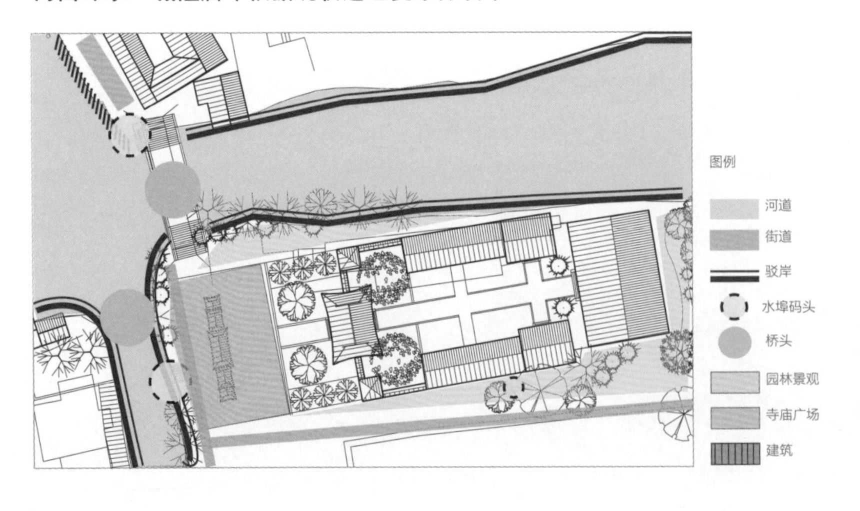

3-68
3-69

图 3-68 城隍庙空间要素

图 3-69 城隍庙空间意向

城隍庙平面空间关系

寺庙位于洪桥港与新场港东北侧，处于十字河道的重要桥堍空间节点，与河道空间关系紧密。寺庙建筑正门入口与山墙面两侧临水，寺庙主体建筑呈南北向轴线对称式布局，正门朝南，面向河道，中间以小广场作为过渡。利用桥梁、水埠码头、临水广场、植物绿化等要素组织周边空间。

2. 宗教寺庙临水形态要素组织方式

非轴线对称形态 – 南山寺

水埠没有与寺庙主次入口对应，驳岸的廊亭、游船码头、景观环境也没有处于整体空间轴线序列上，寺庙空间与水体空间呈现自然生长的效果，水体空间形式呈现出多样化的形态，具有河道、园林景观水面、开敞式码头水面等多种形态。

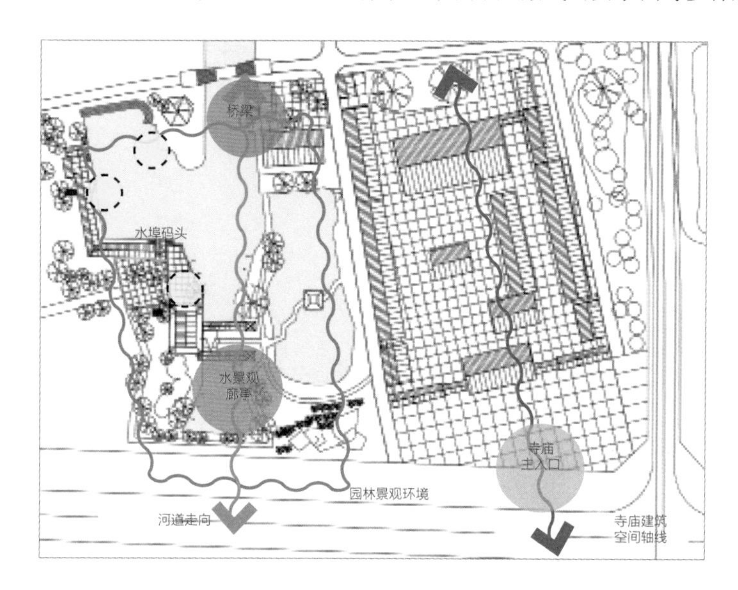

轴线对称形态 – 城隍庙

寺庙建筑空间组合的轴线延伸至外部，贯穿山门正对的水埠码头，形成“水体空间 – 水埠（驳岸）空间 – 广场（街道）空间 – 山门 – 宗教建筑”空间序列。广场空间与桥堍节点空间紧密结合，形成交通性较强的入口节点。

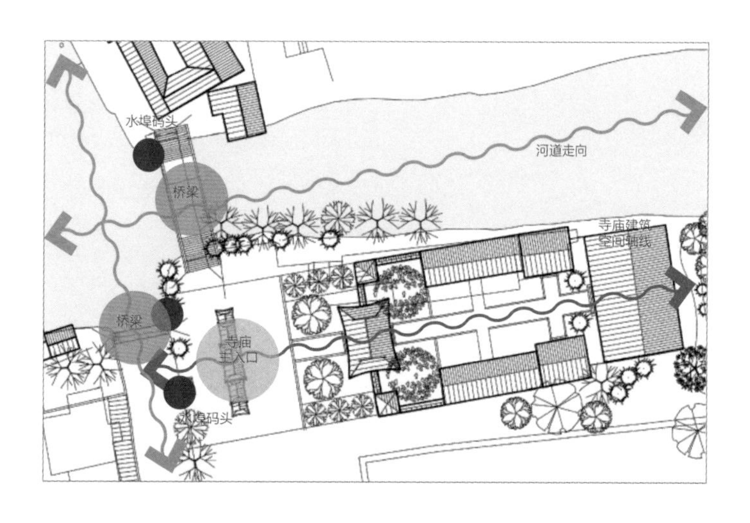

3–70
3–71

图 3–70 南山古寺空间分析
图 3–71 城隍庙空间分析

3. 宗教寺庙驳岸与水埠码头类型

新场古镇以南山古寺为代表的宗教寺庙水岸两侧的驳岸包括自然驳岸 1、自然驳岸 2 与其他砌筑驳岸三种类型。

水埠码头形式包括单边水埠、双边水埠与游船码头水埠三种形式。根据水埠平台位置，单边式又分为上下平台式（单边水埠 4）与下平台式（单边水埠 5）。（城隍庙的情况将在千秋桥桥堍节点中分析。）

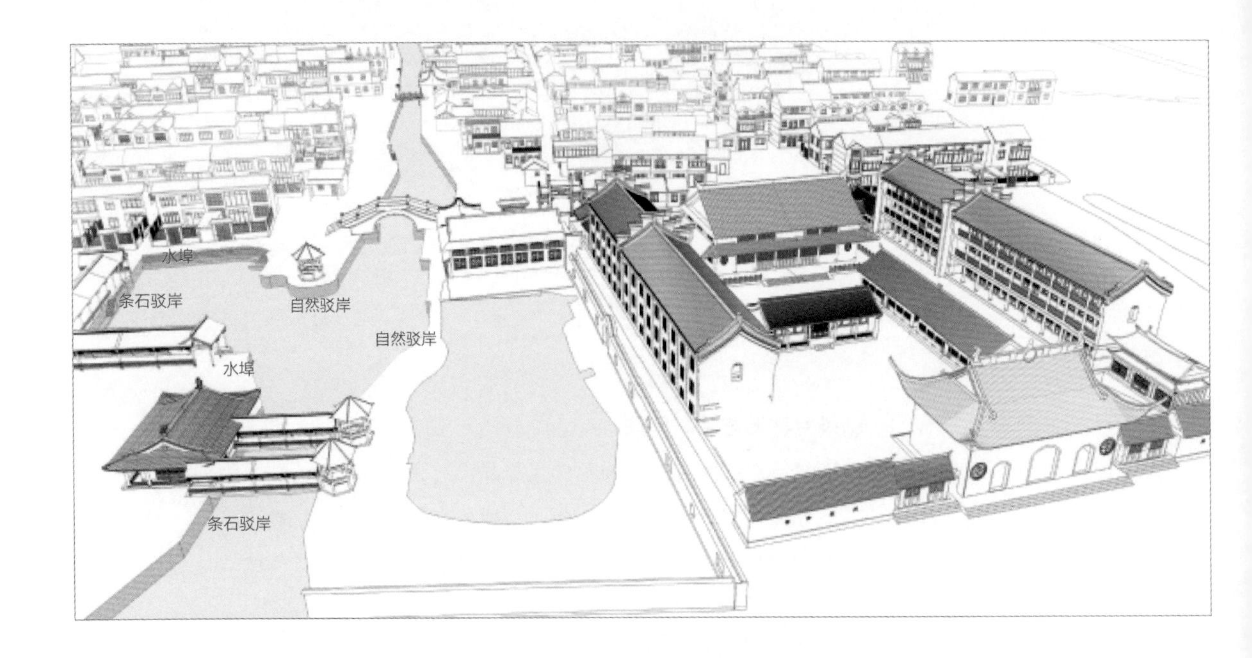

3-72

图 3-72 宗教寺庙水埠驳岸类型模型空间分布图

3.4 私家园林

3.4.1 驳船系统文化景观

提到江南，就不得不提江南的园林。以苏州园林为代表的江南园林早已名扬内外，江南水乡古镇中也不乏有名气的园林。由于江南水乡古镇所处地理空间水系发达，为造园提供了有利的条件，因此园林数量众多且多以水为中心。江南水乡古镇中的园林多为私家园林，因园主的背景不同，喜好不同，所以古镇中的私家园林形态各异，大小不同。又因园林所建位置的不同，建造风格不同，形成园林内外不同的滨水空间。此次对江南水乡古镇私家园林的研究主要在于对临水空间物质要素和文化内涵特性的分析。在江南水乡古镇中选取有代表性的园林作为研究案例，从园林中水的分布关系着手，着重对园林内部和外部临水空间中水埠、驳岸、船舶等空间要素进行分析和归类。

1. 临水空间要素

（1）临水空间物质要素构成内容

园林以得水为贵，江南园林更多是在靠近水系的地方，内部也大多引水为园。因为存在内外不同的水体空间，私家园林的驳船系统也有内外之别。私家园林驳船系统文化景观临水空间要素可以分为园外临水空间要素和园内临水空间要素：其中园外临水空间物质要素构成内容包括外部水体、水埠驳岸、街巷以及园林入口；园内临水空间物质要素构成内容包括内部水体、临水驳岸、水埠、园内道路、建筑。

（2）临水空间非物质要素构成内容

园林大多拥有内外两套水体空间，但并非所有的私家园林都存在两种驳船系统，根据园内、园外临水空间驳船系统的分布情况可以归纳为以下三种类型：

第一种类型：内外皆有。在这种类型中，园林内外都存在驳船系统。外部驳船系统分布及功能都很相似，大多位于园林主要入口附近，功能以迎来送往的交通功能为主。而内部驳船系统毫无疑问，主要分布在园林内部临水空间，但在功能上不尽相同。这种情况下可以细分为两类：景观化内部驳船系统，以南浔小莲庄为例；交通性内部驳船系统，以周庄张厅为例。

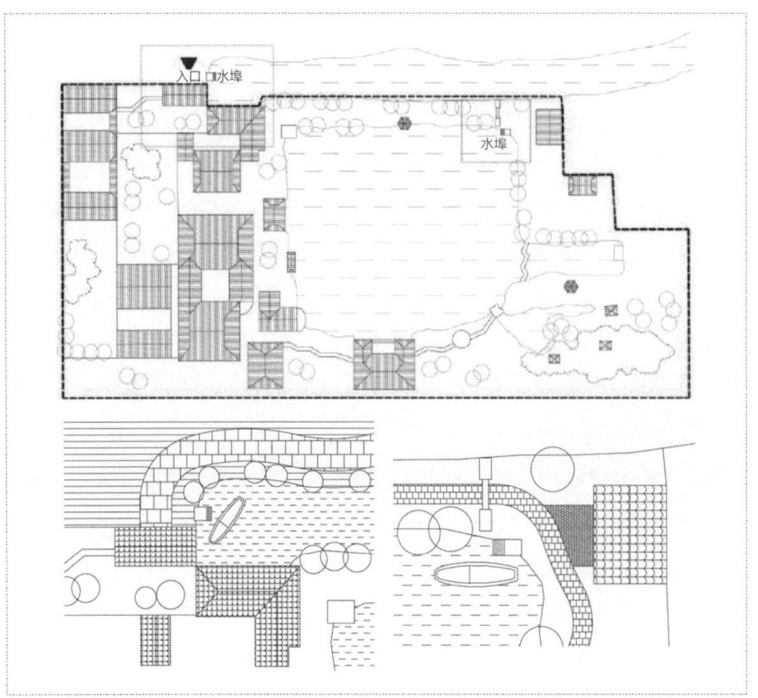

南浔小莲庄驳船系统 – 景观化内部驳船系统

在这一类中，内部水体空间与外部不连通，仅作为园林内部景观主体，同样，临水的驳船系统也已经景观化，不再具有交通功能。以小莲庄为例。小莲庄是晚清南浔富豪刘镛的私家花园，位于南浔古镇的万古桥西侧，北邻鹧鸪溪，西与嘉业堂藏书楼隔河相望，既是江南古典园林中的代表，又不失其水乡人家的特色。小莲庄在临河一侧正门入口处设码头，在此上岸即可进入院内。园内有约 10 亩的荷花池，在东北角池畔一个水埠。这个水埠仅供内部水体维护和游玩的船只使用，作为园内水体景观的一部分。

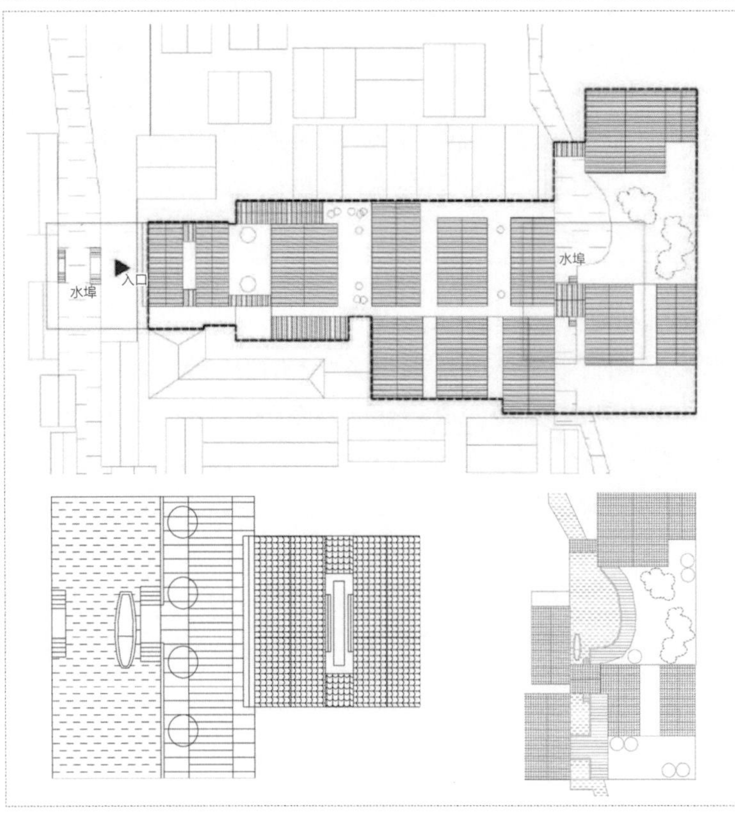

周庄张厅驳船系统 – 交通性内部驳船系统

这一类的内部水体空间与外部水系具有很强的连通性，甚至是外部水系穿过园林的一部分。周庄张厅就是一个非常典型的例子。张厅位于周庄双桥边。张厅入口正对河道（与南湖相通）且设有私家小型水埠头，是为了方便当时从水路到访的主客。整个私宅园林部分的规模较小，位于整个住宅空间的最后一进。后花园内有一条小河，与南湖相通。还有约一丈见方的水池，方便船的交会和掉头，水埠就位于水池岸边。这里的水埠，依然作为内外船只停靠之用，承担着交通功能。

3-73
3-74

图 3-73 南浔小莲庄驳船系统
图 3-74 周庄张厅驳船系统

第二种类型：外部驳船系统。在这种类型中，虽然园林有内外两套水体空间，但在其内部没有明确的驳船系统，仅有外部驳船系统。外部驳船系统与上一个类型一样，作为园林对外联系的水上交通的起止点，承担着交通功能。这种类型也是私家园林中最普遍的一类，接下来以虹饮山房和课植园为典型案例。

木渎虹饮山房驳船系统

虹饮山房位于木渎古镇严家花园东200 m处，在清代已是著名的园林。花园正门正对香溪，有大型的水埠码头和怡泉亭。曾因乾隆皇帝下江南每游木渎，必先在此弃舟登岸故被称作御码头。因此驳岸码头尺度以及正门入口空间都较为宽敞。为方便游船停靠，因此还在码头建了水上平台。

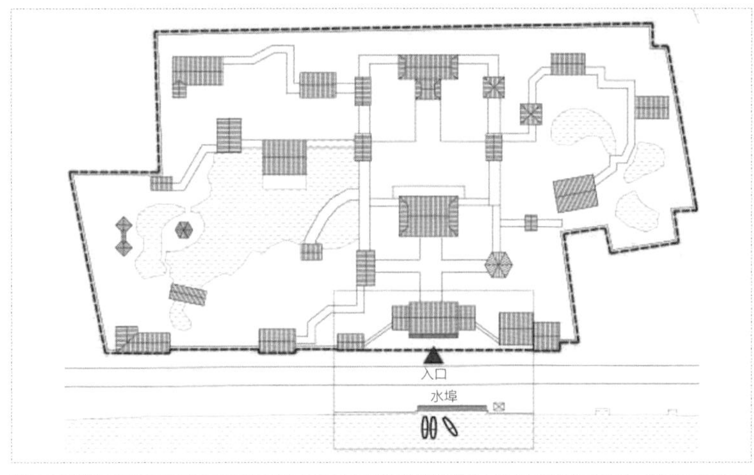

课植园驳船系统

课植园位于朱家角镇西井街北首，坐西朝东，正大门面对市河，背靠大淀湖，整个园林空间处于两面临水。其内部水体与大淀湖连通，但是不能通航。始建于民国元年（1912 年），至今走过百年，是朱家角镇上最大的庄园式园林建筑。课植园正大门北侧设有水埠，现成为古镇内部的一个游船码头，作为水上游览路线的起点或终点。

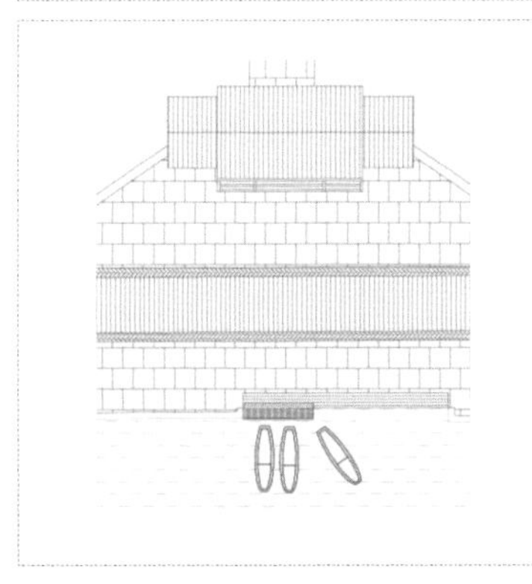

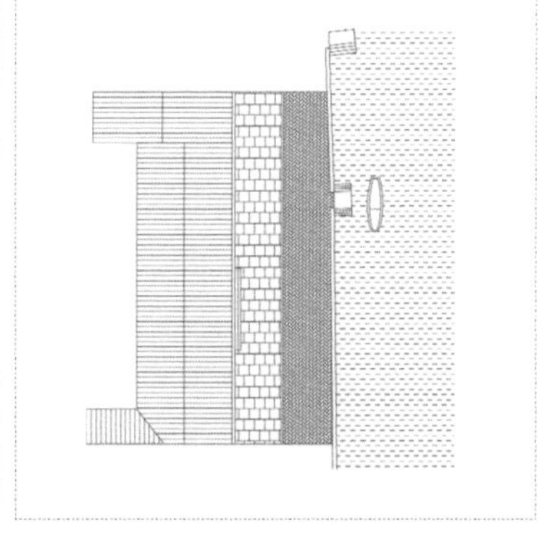

3-75
3-76
3-77 3-78

图 3-75 木渎虹饮山房平面图
图 3-76 课植园平面图
图 3-77 木渎虹饮山房驳船系统
图 3-78 课植园驳船系统

第三种类型：内部驳船系统。这种类型比较特殊，在园林内部，有一条外部水系穿园而过，因此内部会设置水埠，承担着日常交通和生活功能。新场的张宅和郑宅是一个典型的案例。

张宅和郑宅的驳船系统

张宅和郑宅位于上海浦东新区南部的新场古镇，两座宅院由一条不足 1m 宽的小巷分开，宅院后面有一条河道，靠近建筑一侧有两个水埠。这两个宅院最初是“前店中宅后花园”的空间格局。在历史上，河道的西侧是他们的后花园，因此河道上设立的水埠属于宅院内部驳船系统。

2. 江南私家园林平面空间构成类型

第一种类型 : 分离式

其空间关系是：外部水体空间——街道空间——外部水埠——园林内部空间 + 内部水体空间——内部水埠——园林内部空间。这一类对应临水空间要素中的“景观化内部驳船系统”，内外临水空间没有联系。因为私家园林是内向型空间聚落，所以园林内外的空间体验也是截然不同。园林外部水岸空间是典型的水乡临水空间形态：小尺度、连续性的线性空间形态。从水上看去，园林的围墙和外围建筑沿着河道或街道展开，与周围环境融为一体。而因私家园林崇尚自然，追求小中见大的自然山水意境，园林内部以水体为中心营造出山水植物与亭台廊榭相结合的空间形态。这种类型的典型代表是小莲庄。

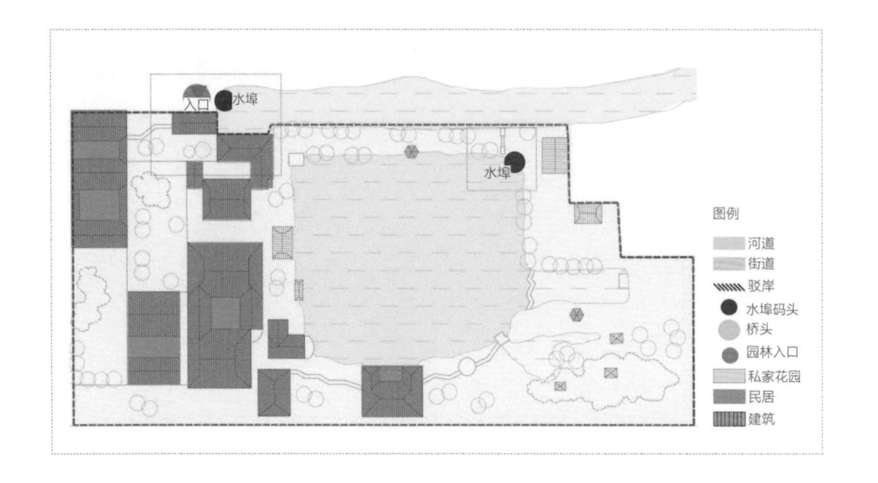

3-79
3-80

图 3-79 新场古镇张宅郑宅驳船系统
图 3-80 分离式临时空间要素图

第二种类型：连续式

其形态是：外部水体空间——街道空间——外部水埠——园林内部空间——内部水埠——内部水体空间——外部水体空间。这一类对应临水空间要素中的“交通性内部驳船系统”。园林内外驳船系统因功能的相似性形成联系，同样临水空间形态也会随着船舶在园林内外的穿行，在线性形态和中心型形态间过渡变化，呈现不一样的空间体验。典型代表是周庄张厅。

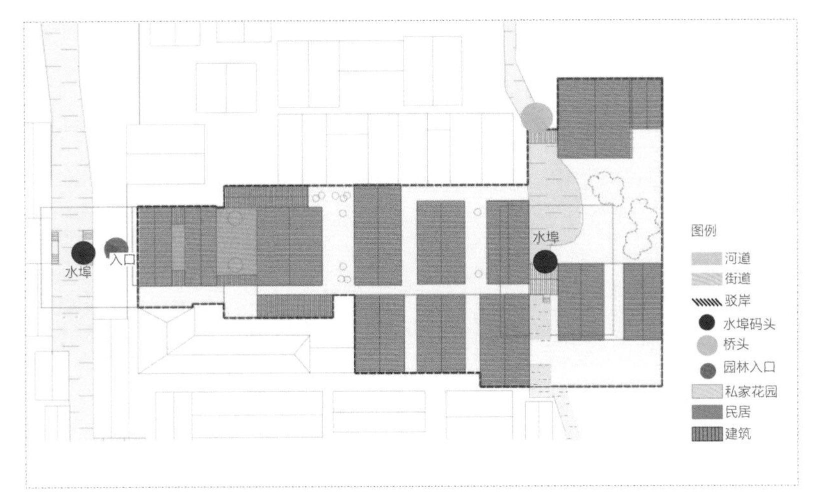

第三种类型：单一式

其形态是：外部水体空间——街道空间——外部水埠——园林内部空间或者外部水体空间——内部水埠——园林内部空间。这一类对应临水空间要素中的“外部驳船系统”和“内部驳船系统”，因为只有外部或内部驳船系统，呈现出单一的临水空间形态，典型代表是新场张宅和郑宅、虹饮山房。

3-81
3-82

图 3-81 连续式临时空间要素图
图 3-82 单一式临时空间要素图

3.4.2 驳岸船舶构成要素

1. 船舶要素的变迁

私家园林的园主多是文人学士出身，在生活中与其他官员、文人甚至皇家多有来往。穿行于私家园林的船舶除了有普通的生活性用船外，也会有官船、御船。例如，历史上乾隆下江南到访虹饮山房乘坐的是御用游船。而除了纯粹的交通用船，私家园林内部水体的清理与维护以及采摘莲蓬也会用到小型船只。但到了现代，随着水上交通的没落，船只的作用也大大下降，主要在水上运行的船只是当地作为游览用船的乌篷船。在当代园林内部的船只使用已经减弱。例如张厅现在已经成为周庄旅游的参观点，不再是居住功能，因此后园的船只现在已不再使用。

2. 水埠码头的变迁

船只使用的范围缩小也影响到水埠头的功能，尤其是在园林内部。园林内部在历史上多为私家用地，因此水埠头也为私家使用空间。虽然古镇私家园林中已不再具备居住功能，但内部的水埠头被保存下来，逐渐发展成为园内水体景观空间的一个构成要素。而园外的水埠码头功能依然保留，甚至还有所扩建，例如虹饮山房正门前的御码头。为方便古镇游船的停靠和游客的上下船，在水上增设平台，增强水埠的停靠功能。园内文化活动的增加，使得水上平台也起到了水埠码头的作用。例如朱家角课植园内的水域，因为昆曲牡丹亭的演出在水上增设伴奏人员用船，会把贴近水面的水上平台作为水埠空间使用；同时，石驳岸也成为表演者利用的一个平台。

3-83
3-84

图 3-83 船舶要素
图 3-84 水岸演艺

3.4.3 水上的生活场景与生活方式

1. 古时的生活场景

江南水乡古镇的私家园林多为大户人家，历史上若有客人到访，会从水路乘船而来，在正门入口的水埠码头弃船登岸。例如，虹饮山房是江南著名园林，乾隆六次下江南的幸临之地，必会乘船沿御道至此游览，门前的御码头也是乾隆每次弃舟登岸的地方，必会入园游览一番，因此虹饮山房被民间称为乾隆的民间行宫。园林内部虽不多见水埠，但多有亲水平台等空间，可供主客赏景、作诗、品茶等。

2. 现代的生活场景

现在古镇中的私家园林早已不再承担历史上那么多的使用功能，更多的是成为古镇的旅游景点。园林内部的水上生活功能也已经随之衰退，取而代之的是景观功能。在古镇中有代表性的园林，且大门前设有水埠码头的都已经成为水乡水上游览路线的停靠点，游客的上下船替代了古时主客的上船登岸。

3-85

图 3-85 现代水埠码头生活场景

3.4.4 私家园林驳船系统文化景观与船舶的文化内涵研究

私家园林是古镇艺术文化的体现场所之一。历史上的私家园林都兼有居住和游园的功能。根据各个私家园林占地的大小和园林内水体空间的设计不同，决定了园内是否可以乘船在水上赏游。乾隆下江南时就在虹饮山房园内的水域中乘船赏玩吟诗。当时乾隆下江南所用之船并不庞大，但整船的设计与雕刻都非常精细。当下的水乡古镇中，游客会乘坐小船来体验古镇的水上生活，伴随着摇橹的划动和潺潺水声，听一听船夫所唱的当地小曲，在水上游线中选择一处靠近水埠码头的私家园林登岸，体验江南水乡园林的独特文化内涵。

3.4.5 时代特性

1. 文化时代特性

在魏晋南北朝时期，由于社会不稳定和动荡波折，很多文人士大夫都选择寄情山水，以此逃避现实社会的压力。在此背景下，江南私家园林就有了很大发展。

江南的许多私家园林主人都是文人志士，因此园林的建造和经营有文人、画家的参与，这使园林从开始就蕴藏着极深的文化意境[19]。水体是园林的血脉。园林外部水系即为园林提供了便利的水上交通，也为造园提供了丰富的水资源。在私家园林中，水更是占据园子的中心地带，园林因水而活，因水而美。作为人与水互动的纽带，驳船系统是园林必不可少的一部分。

2. 功能时代特性

古镇中历史上的私家园林在功能上讲求“可望、可行、可游、可居”，而如今早已没有“可居”的功能，古镇旅游业的发展全部将这些私家园林变成旅游景点。在历史发展过程中，功能也几经变迁。随着园林功能的变迁，驳船系统也已失去传统的生活功能，只是作为水乡水上游览的停靠点而存在。

3. 形态时代特性

“水随器而成其形”，因而造园家对水岸的形式设计十分看重，“延而为溪，聚而为池”，通过运用水面的大小变化，形成不同水体形态，与园内景色构成对比与交融。园林中水面的集中形式也有不同的表现手法，以增加整体空间的层次感。开敞的水面造景也是由景观与建筑相结合的构建。

3.4.6 建筑布局方式研究

1. 私家园林建筑布局特点

大部分的江南私家园林都是在小的面积中建造出层次丰富的空间格局。在古典造园中，清钱泳曾在文章中指出，造园如同作诗作文，曲折但有呼应。由此可以看出中国古典园林强调追求曲径通幽的意境美。清代江南私家园林大都修建于市井之间，所以为了避免外界环境的干扰，追求安静与闲适的造园家，所有建筑均朝外面内，以此围合成集中的庭院空间。在庭院中引水的作用是强调以集中的水面为整个空间的中心，增强其中心性和向内聚气的感觉，柔化围合的建筑空间，平衡布局。

2. 驳船系统在园林中的布局特点

对于外部临水的园林，水埠码头通常紧挨主要出入口，是园林的水上门户。从水上来的人们要先在私家园林入口处的水埠登岸，然后穿过街道进入园林内部的建造空间，往往经历几次迂回才能真正到达主体的园林空间。园林内部多以水为中心，但是，内部的水体是作为景观的重要组成部分而存在，并且规模通常有限，驳船系统的交通功能已基本失去。所以在园林内部，通常会将小船直接停靠在亲水的平台上，不会过多地修建专门的水埠。

3.4.7 构成特性

江南私家园林驳船系统的文化景观构成主要由船舶、水体（包括园内水体和古镇河道）、驳岸、山石、建筑组成。受江南私家园林向心性的空间布局特点影响，内外驳船系统景观构成的特性完全不同。在园林外部，私家园林大多建于市井之内，建筑背朝外，其临水景观是以河道为轴线，水埠、街道、民居层层展开的江南水乡传统空间为特性。而在内部，为追求天人合一、自然和谐的意境，假山、植物、驳岸以及亭台楼榭以水体为中心，自然分布、相互掩映，形成富有层次感的内部景观形态。

1. 私家园林文化景观中水体的特性

水体是中国园林，不论是北方的皇家园林，还是江南的私家园林都是构成园林的基本要素之一。江南私家园林的水可大可小，重点在于水的运用可以体现私家园林景观是已经美化的自然，已经与其他元素相关联的作用。水的特性还包括动态美、静态美、水声美以及映射美四个特性。

2. 私家园林文化景观中建筑的特性

江南园林建筑形式多样，造型灵活多变，尺度小巧、轻盈、通透。在园内近水的建筑形式主要有厅、堂、榭、舫、廊、阁、亭等多种形式，可以招待宾客，观赏园内景色等。例如同里退思园内的“闹红一舸”就是船舫的形式，成为园内很好的赏景观水平台。

3. 私家园林文化景观中驳岸的特性

私家园林内部水岸也有多种类型，包括石砌驳岸、汀步、堤等形式。例如虹饮山房内部的长堤将水体分为两个部分，增加空间的层次感和游览指向性。园林的水岸有缓坡、陡坡、垂直和垂直出挑之分，不同的水岸处理对水景效果的影响很大，也对临水种植有一定的影响和限制。驳岸有规则式与自然式两种。规则式驳岸以石料、砖等材质砌成整形岸壁。自然式驳岸要富于变化。

3.4.8 新场古镇私家园林的典型空间布局组织

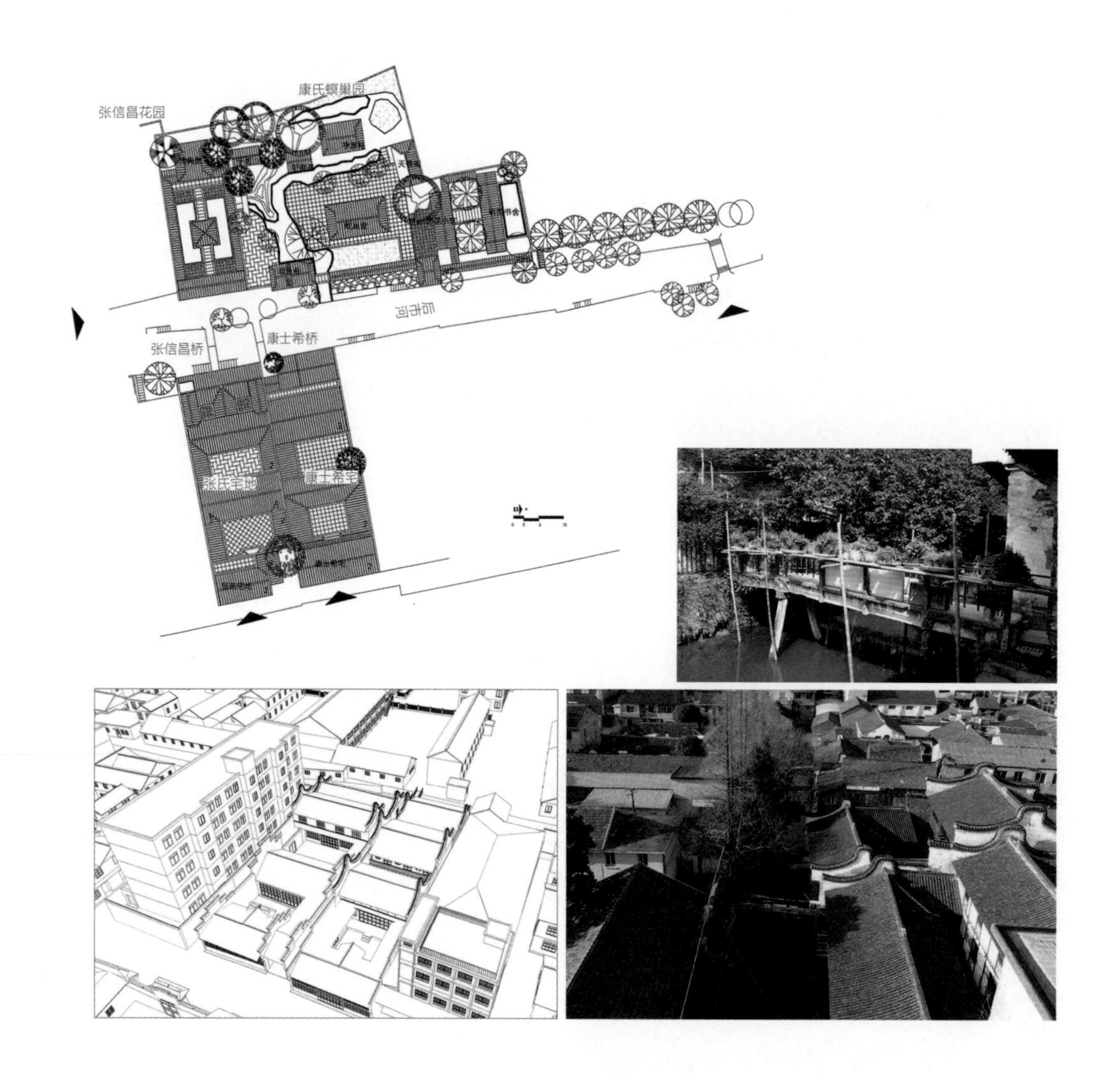

3-86 3-87
3-88 3-89

图 3-86 单一式构成类型 - 虹饮山房
图 3-87 新场张宅“花桥”
图 3-88 新场古镇张新昌花园与康氏螟巢园平面空间肌理
图 3-89 新场古镇张新昌花园与康氏螟巢园航拍

1. 临水空间要素构成

江南水乡私家园林的园外临水空间物质要素构成内容包括外部水体、水埠驳岸、街巷以及园林入口。园内临水空间物质要素构成内容包括内部水体、临水驳岸、水埠、园内道路、建筑。

新场古镇的私家园林与宅院共同构成其独有的“前店中宅后花园”的空间格局。历史上，河道上设立的水埠属于宅院内部驳船系统。

2. 新场古镇私家园林临水形态要素组织方式

私家园林临水空间形态主要表现在园内外水体空间、水埠驳岸、街道空间、建构之间组织表现形式及三维空间上的形态及空间层次关系。江南水乡私家园林临水形态要素分为分离式、连续式与单一式三种类型。新场古镇的私家园林临水形态主要有单一式与连续式两种。

单一式

以张信昌花园为代表，宅院与私家花
园之间仅有一条河道相隔，临水形态为单
-式，与宅院组合，其形态为：街道空间 -
宅院空间 - 河道空间 - 内部水埠 - 街道空
间 - 园林内部空间。

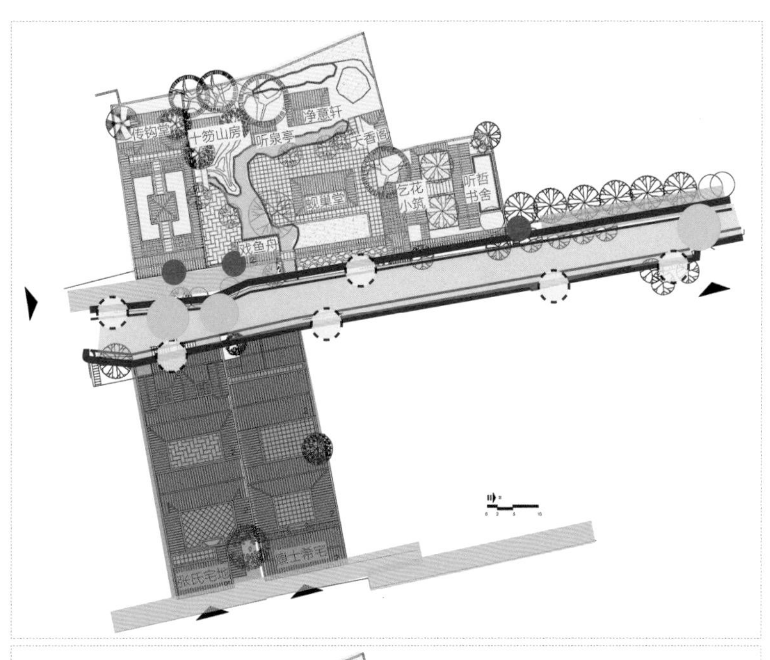

连续式

以康士希宅为代表，宅院与私家花园
之间有一条河道相隔，同时私家花园内部
水面与河道相通，临水形态为连续式，与
宅院组合，其形态为：街道空间 - 宅院空
间 - 河道空间 - 内部水埠 - 街道空间 -
园林内部空间 - 内部水体空间。

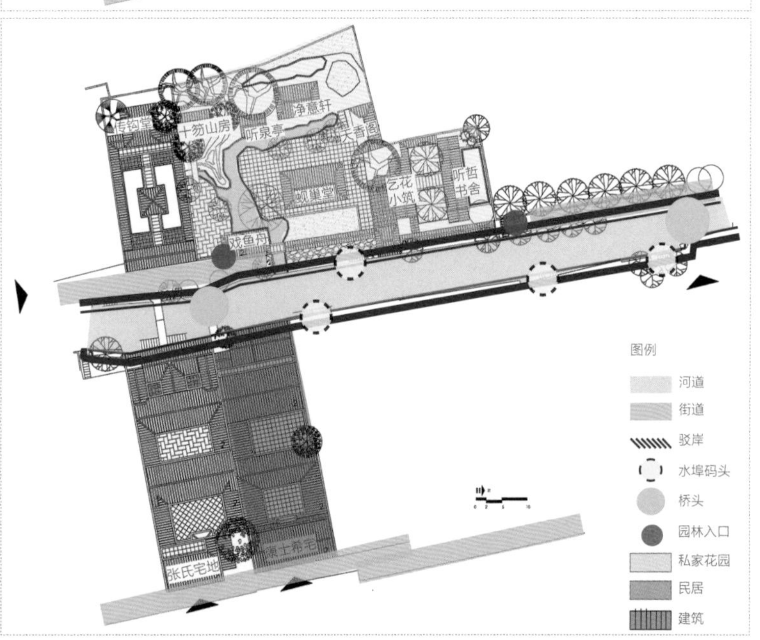

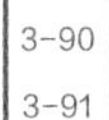

3-90
3-91

图 3-90 新场私家花园临水空间要素与空间关系 - 单一式

图 3-91 新场私家花园临水空间要素与空间关系 - 连续式

3. 新场古镇私家园林驳岸与水埠码头类型

新场古镇私家花园水岸两侧的驳岸包括条石驳岸、自然驳岸与其他砌筑驳岸三种类型。水埠码头形式包括单边水埠、双边水埠与直通水埠三种形式。根据水埠平台位置，单边式又分为下平台式（单边水埠 4）与上平台式（单边水埠 5）。

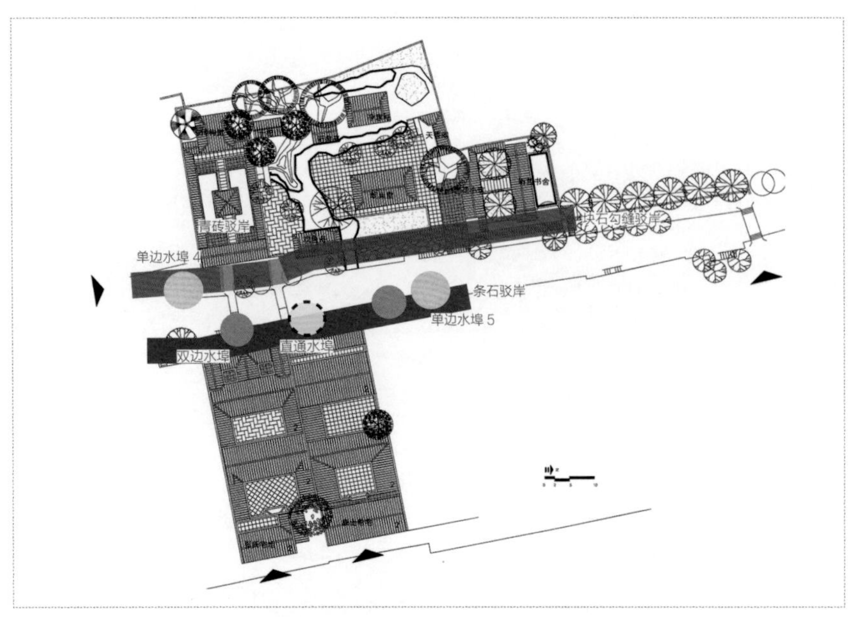

3-92
3-93
3-94

图 3-92 张宅与其私家花园水埠码头分布

图 3-93 新场古镇张宅及其私家花园剖面图

图 3-94 新场古镇私家花园临水关系要素分析

3-95
3-96

图 3-95 新场私家花园分布图
图 3-96 新场私家花园效果意向

4. 新场古镇私家园林的介绍

历史概念复原图 " 前厅 , 中宅 , 后花园 "

3.5 桥堍节点

3.5.1 江南古镇桥堍水埠的驳船系统公共开放文化景观

江南水乡密集的水网形成各种各样的岔口空间。在这些地方，船舶随着河流的相交而汇拢聚集，形成水运的交叉点。同样因为处于水陆空间系统的交汇点，桥头也聚集了南来北往的车船。独特的空间位置使这些交叉点成为古镇最活跃的空间，人们在这里卸货交易，慢慢发展成为古镇重要的商贸集散空间。

1. 临水空间要素

江南水乡城镇，因水成街，因水成市。桥堍水埠临水空间作为古镇水陆交通的相会点，是重要的商贸集散空间，是古镇主要的开放空间，同样也是古镇的公共服务集中地，这些空间特性决定了桥头水埠临水空间的布局形式。现将其空间要素根据河道的形态分为以下三种类型：

第一种类型：“一”字形。这种类型只有一条河道，呈“一”字形，街道和建筑在两侧沿水分布。桥横跨两岸，连接与水平行的两条街巷，桥头会有水埠码头便于船只停靠。这样的例子有很多，如周庄的普庆桥、青龙桥、蚬园桥，南浔的广惠桥、兴福桥，同里的普安桥、中川桥，西塘的里仁桥等等。在这里，我们将具有这样空间特征的类型统一归纳为“一”字形。根据河道尺度的不同将其分为三类：一般河道，以西塘里仁桥为典型案例；主要河道，以朱家角古镇的漕港河为典型案例；庙桥制桥头空间，以朱家角古镇的庙前街为典型案例。

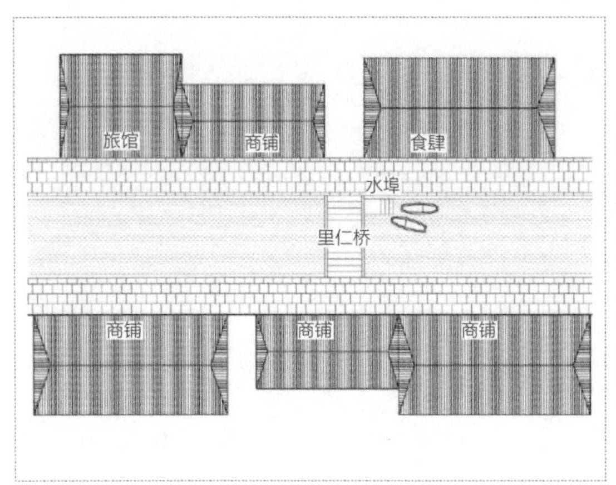

一般河道 - 西塘里仁桥

这一类中，河道的尺度不大，两侧空间联系比较紧密。通过桥连接河道两岸，通常在桥旁设半公用的水埠头，且数量仅有一个，形成水乡古镇中最为常见的桥头水埠空间。例如西塘里仁桥，其桥头空间为古镇中的开放公共空间，周围建筑历史上一般都为民居，如今大多改造成为商铺和食肆。沿岸的水埠可供行船停靠和居民生活使用。这种桥头水埠空间往往成为沿河临街的民居的休闲活动空间和古镇中的商业空间。

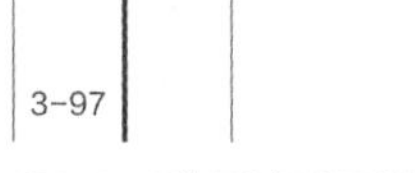

图 3-97 西塘里仁桥临河空间

主要河道－朱家角放生桥

这种类型中，河道为古镇的主要河道，河面宽阔，桥的跨度比较大。两岸之间因为河道的阻隔，联系不强。通常会在两侧各设一个公共水埠，以满足两岸各自使用。这一类中，桥头空间的公共性更强，作为古镇主要的交易集散节点，周围建筑为商铺或茶馆食肆。例如朱家角古镇的漕港河的临河开放空间，放生桥横跨在古镇最主要的漕港河上，连接古镇两侧的陆路空间，桥头临水空间形成两种不同氛围的古镇公共开放空间。由于漕港河为古镇中的中心河道，因而河两岸现多为古镇传统的餐厅、商店、茶舍，是古镇中商业最集中、最热闹的地方。临水的游船码头已经成为古镇水上游览路线的起始点和主要停靠点，可容纳多只游船停靠。

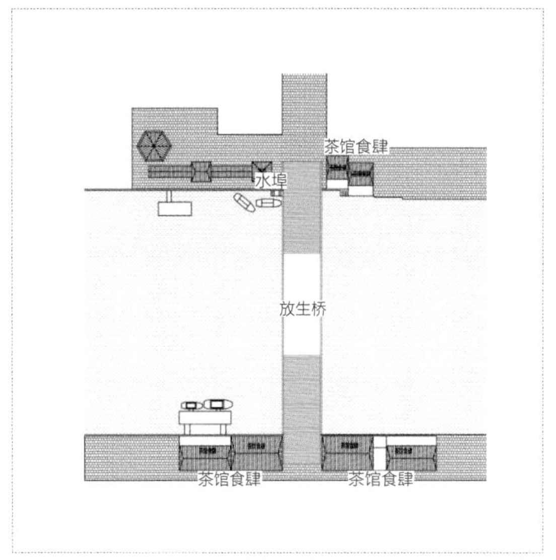

庙桥制桥头空间－朱家角庙前街

还有一种特殊的桥头临水空间格局，被称为“庙桥制”。“庙桥制”由庙（祠堂、道观等）、庙前广场和桥组成的序列清晰的空间。在这样的空间格局中，水埠码头是必不可少的要素。这一类的桥头空间是定期或不定期庙会集市贸易的场所，水陆交通的便利便于郊区农民进城赶集购物。朱家角城隍庙前的空间就是“庙桥制”的一个代表。此空间位于朱家角古镇的庙前街，靠近城隍庙，并与庙前广场组成一种古镇公共空间，成为古镇的宗教仪式活动的中心区域。

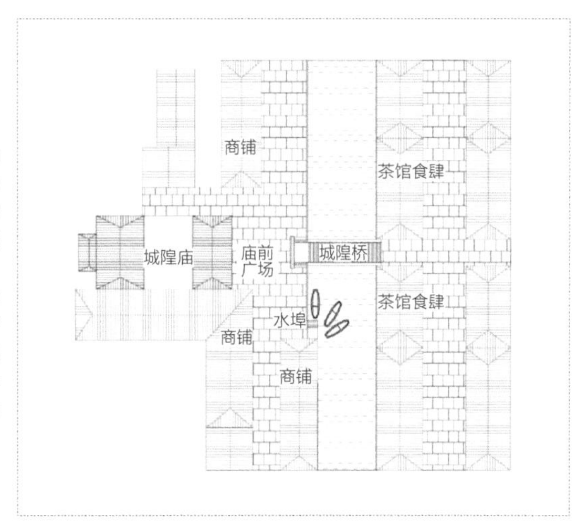

3-98
3-99

图 3-98 朱家角放生桥临河空间
图 3-99 朱家角城隍庙桥临河空间

第二种类型：“T”字河道。这种类型，因一条河流在此汇入另一条河流，形成转角空间。西塘送子来凤桥、周庄的双桥、富安桥都是这种类型。古镇中，“T”形河道交叉口一般有设单桥、双桥两种情况。这两种情况所形成的桥头水埠空间各有不同。现将其分为三类：设单桥的水埠空间，以西塘的送子来凤桥为典型案例；设置双桥的水埠空间，以周庄的银子浜为典型案例；桥楼制桥头空间，以周庄的富安桥为典型案例。

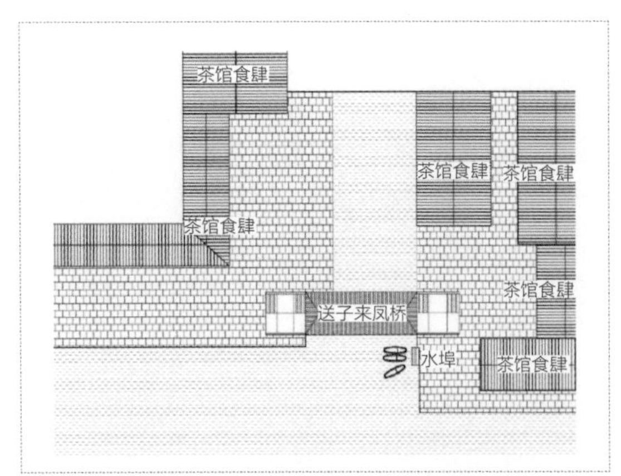

设单桥的水埠空间

这一类型中，桥一般设置在纵向河道的末端，可以使之成为纵向河道和沿河街道在空间上的收束口和结束点。水埠又使水陆两种交通在这里形成交叉。这样，转角空间就成为整个空间的中心，也往往会成为公共活动的中心。例如，在西塘的送子来凤桥堍连接烟雨长廊，东侧桥堍空间设有古镇内的游船码头，是古镇水上游览的一个重要停靠处。桥上空间也是古镇的老人休闲集会的地方。

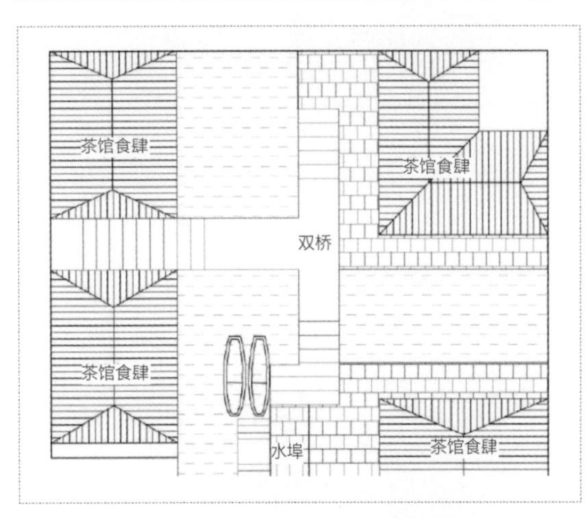

设双桥的水埠空间

交叉河口为了通行的方便，通常也会设置双桥。水路和陆路双重的交叉使这里形成以水埠为核心的临水空间，这样的空间是发生社交活动的理想场所。例如周庄的银子浜与南北市河在镇区东北交汇，由于河道交叉，便形成两桥组合的空间形式，当地人也对此赋予了文化内涵，现在双桥已经成为周庄游客必游的著名景点。临河的水埠现已经成为供游船停靠、游客登岸的空间。

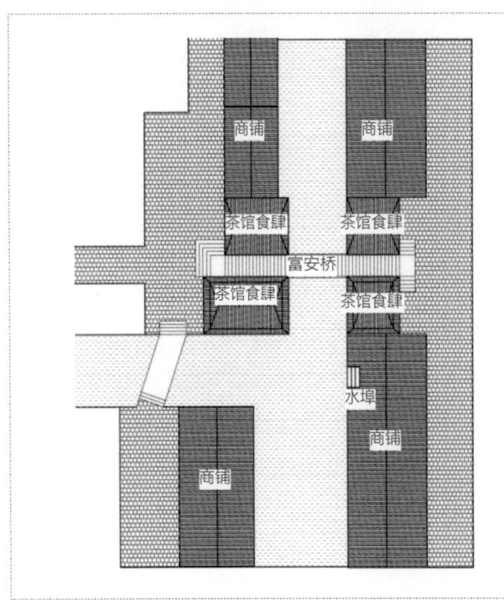

桥楼制桥头空间

周庄在“T”字河道的临河空间有个典型的“桥楼制”空间。“桥楼制”由桥、桥头空间以及紧挨桥的“桥楼”共同组成，特殊的是建筑临河而建，桥头与建筑相连直至街道。富安桥及其连接的四角建筑是江南水乡仅存的立体型桥楼合璧建筑。现状四角有桥楼，都保存完好，楼内设有茶室、餐厅、小商店等，可供游人驻足观赏和休憩，是镇上的商业中心。小型私家水埠临河贴建筑而建。桥洞随高，但只可通行小型船只。

3-100
3-101
3-102

图 3-100 西塘送子来凤桥临河空间
图 3-101 周庄双桥临河空间
图 3-102 周庄富安桥临河空间

第三种类型：“十”字河道。在河道的交叉口形成十字形河道空间，因水道空间的变化也产生了独特的临河开放空间。联通水陆空间的桥与水埠的空间布局也产生了变化。河道的汇集场所也成为古镇历史上重要的商贸空间。桥堍白天是最活跃的集市场所，遍布摊头小贩。乌镇有类似的“十”字河道空间，位于乌镇的西大街西段。河道的交叉口处由两座桥与中间的民居围合出直角桥头空间，有半开放的私家埠头。这样的空间围合有相对较弱的驳岸空间，桥头空间也多与街道相连，与水体的互动较少。

3-103
3-104
3-105

图 3-103 乌镇十字河道临河空间
图 3-104 街 - 河 - 街桥堍水埠空间
图 3-105 广场 - 河 - 广场桥堍水埠空间

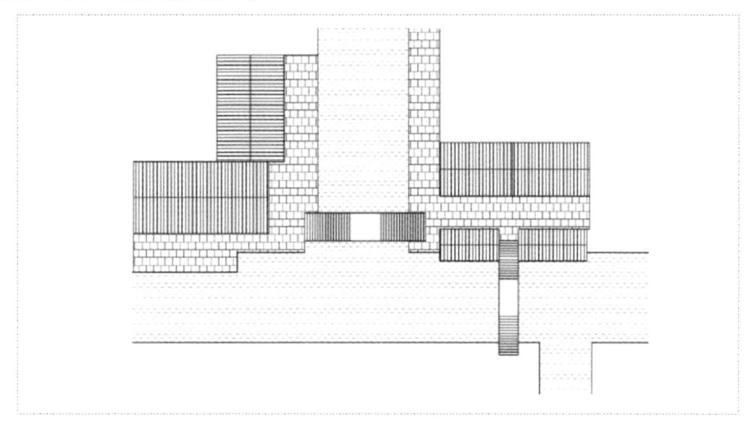

2. 临水形态要素

第一种类型：线性空间形态。这种类型对应“一”字河道，空间以河道为轴线形成线性的形态。根据空间尺度的不同可以分为三类：街 - 河 - 街；广场 - 河 - 广场；庙桥制水埠空间。

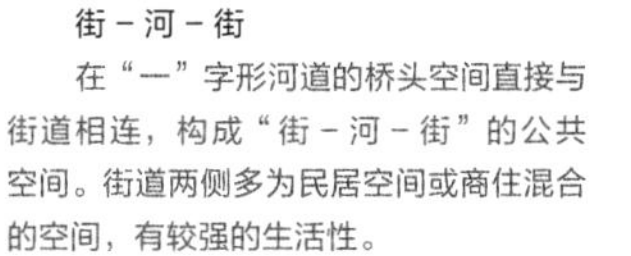

街 - 河 - 街

在“一”字形河道的桥头空间直接与街道相连，构成“街 - 河 - 街”的公共空间。街道两侧多为民居空间或商住混合的空间，有较强的生活性。

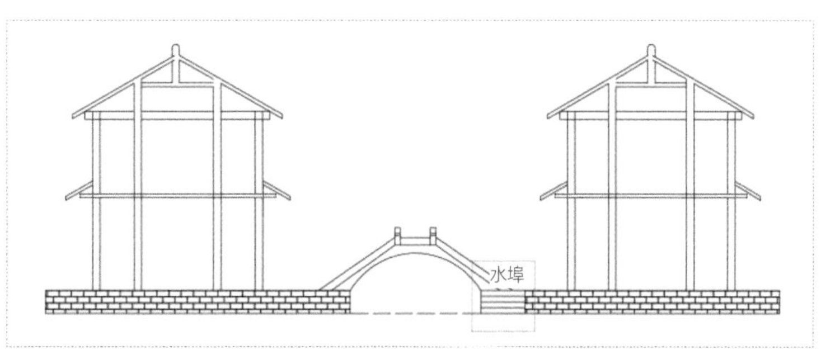

广场 - 河 - 广场

运河或者主要河道上的桥头空间是古镇中主要交通的汇聚点，一般会形成尺度比较大的开放空间——广场。这里多是古镇集会、商业中心，也是古镇中最热闹繁华的空间，相邻的水埠码头也为古镇中比较大型的停泊空间。

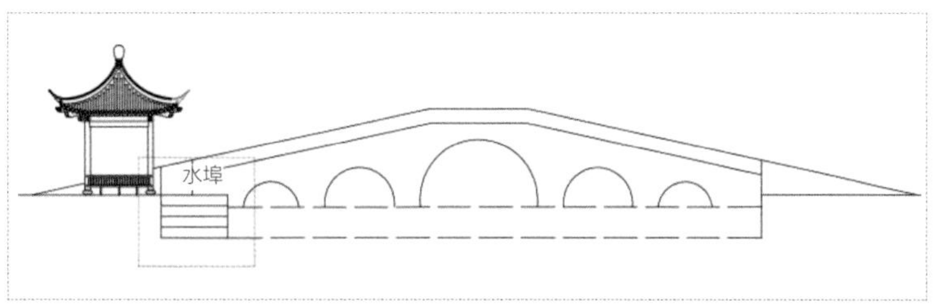

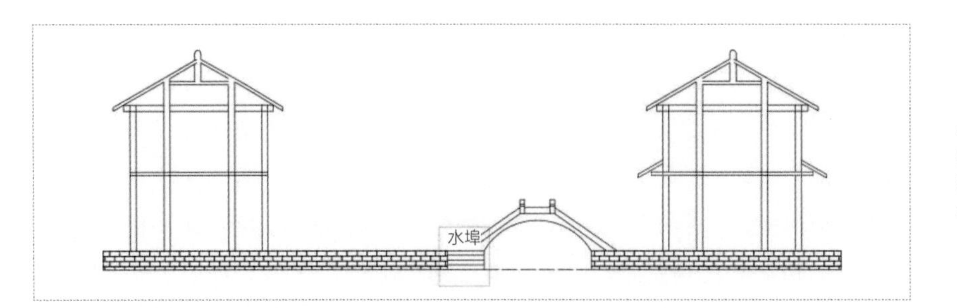

街－河－广场

“庙桥制”的结构强调的是桥头空间与祠堂、道观等宗教建筑前的广场相连接。庙桥制的桥头水埠空间成为古镇中宗教活动的重要场所，桥头的水埠空间也多被用作前往寺庙的停船空间。

第二种类型：转角空间形态。分布在“T”字河道的桥头水埠空间往往比较丰富，河道相交的地方往往就是船舶汇集的地方。根据空间的开放性分为两类：T 型开放转角，以西塘送子来凤桥为典型案例；T 型封闭转角，以周庄富安桥为典型代表。

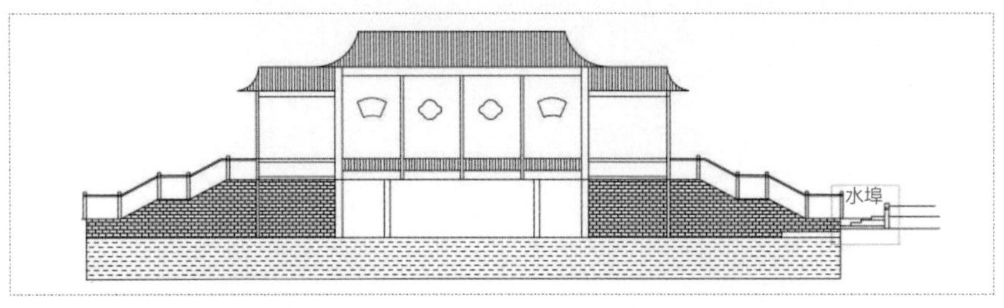

“T”形开放转角

西塘送子来凤桥头与水埠码头相连，是古镇水上游览船只的一个重要停靠处。在古镇中，走过此桥的方式也有独特的讲究。此桥不仅结构独特，还有丰富的历史及文化意义，因此现在是西塘古镇一个著名的游览点。

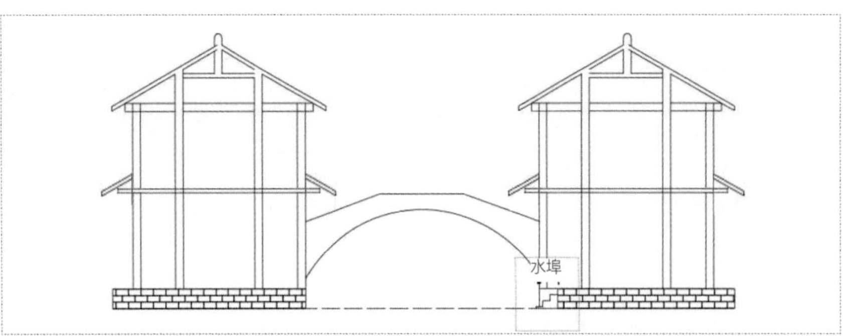

“T”形封闭转角

以周庄富安桥为代表的“桥楼制”空间，桥与建筑背面临水一侧相连，但桥头与街道相同。此桥于河道两侧建筑直接相连，贴建筑设有私家水埠头，桥头空间直接与古镇内的街道联通。

3-106
3-107
3-108

图 3-106 “庙桥制”桥埦水埠空间
图 3-107 “T”字河道开放转角－西塘送子来凤桥
图 3-108 “T”字河道封闭转角－周庄富安桥

3.5.2 驳岸船舶构成要素

1. 船舶要素的变迁

古镇中丰富多变的水网结构创造了各种各样的空间形态，功能不同的驳岸空间也汇集了不同功能的船只。例如古镇中商业较为密集的桥头水埠空间多聚集商船、渔船等生产性用船。在古镇的主要河道会有多种船舶通航，例如班船、舫等。古镇主要河道如果与运河等相连通，也会有运输型船舶由此经过。随着文化发展和文化性活动的丰富，在主要河道还会举办赛龙舟等活动，因此桥头水埠成为上船登岸的起点或终点。

但到了现代，随着水上交通的没落，船只的作用也大大下降，桥头水埠空间停靠的船只多为游览用船的乌篷船和河道维护用船。就算在古镇的主要河道上，也很难再见到当初的运输船只，主要河道的桥头水埠空间也成为游览用船的停靠点。因为桥头商业空间的集聚，也有人在水上设置船舶茶馆，例如朱家角放生桥桥头空间，类似快艇的船舶已成为水上茶馆。

2. 水埠码头的变迁

桥头空间一般是定期集市贸易、平时休闲聚会的公共场所。这就决定了水埠码头交通货运的功能。现在的江南水乡古镇中已经鲜有纯粹的货运码头，而沿河半公共码头的生活功能也弱化了许多。随着古镇旅游业的开发和发展，水上游览似乎已经成为古镇游中必不可少的一项活动。每个古镇都会根据古镇景区的景点和特色规划出水上游览路线，而游船停靠的站点也借用了沿河的水埠头。沿河道所有的小型码头都可以供游船停靠。在各个古镇有相对大型的游船码头，同时可供多艘游船停靠，是游客上下船的一个汇集点，一般这类码头会配备游船的售票处。

3-109 3-110

图 3-109 当代的游船码头 1
图 3-110 当代的游船码头 2

3.5.3 水上生活场景与生活方式

江南水乡古镇的桥头水埠空间丰富多样。历史上人们乘船从各地而来，汇聚在桥头水埠的茶馆食肆商铺谈生意，此时的桥头水埠就为这些人群提供了方便，桥头水埠附近的空间也逐渐发展成为古镇的商业中心。古镇中的公共水埠空间是古镇居民生活交流和分享信息的重要空间。现在的桥头水埠还保留部分原有的商业空间，甚至还有所扩大。而水埠的主要功能已变为游船码头的停靠点。桥堍是古镇中较为活跃的空间，白天是小贩摊头的集市，晚上成为人们夏天纳凉集会的空间。一种空间，两种用途，是古镇桥头特有的功能和属性。

3.5.4 文化内涵与时代特性

桥头水埠空间是与船舶联系最为紧密的区域。各种航船都要通过水埠登岸，而与桥堍相连的水埠空间也曾是古镇中最为热闹的空间。

1. 文化时代特性

桥头水埠空间是展现水乡风韵意境的场所。隆起的桥拱为平坦的空间带来变化。桥下航船通畅，人来车往，一派中国人理想的文明、富足、诗意、和谐的居住环境。在江南水乡古镇中，桥头水埠不仅能满足实际交通贸易，也是民俗文化的活动场所，例如当地民间喜事花轿过桥取吉利的风俗，俗称“过桥”，历代的民风民俗也赋予了它深厚的文化底蕴。桥头水埠空间作为江南古镇标志性文化景观空间，是地方历史文化遗传信息的良好载体。

2. 功能时代特性

桥头水埠的第一功能是保持陆路交通的连续性，是水陆的立体交叉。历史上桥头空间更多用于商品交换，货物集散；但同时也兼具举行民俗文化活动的功能。现在桥头保持陆路交通连续性的功能依然保留，桥头空间也依然是古镇中较为活跃的场所。有所不同的是，桥头水埠的商业空间数量变得更多也更为现代，也以发展旅游业为导向。而随着自来水的普及和交通的陆路化，水埠的功能逐渐在减弱，虽然保留了部分生活性和交通性功能，但多被用为游船码头的停靠空间。

3. 形态时代特性

桥头水埠空间随着古镇历史历经变迁，很多桥在历史上由于战争或灾害被摧毁，遗憾没能被保留下来，但有一些依照历史的样子被重新复原。随着旅游业游船的发展，古镇内节点性桥头水埠空间的水埠码头有的被扩建或新建以满足游船的停靠。

3.5.5 建筑布局方式

由于桥头是水陆交汇处，故桥头及相邻空间是水乡城镇最活跃的场所，使用率频繁。历史上北往的船舶聚集于此，以桥头作为货物交易、集散的中心，甚至扩散延伸成各种类型的商业街。镇中心的桥头空间往往也是一个镇的中心，如周庄的富安桥，桥上四角均建有桥楼，开有店铺、茶馆，是全镇的中心。桥头水埠与其所临近的河道形态、陆路交通及周围建筑性质决定了空间的布局形态，其中河道形态是最重要的因素。古镇常见的河道形态有“一”字、“T”字和“十”字三种形态。当河道为“一”字形时，桥头水埠空间交通比较简单，仅仅是水路交通相交点。如果河道是古镇中的一般河道，桥头空间通常是生活性的公共节点，一个半公共性质的水埠就能满足河道两岸的使用，空间尺度和服务范围相对较小。

如果河道是主要通航河道，桥头空间是古镇对外联系的节点，也是其主要的公共活动空间。这种情况下，桥头开放空间的尺度比较大，通常是广场空间。由于河道宽阔，两侧都会设置大型的公共水埠以供使用。还有一种特殊的空间类型，当桥头水埠与宗教园林空间相连通，特别是与宗教建筑有联系时会形成一种叫“庙桥制”的格局。这种类型空间的服务对象很明确，尺度也会比较大。当河道为“T”字和“十”字形态时，桥头水埠空间交通比较复杂，除了单桥外，有时会设置双桥和三桥。独特的空间形态和区位关系使得这两种类型的空间相对开敞，往往是古镇公共开放节点和重要的观景点，所以空间及水埠的尺度较大。水埠通常位于转角或桥与桥相交的位置。还有一种较为特殊的情况 - 桥楼制。桥与楼形成独特的室内公共活动空间，水埠也会与建筑结合。

3.5.6 构成特性

江南古镇河多桥多，桥的历史悠久，其中一部分有幸能被保留下来，但更多的桥随着时间的变迁而被损毁。桥头水埠空间更是人们在水乡活动的重要场所，桥头水埠空间作为古镇的交通要冲和公共开放节点，其临水景观在三维上的形态同样受到河道的很大影响。

当河道为“一”字形时，一般会呈现出以河道为轴线的线形空间形态。特别是河道尺度不大时，桥所连接的道路交通空间基本上就能满足公共活动的要求，建筑沿道路自然排列，桥既是纽带也是空间的中心。当河道尺度较大，为主要通航河道时，在桥的两端，线性空间被打断，形成两个广场。空间的中心也从桥分散到两端的广场，形成以广场为起止的两条线性空间形态。当河道为“T”字和“十”字时，空间上的交叉使以各条河道为轴线的线形空间相会，形成以转角空间为中心的形态。

3.5.7 新场古镇桥堍节点空间分类

新场古镇桥堍节点类型与特征空间点位置　　表 3 － 1

根据河道形态分类	桥梁数量	特征空间点位置
一字河道	单桥	洪桥堍的洪福桥、包桥堍的包家桥
十字河道	双桥	包桥港与后市河上的太平桥与新建木桥
	三桥	洪桥港上的廊桥、城隍庙桥和新场港上的千秋桥

3-111 3-112 3-113
3-114 3-115 3-116

图 3-111 洪福桥
图 3-112 包家桥
图 3-113 太平桥
图 3-114 新建木桥
图 3-115 城隍庙桥
图 3-116 千秋桥

3.5.8 新场古镇桥�节点的典型空间布局

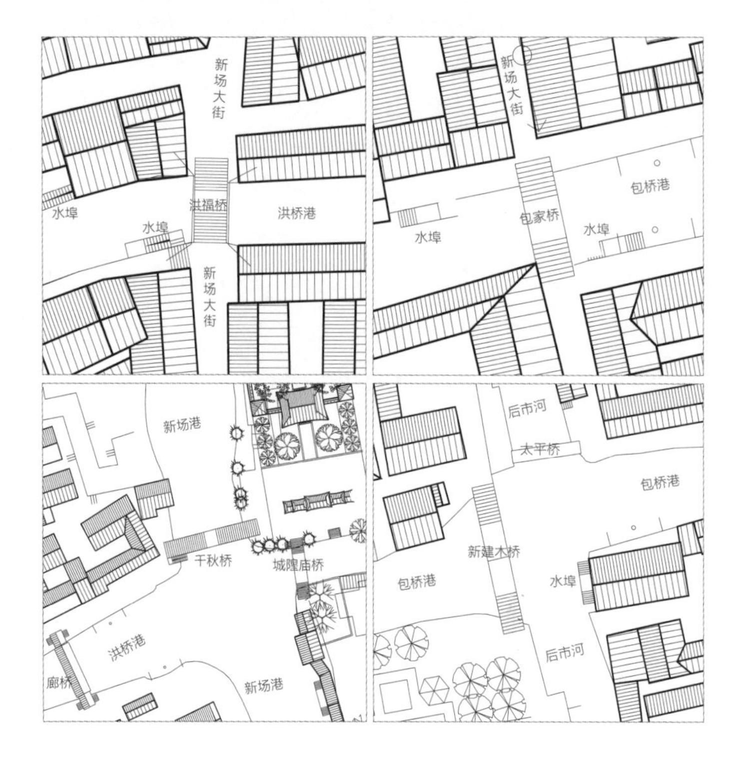

3-117 3-118
3-119 3-120

图 3-117 一字河道 - 单桥 - 洪福桥
图 3-118 一字河道 - 单桥 - 包家桥
图 3-119 十字河道 - 三桥 - 千秋桥、城隍庙桥与廊桥
图 3-120 十字河道 - 双桥 - 太平桥与新建木桥

1. 桥堍节点临水空间要素构成

桥堍临水空间的物质要素构成主要包括桥头、河道、水埠驳岸、街巷、桥头开敞空间、建筑等。

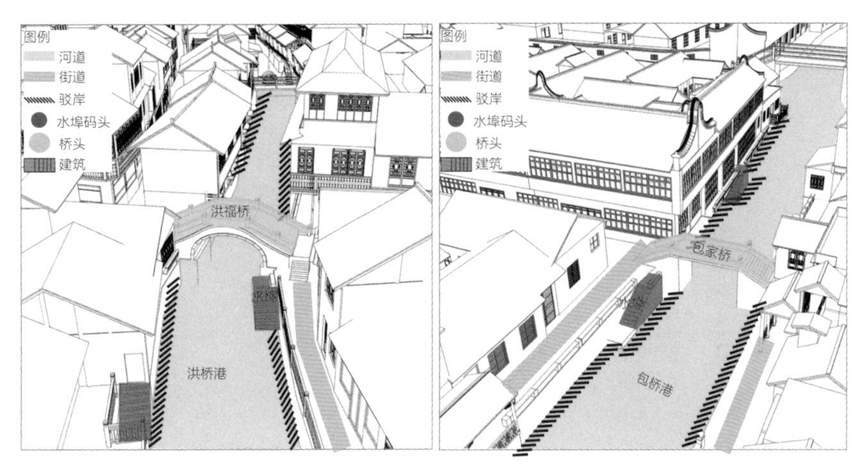

代表节点：洪福桥

平面空间关系：桥头横跨河道，联通街道，与河道“十”字相交。桥头设置水埠。桥头南侧联通沿河街道，北侧建筑紧贴河道布局。

代表节点：包家桥

平面空间关系：桥头横跨河道，联通街道，与河道“十”字相交。桥头设置水埠。桥头北侧联通沿河街道，西南侧建筑紧贴河道布局，东南侧联通沿河街道。

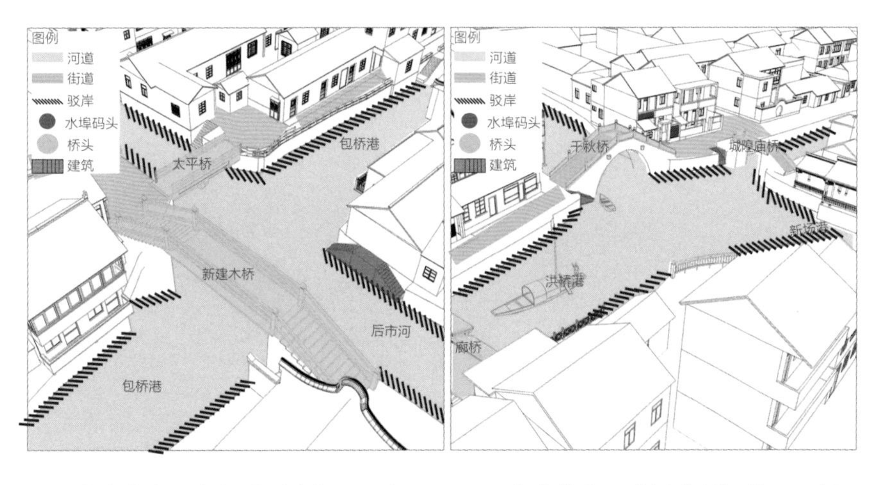

代表节点：包桥港后市河 – 双桥

平面空间关系：两座桥梁横跨两条河道，垂直相交。桥头两端形成开敞性空间广场，并与沿河步道相连。桥头未设置水埠，河道东南侧设水埠。

代表节点：洪桥港新场港 – 三桥

平面空间关系：横向河道设两座桥，纵向河道设一座。千秋桥与城隍庙桥的桥头形成开敞广场，并与沿河步道相连。千秋桥与城隍庙桥设水埠，两桥交点处形成庙前广场。

3-121 3-122
3-123 3-124

图 3-121 一字河道 – 单桥 – 洪福桥
图 3-122 一字河道 – 单桥 – 包家桥
图 3-123 十字河道 – 双桥 – 太平桥与新建木桥
图 3-124 十字河道 – 三桥 – 千秋桥、城隍庙桥与廊桥

2. 桥堍节点临水空间历史功能

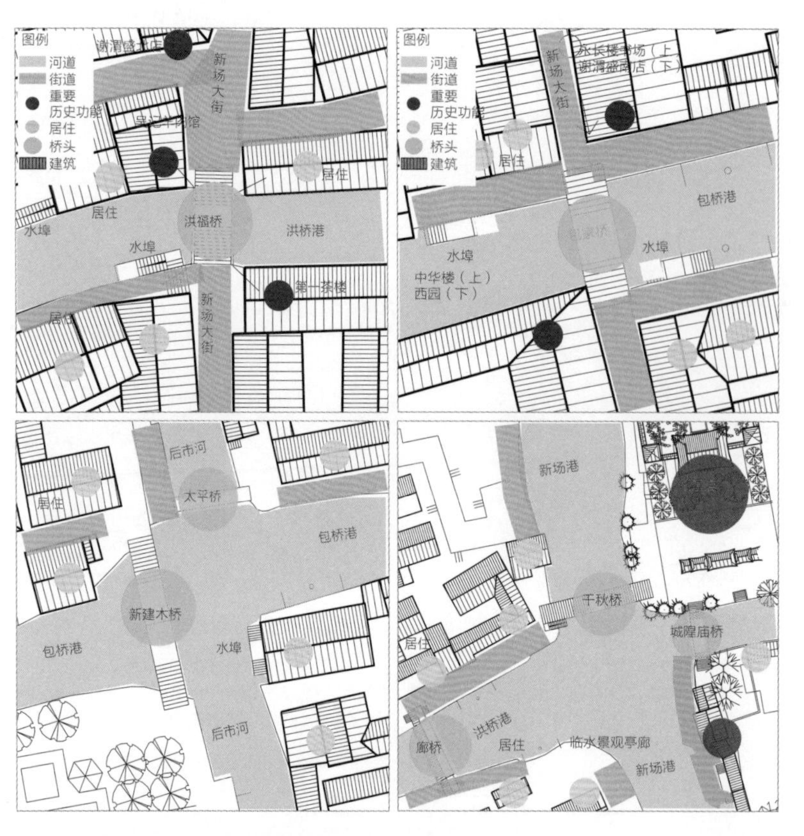

3-125 3-126
3-127 3-128
3-129
3-130

图 3-125 一字河道 - 单桥 - 洪福桥

图 3-126 一字河道 - 单桥 - 包家桥

图 3-127 十字河道 - 双桥 - 太平桥与新建木桥

图 3-128 十字河道 - 三桥 - 千秋桥、城隍庙桥与廊桥

图 3-129 桥堍节点临水形态要素组织方式：街 - 河 - 街

图 3-130 桥堍节点临水形态要素组织方式：建筑 - 河 - 街

3. 桥堍节点临水形态要素组织方式

主要分为街 - 河 - 街；建筑 - 河 - 街；广场 - 河 - 广场；街 - 河 - 广场四种类型。

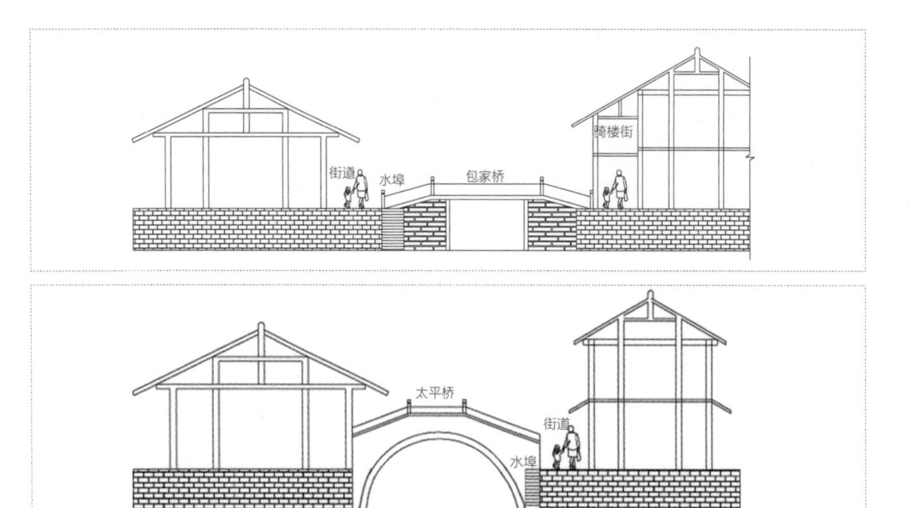

街 - 河 - 街

新场古镇中以包家桥桥堍节点为代表，桥梁一侧联通开敞式临水步道，一侧联通骑楼式临水步道。在其他一字形桥堍中，更加常见的是桥梁两侧均为开敞式临水步道。

建筑 - 河 - 街

新场古镇中以洪桥港洪福桥桥堍节点为代表，桥头设置水埠，桥梁的一侧的街道也有骑楼形式，如该节点的第一茶楼。

广场 – 河 – 广场

在新场古镇中以太平桥为代表，周边现状以居住功能为主，处于包桥港与后市河两河交汇处，广场尺度较小，约 $35m^2$ ~ $40m^2$。

街 – 河 – 广场

在新场古镇中以千秋桥为代表的桥堍节点一侧连接临河步道，一侧连接城隍庙庙前广场，形成“庙桥制”空间。“庙桥制”结构强调桥头空间与祠堂、道观等宗教建筑前的广场相连接。其桥头水埠空间成为古镇中宗教活动的重要公共场所，桥头的水埠空间也多被用做前往寺庙的停船空间。

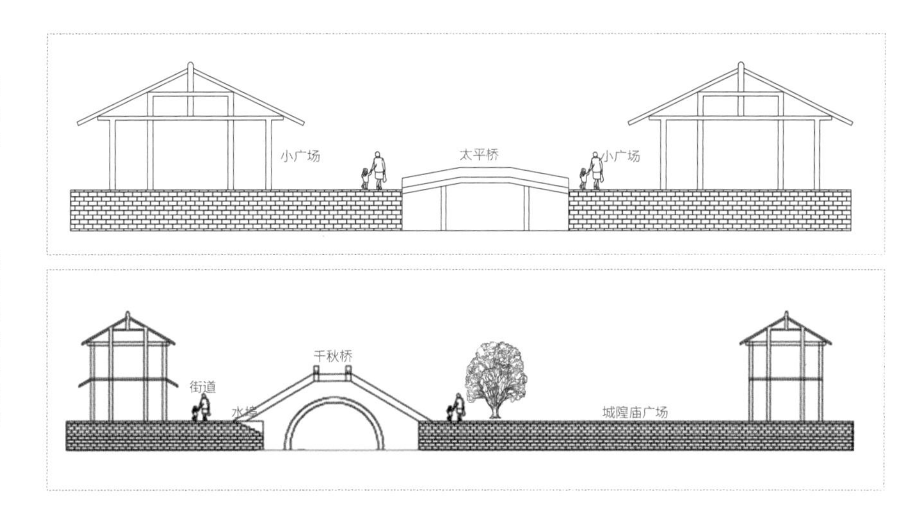

4. 桥堍节点驳岸与水埠码头类型

单桥 – 包家桥桥堍

新场古镇桥堍节点水岸两侧的驳岸因不同的桥堍节点类型，存在一定差异，与其他功能空间的分析存在重合的情况不再重复，如洪福桥节点在茶馆食肆商铺类型空间节点的驳岸与水埠码头分析中可见。

包家桥桥堍节点的驳岸类型分为条石驳岸 3、条石勾缝驳岸 2、青砖驳岸三种类型。青砖驳岸根据沿河界面的不同，分为青砖驳岸 1 与青砖驳岸 2 两种形式，其中青砖驳岸 2 中沿河建筑的立面柱式延伸在驳岸中，形成被长条石分割的形式。水埠码头形式包括单边水埠 5 与直通水埠两种形式。根据水埠平台位置，直通水埠又分为临水建筑（直通水埠 1）与临滨河步道（直通水埠 2）两种形式。

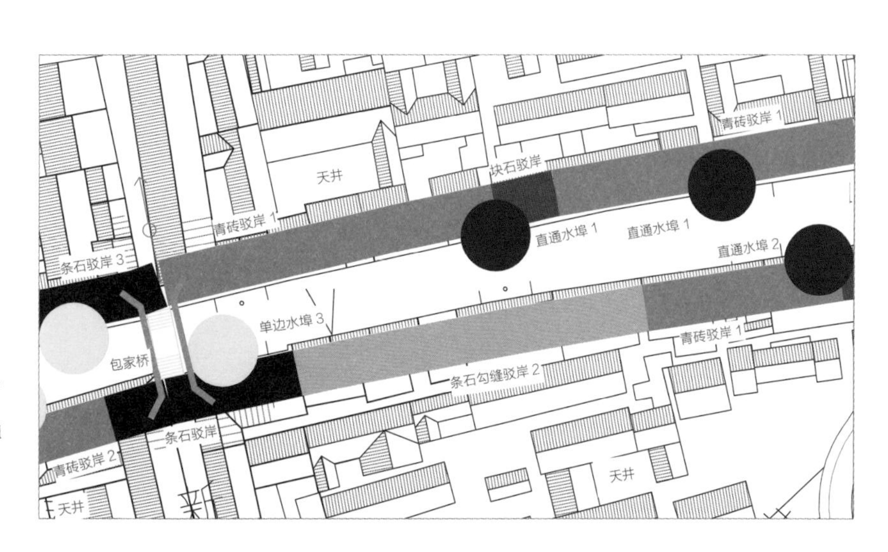

3-131
3-132
3-133

图 3-131 桥堍节点临水形态要素组织方式：广场 – 河 – 广场

图 3-132 桥堍节点临水形态要素组织方式：街 – 河 – 广场

图 3-133 街 – 河 – 街临水形态 – 包家桥桥堍节点

双桥－太平桥与新建木桥桥堍

太平桥与新建木桥桥堍节点的驳岸类型分为条石驳岸 3、青砖驳岸 2、青砖驳岸 3 与块石驳岸 1 四种类型。水埠码头形式包括单边水埠与直通水埠两种形式。根据水埠平台位置，直通水埠又分为临建筑（直通水埠 3）与临滨河步道（直通水埠 2）两种形式，以及单边水埠 7、单边水埠 8、双边水埠 2。

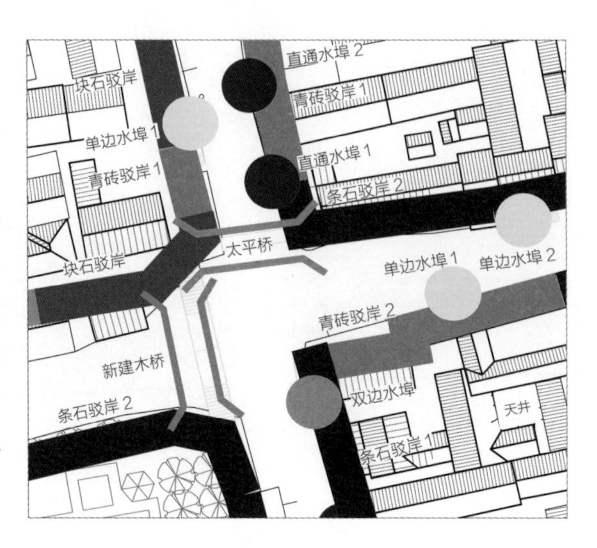

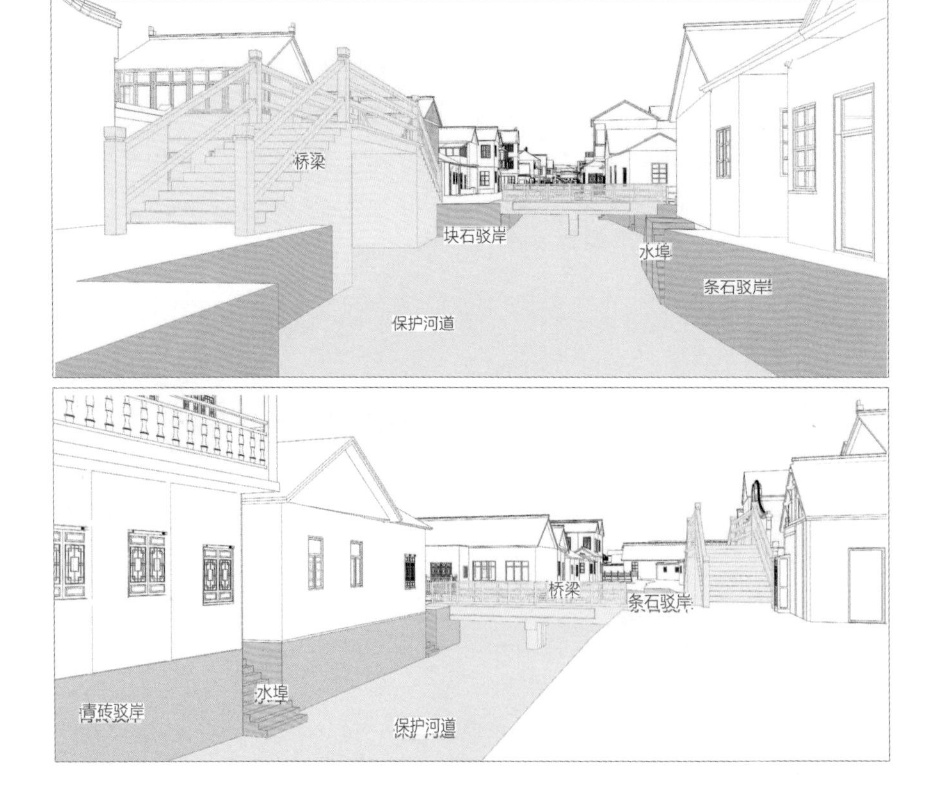

3-134
3-135
3-136

图 3-134 双桥－太平桥与新建木桥桥堍节点

图 3-135 桥节点临水关系示意图 1

图 3-136 桥节点临水关系示意图 2

三桥－千秋桥、城隍庙桥与廊桥

千秋桥、城隍庙桥与廊桥桥堍节点的驳岸类型分为条石勾缝驳岸 3、条石驳岸 4 和块石勾缝驳岸 1 三种类型。其他砌筑驳岸主要为混凝土砌筑，没有体现古镇传统风貌特色，因此不作分析。水埠码头形式包括单边水埠 9、直通水埠 1 与双边水埠 1 三种形式。水埠多靠近桥头，其中城隍庙前形成小尺度广场空间并连接千秋桥与城隍庙桥。新场港东侧的双边水埠紧临沿河廊亭，形成独特的双边水埠形式。

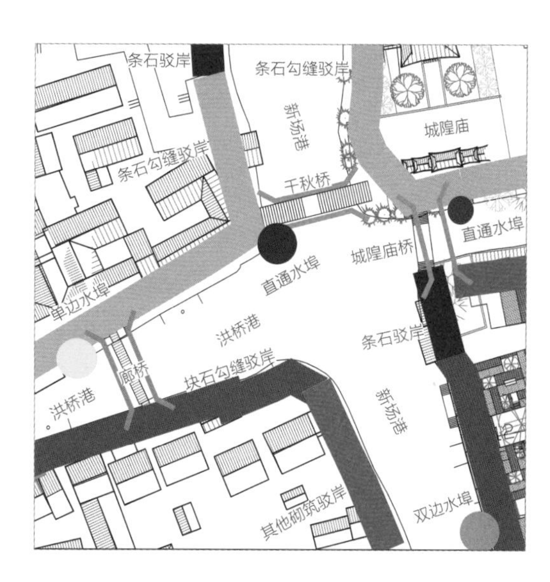

图 3-137
图 3-138 三桥桥堍

3.6 临水民居

3.6.1 驳船系统建构丰富文化景观

中国古代的城镇发展没有规划师，这点与西方国家有所不同。一个镇的建造多受风水师的影响，因此江南水乡古镇聚落的建设更多地具有自发性。江南古镇民居的传统布局带有中国城市发展的痕迹，是社会、人文和自然因素综合影响的产物。在江南水乡古镇中，河道水系和街巷是水乡空间的骨架，建筑依水而建，沿街而立。在各个江南古镇中，滨水建筑主要以民居住宅为主，而沿主要交通干线则会兼具商业功能。由于社会、人文和自然因素不同，民居建筑的临水空间形成建构丰富、形态多样的文化景观。

1. 驳船系统建构丰富的文化景观临水空间要素

从古镇整体空间布局来看，一般民居的临水空间要素主要由民居建筑、街道、边界（驳岸）、水埠码头和河道构成。其中建筑、街道和河道之间的平面关系决定了民居临水空间的布局形态。现将民居临水空间要素根据以上三者的平面关系的不同分为两种类型：面河式和背河式。

第一种类型：面河式。这种类型中，民居建筑正面朝向河道，与水体之间有街巷相隔，形成“河－街－建筑”的布局。这种布局类型所临河道较为宽阔，水路交通方便，多沿河而成街。临水的民居建筑多是前宅后店或者上宅下店加手工作坊，这样可以在河与街之间方便快速地进行商品货物的买卖贸易。通常这样的临水空间是古镇中的主要交通及商业空间。为了便于水、陆交通的转换，常在河道两岸边和桥头附近设有公用水埠。在不同的古镇，临水空间的表现形式也有所不同。由于地理原因，江南水乡古镇的气候多雨湿润，街市两边的建筑多设有雨廊、廊棚或者骑楼，形成半封闭的街道空间，全年不受天气影响，全年都可进行商业贸易。因临水空间的开放性的不同，“面河式”空间类型可以细分为三类：开敞式临水空间、有廊棚临水空间、骑楼街临水空间。

3-139
3-140
3-141

图 3-139 开敞式临水空间
图 3-140 有廊棚临水空间
图 3-141 骑楼街临水空间

开敞式临水空间

整体空间布局为“建筑－街－河”，是古镇中最常见的一种“街河”形式。民居正门沿街，街道为古镇内公共交通空间，街道与河道有清晰的驳岸空间，临水每隔一段距离会设小型半公共水埠空间。这样的驳岸空间生活性较强，随着当地人们的不同需求，街道与临水空间出现了不同的空间布局。

有廊棚临水空间

这一种街道或部分街道上有廊棚遮挡，廊棚的形式可为单坡、双坡，与民居分开等多种形式，带廊棚的街道在西塘较为常见。廊棚的顶部采用斜屋顶式向沿河一侧下坡，例如西塘古镇的廊棚连成一片，不因天气而受到影响。沿河多设小型公共水埠。

骑楼街临水空间

这一类空间与上一类相似，不同的是临街房屋二楼挑出，遮挡全部或部分街道空间，形成骑楼街，房屋常为上宅下店模式。沿河也多设小型公共水埠满足交通和生活之用。

第二种类型：背河式。这种类型建筑贴水而建，建筑一面临水一面临街，形成“街 – 建筑 – 河地”布局。沿河常设有私家水埠。通常在固定距离的地方设立小型公共水埠，可供水陆来往的人卸货上岸，而有的人家则会辟出一块临水空间，用作私家水埠。根据民居与河道水体的距离关系，又可分为以下两种：贴水而建和房屋吊脚临水。

贴水而建

民居建筑的背面贴驳岸而建，临水设有私用水埠，突出河道空间感。这样的空间结构在大多数古镇中都可以找到。

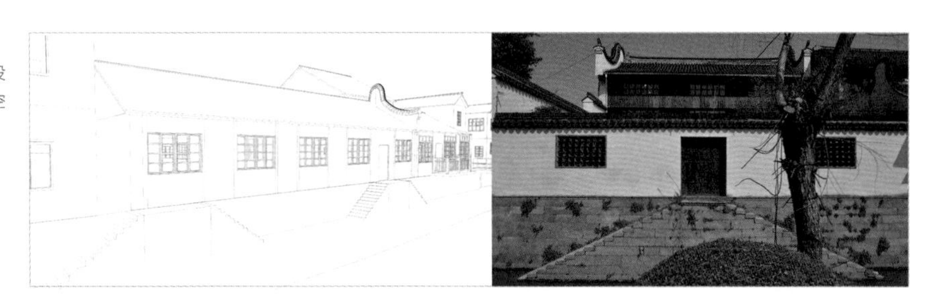

房屋吊脚临水，又称水阁

在乌镇最为常见。房屋突出水岸，吊脚临水以扩大建筑空间，突出部分常为木材，通常在水阁下部配有私家的水埠头，亲水性最强。

2. 临水形态要素

民居建筑临水空间形态是与其相关的功能活动与水体、驳岸之间相互作用的表现形式，是其临水空间要素以河道为中心在空间层次关系，反映了构成临水空间要素之间的联系及变化。根据民居建筑临水平面形态的不同组合方式可以分为三种类型：

3–142
3–143
3–144

图 3–142 贴水而建
图 3–143 水阁
图 3–144 “建筑 – 街 – 河 – 街 – 建筑”形态布局 1

第一种类型：“建筑 – 街 – 河 – 街 – 建筑”形态。这种类型是临水空间要素中“面河式”组合而成。其特点与单独“面河式”临水空间很相似，但由于河道两侧均为街道，形成

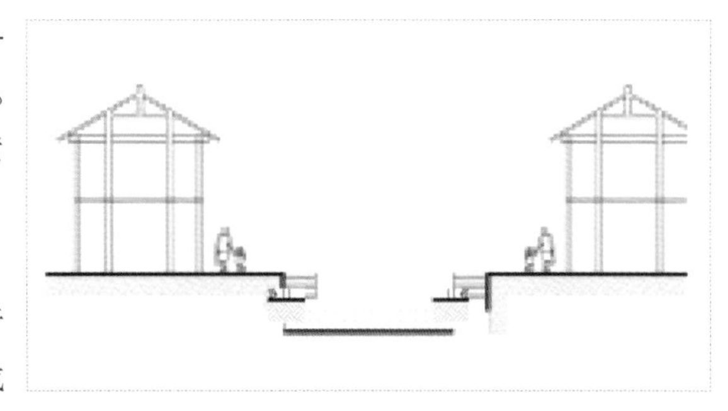

以水体为中心的宽阔的公共开放空间。这种组合形式是“封闭－开放－封闭”的空间走向。而当街道空间被廊棚或骑楼遮挡时，会形成更有过渡性的“封闭－半封闭－开放－半封闭－封闭”的空间走向。通常会设有小型半开放的水埠，供相邻的 2 ~ 3 户使用。沿河的街道多为古镇的主要街道，因此宽度多在 2m ~ 4m。

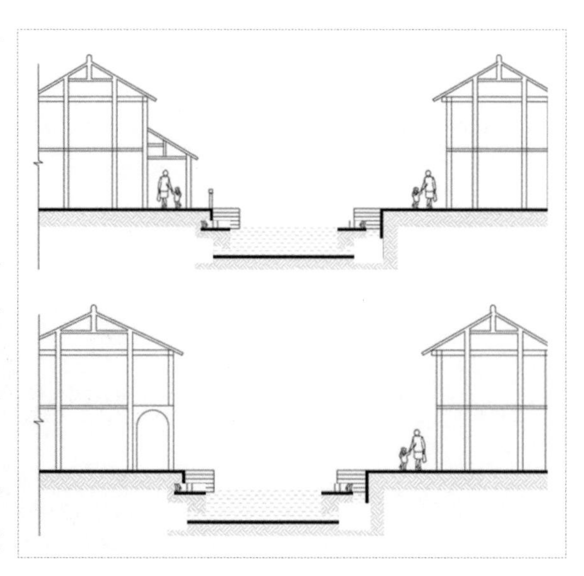

第二种类型：“建筑－街－河”形态。这种类型是临水空间要素中“面河式”与“背河式”以垂直河道方向而进行的组合，这两种平面布局类型以河道为界，将两侧民居分开。从空间开放程度来看，是从封闭空间到开放空间（街）再到开放空间（河），最后到开放空间的走向形式。两侧临水驳船系统保持其独立性，互不影响。临街一侧的水埠多为公共性质，而另一侧的则为私家所有。

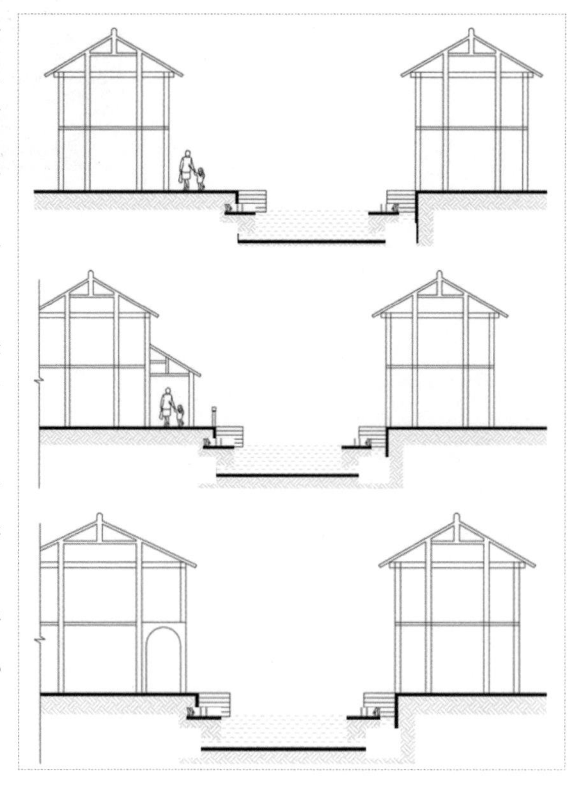

3-145
3-146

图 3-145 “建筑－街－河－街－建
形态布局 2-3
图 3-146 “建筑－街－河”形态布局

第三种类型："街－建筑－河－建筑－街"形态。这种类型是临水空间要素中"背河式"组合而成。这是一种从"开放－封闭－开放－封闭－开放"的空间走向形式。河道两侧建筑高低错落，前后递进，虚实对比大，形成富有层次的河道空间。这一种类型中的建筑一般多为居住建筑。两侧都有多个私家水埠贴房而建，满足居民生活交通之用。

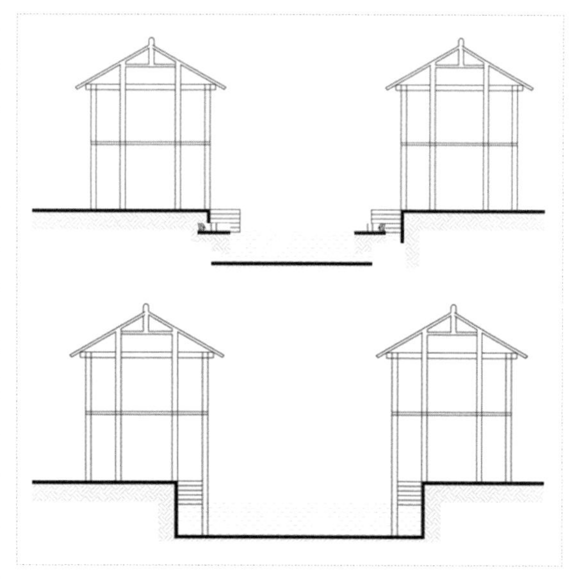

3.6.2 船舶构成要素

1. 船舶要素的变迁

在过去水乡城镇居民中，地主、官僚、商人占很大的比重，因此船舶的种类中除了常见的居民生产生活用船，也多了官船和商船。在水乡城镇上活动最多的还是居住在四乡的农民，他们的活动促使了水乡城镇的发展与兴旺，水乡用船也主要是农民的生产生活用船，例如农船。农船大小不等，装运肥料都会用到。据清同治《湖州府志》载，"农家出入乘小艇，修广不等，谓之划船"。还有黄鸭船，是苏南人们载着黄鸭到湖中寻觅小鱼、小虾和螺蛳等活食用的船。

2. 水埠码头的变迁

水埠是水乡人民生活中重要的活动场所。历史上的水埠码头是人们沿河洗涤、船只停泊、商业贸易的重要场所，更是一个当地人们集聚的生活性开放空间。虽然现代化的发展使得水埠的功能逐渐减弱，但是依然是水乡古镇一个有典型特征的符号印记。古镇临水民居的水埠码头分为半公共水埠和私用水埠。

虽然现代化的发展弱化了水埠的功能，但当地人的生活依然离不开水埠码头。现代的码头除了部分居民洗涤使用外，还成为现代古镇用船的停靠点。

3-147

图 3-147 "街－建筑－河－建筑－街"形态布局 1-2

3.6.3 水上生活场景与生活方式

古镇民居的临水空间是古镇中生活性最强的公共空间。通常在街河空间中，半公共水埠码头把几户人家化为生活小组，这种以水埠为中心的居住结构，如今在乌镇和同里依然能见。妇女们一边洗涤做事，一边谈天说地，使邻里关系融洽。

在背河民居的临水空间中，生活性临水的空间通过私家水埠连接。私用水埠是水乡古镇中水量最多的水埠形式，是居民生活中的重要生活活动空间。在居民住户的水埠一般有两种：一是与厨房紧邻，一种与起居室紧靠。

3.6.4 文化内涵与时代特性

明代四大才子文徵明夜游湖州碧浪湖，留有“远火摇轻浪，跳鱼掠过船”的诗句。这些诗文形象地描述了当时水乡风光和农船作业场景。

从文化方面看，临水民居驳船系统的构成主要包括民居所邻街道、驳岸、河道、水埠码头、船舶等内容。从功能方面看，沿街市的民居功能多为上宅下店或前店后宅，固定的商铺能支持商业发展，从而使得店铺有了居住功能，逐渐出现了上宅下店或者前店后宅的模式。由于店铺的性质不同，当地的手工作坊还保留了家庭式生产空间，因此就扩大了建筑的功能，使其具备商业、居住和生产三种功能。

由于古镇民居拥有者的政治和学识背景不同，部分典型民居已不再保有居住功能，逐渐发展成为陈列馆。例如周庄的张厅，因为主人的财富地位建成一座前后临水，七进的深宅，被称为“桥自前门进，船从家中过”的富人宅第。历经五百多年沧桑，依然气派；现在，张厅已经成为周庄旅游中一处民居展览点。在当代，街河布局的临水空间早已成为商业活动的主要场所，半公共水埠虽然保留了部分历史上的生活性功能，但也已经成为游船码头的停靠站点。在背河民居的临水空间也依然保留了水埠，有些因为水上交通的弱化已经废弃了停船亲水的功能，成为杂物摆放的空间。

从形态上看，从古镇整体街市和临水位置角度来讲，整体布局空间可以分为两种，“面河式”和“背河式”。“面河式”主要布局为“建筑 – 街 – 河 – 街 – 建筑”和“街 – 建筑 – 河 – 街 – 建筑”。通常这样的街市是古镇中的主要交通及商业空间。而且在不同的古镇，“街”的表现形式也有所不同。

3.6.5 建筑布局方式

古镇民居沿河道水系走势分布，通常建筑布局方式分为“面河式”和“背河式”两种。“面河式”的空间布局较为宽敞，通常是隔街沿河，构成有公共活动的临水空间。沿河设有半公共水埠，可供 3 ~ 5 户人家共同使用。因此河埠成了当地人日常生活的集聚点。根据不同的古镇地理气候特征，民居所邻街道的形态也有所不同，有开敞式、廊棚式、骑楼式等。“背河式”的临水空间较为简单，建筑贴水而且部分空间延伸入水中，形成水阁。

水阁是乌镇特有的建筑空间，与水的关系更为亲近。“背河式”的驳船系统较为简单，临水设有私家水埠，有的设在水阁，有的在两幢民居中间，但如今随着水上交通功能的减弱，水埠的使用也随之减弱。

3.6.6 构成特性

江南水乡古镇民居往往临河而建，建筑走向因河道的变化而变化。为方便古镇居民的生活，临河民居空间要素主要由建筑、街道、水埠、驳岸空间等组成。从临河空间的形态来看，主要可以分为面河和背河两种形式。面河民居通常是“民居 – 街道 – 驳岸”的空间构成，街道和驳岸成为重要的生活空间，是当地人们日常休闲集会的场所，因此临水空间成为水乡内文化景观的重要构成部分。

背河民居的临水空间在不同古镇有所不同，从建筑自身来讲可分为部分建筑在水上或称为水阁，另一种是贴河而建。由于历史上水路交通发达，民居临河空间大多会有私家水埠直通民居。但随着古镇发展和水上交通的弱化，临河水埠空间已甚少被使用。有的人家甚至已经将原有的水埠空间改造为阳台，或当成室外空间的储藏室使用。民居之间的半开放水埠空间虽然被保留下来，但利用频率和价值已远远不如从前。随着民居自身功能的变化，逐渐恢复民居文化景观的功能性和观赏性是一项未来发展需要考虑的重要内容。

3.6.7 新场古镇临水民居空间分类

在江南水乡古镇中，河道水系和街巷是水乡空间的骨架，建筑依水而建，沿街而立。在各个江南古镇中，滨水建筑主要以民居为主，而沿主要交通干线则会兼具商业功能。由于社会、人文和自然因素不同，民居建筑的临水空间形成建构丰富、形态多样的文化景观。

根据新场古镇中建筑、街道与河道之间的平面关系，民居形式分为开敞临水与背河临水两大类型。开敞临水根据建筑与河道之间的空间形态，又分为“建筑 – 街 – 河”、“建筑 – 廊棚 – 河”与“建筑 – 骑楼 – 河”三种形式；背河临水根据建筑的亲水程度，分为贴河式与水阁空间式两种。

新场古镇临水民居类型与特征空间点位置　　表 3 – 2

根据建筑、街道与河道平面关系分类		特征空间点位置
开敞临水	建筑 – 街 – 河	洪东街民居
	建筑 – 廊棚 – 河	下塘街民居
	建筑 – 骑楼 – 河	包桥街骑楼式民居
背河临水	建筑贴河而建	后市河东侧民居
	水阁空间：街 – 民居（水阁）– 河	洪桥港北侧水阁式民居

3.6.8 新场古镇临水民居的典型空间构成

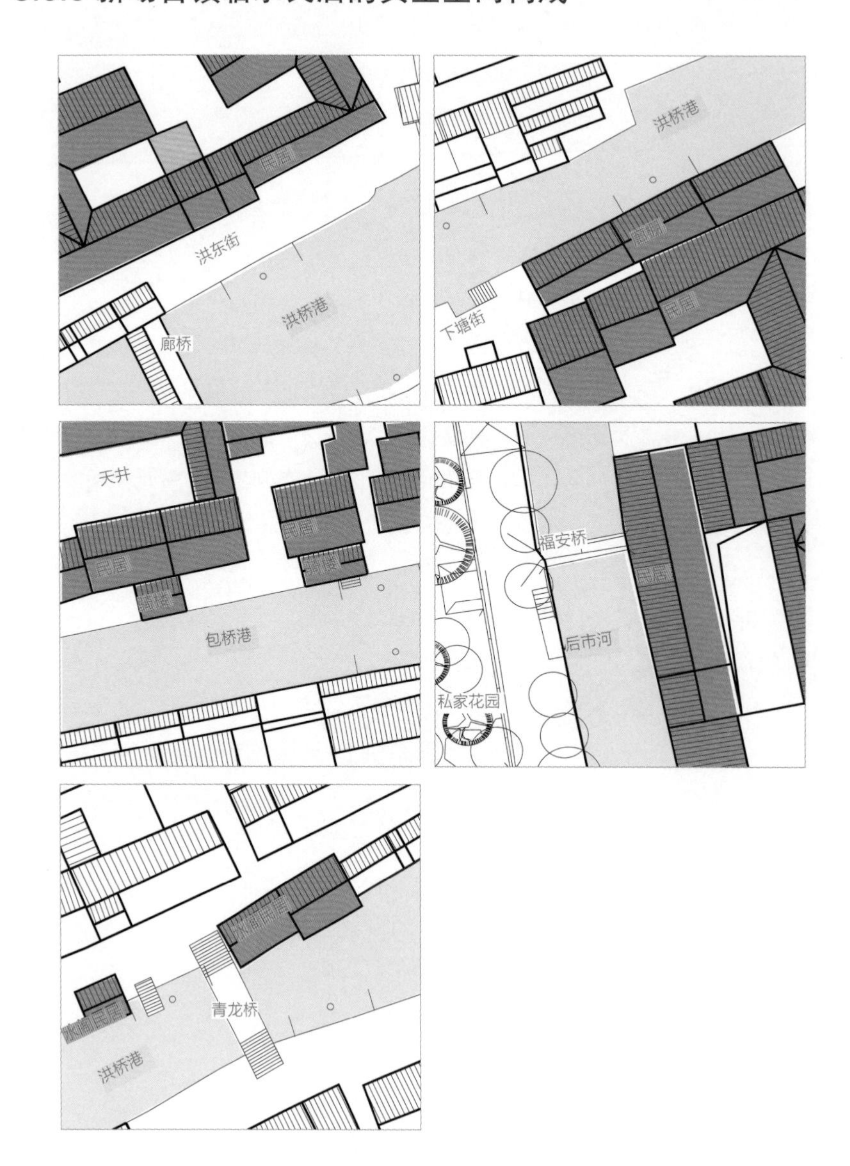

3-148 3-149
3-150 3-151
3-152

图 3-148 洪东街民居
图 3-149 下塘街民居
图 3-150 包桥街骑楼式民居
图 3-151 后市河东侧民居
图 3-152 洪桥港北侧水阁式民居

3-153
3-154
3-155

图 3-153 开敞临水 - 建筑 - 骑楼 - 河
图 3-154 背河临水 - 建筑贴河而建
图 3-155 开敞临水 - 建筑 - 廊棚 - 河

1. 空间要素构成

新场民居建筑临水空间要素与空间关系

从古镇整体空间布局来看，一般民居临水空间要素主要由民居建筑、街道、边界（驳岸）、水埠码头和河道构成。

代表节点：包桥街民居

平面空间关系：临街房屋二楼挑出，遮挡全部或部分街道空间形成骑楼街，房屋常为上宅下店模式。

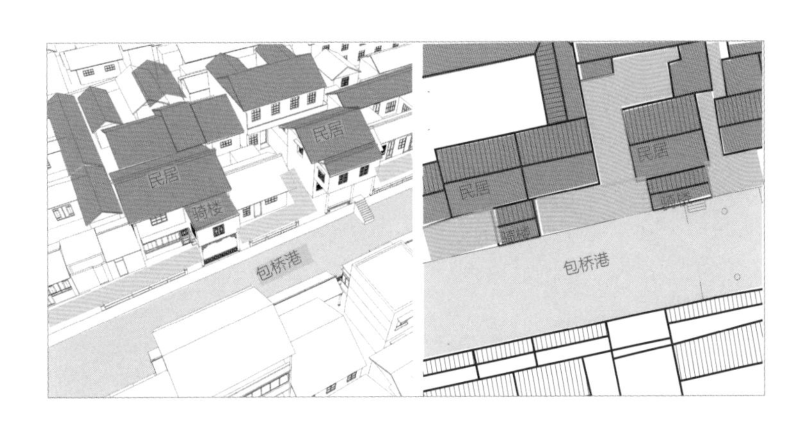

代表节点：后市河东侧民居

平面空间关系：建筑贴水而建，突出河道的空间感，另一侧为建筑内部宅院空间。新场古镇中，还有一种贴水民居，另一侧为街道空间。

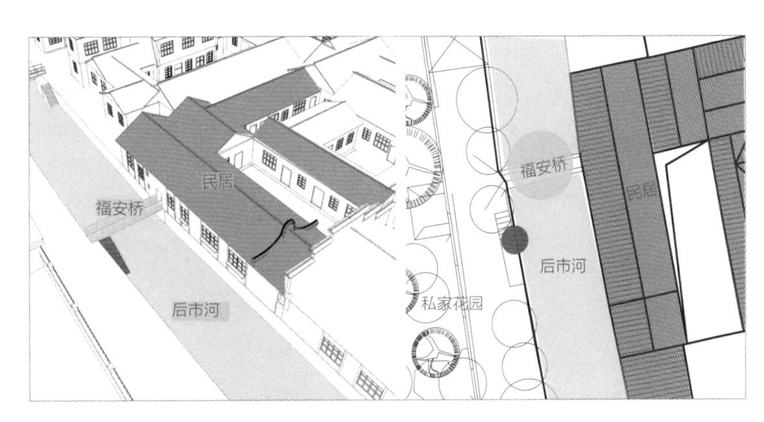

代表节点：洪东街东侧民居

平面空间关系：开敞临水 - 建筑 - 廊棚 - 河

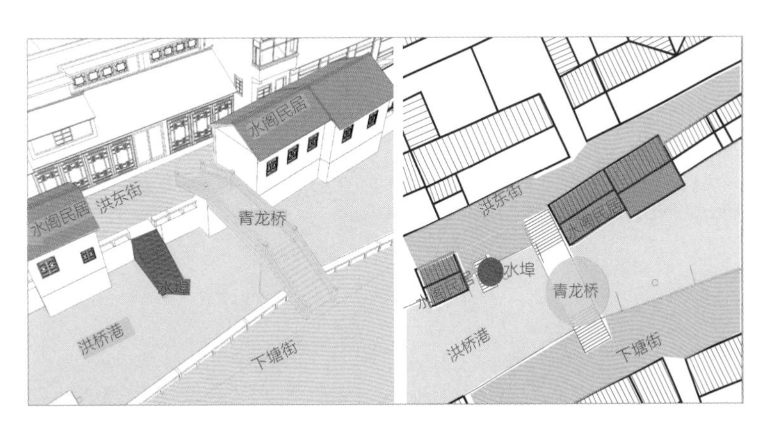

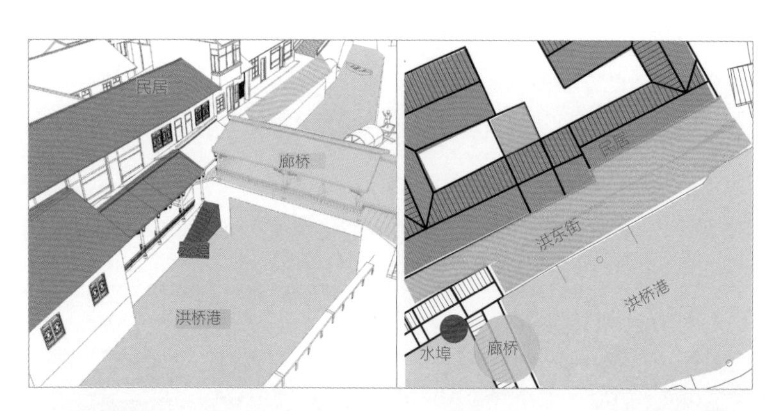

代表节点：洪东街民居

平面空间关系：民居正门沿街，街道为古镇内公共交通空间，街道与河道有清晰的驳岸空间，临水每隔一段距离会设小型半公共水埠空间。驳岸空间生活性较强。

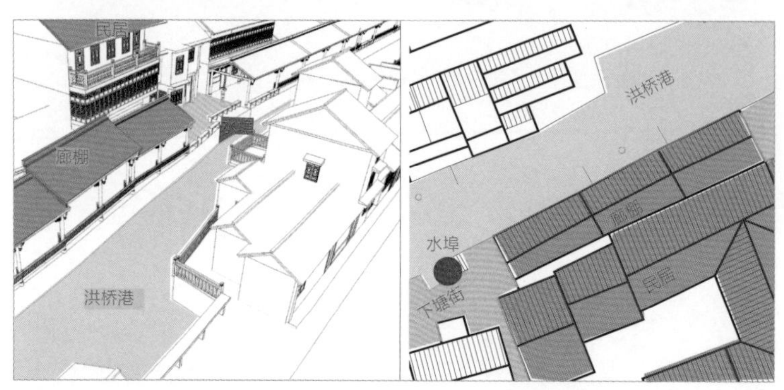

代表节点：下塘街民居

平面空间关系：街道或部分街道上有廊棚遮挡，廊棚的形式可为单坡、双坡，与民居分开等多种形式。新场古镇的廊棚多为双边式。

2. 形态要素组织方式

分为“建筑－街－河”、“建筑－廊棚－河”、“街－建筑－河”、“建筑－骑楼－河”以及水阁空间五种形式。

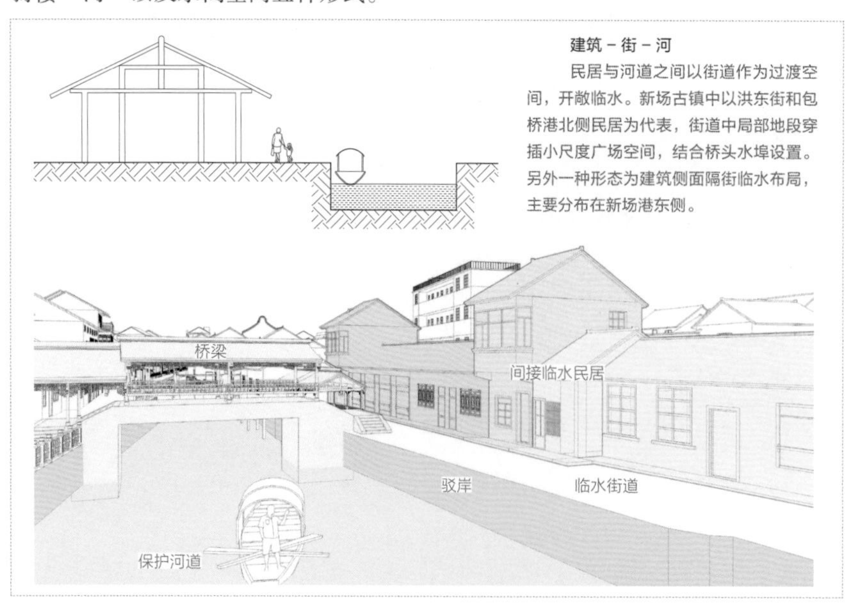

3-156
3-157
3-158

图 3-156 洪东街民居

图 3-157 下塘街民居

图 3-158 建筑－街－河临水民居形态－洪东街民居

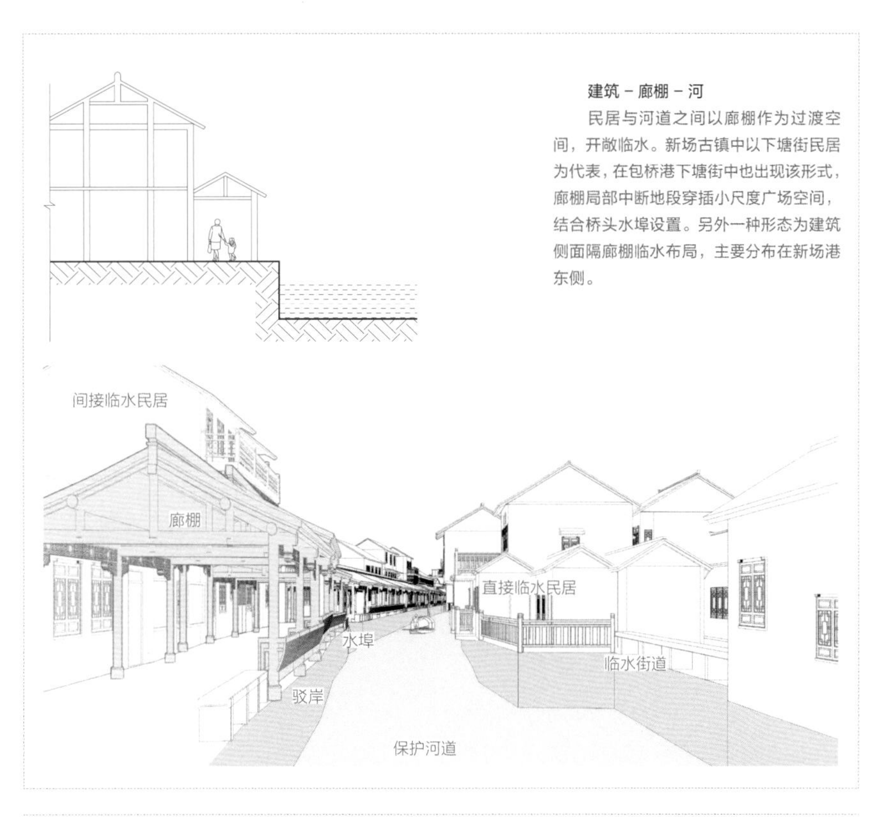

建筑－廊棚－河

民居与河道之间以廊棚作为过渡空间，开敞临水。新场古镇中以下塘街民居为代表，在包桥港下塘街中也出现该形式，廊棚局部中断地段穿插小尺度广场空间，结合桥头水埠设置。另外一种形态为建筑侧面隔廊棚临水布局，主要分布在新场港东侧。

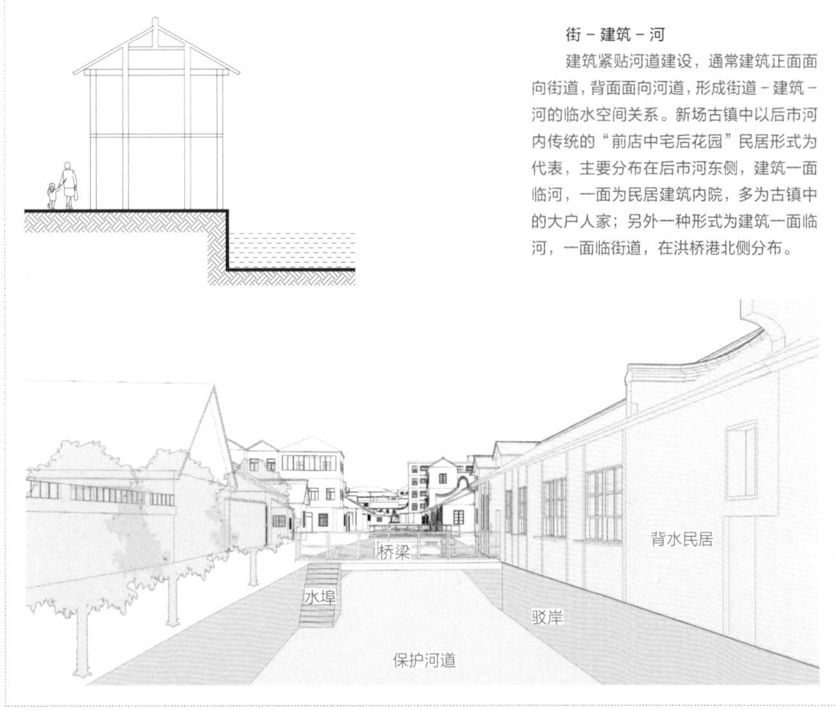

街－建筑－河

建筑紧贴河道建设，通常建筑正面面向街道，背面面向河道，形成街道－建筑－河的临水空间关系。新场古镇中以后市河内传统的"前店中宅后花园"民居形式为代表，主要分布在后市河东侧，建筑一面临河，一面为民居建筑内院，多为古镇中的大户人家；另外一种形式为建筑一面临河，一面临街道，在洪桥港北侧分布。

3-159
3-160

图 3-159 建筑－廊棚－河临水民居形态－下塘街民居
图 3-160 贴河而建临水民居形态－后市河东侧民居

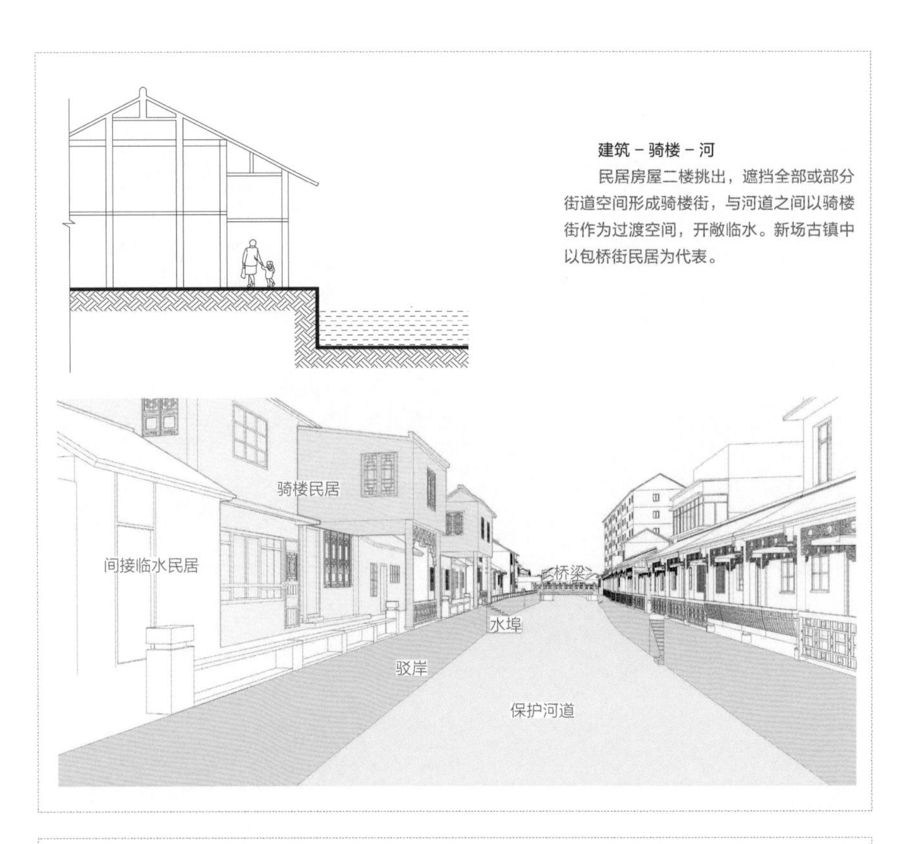

建筑－骑楼－河

民居房屋二楼挑出，遮挡全部或部分街道空间形成骑楼街，与河道之间以骑楼街作为过渡空间，开敞临水。新场古镇中以包桥街民居为代表。

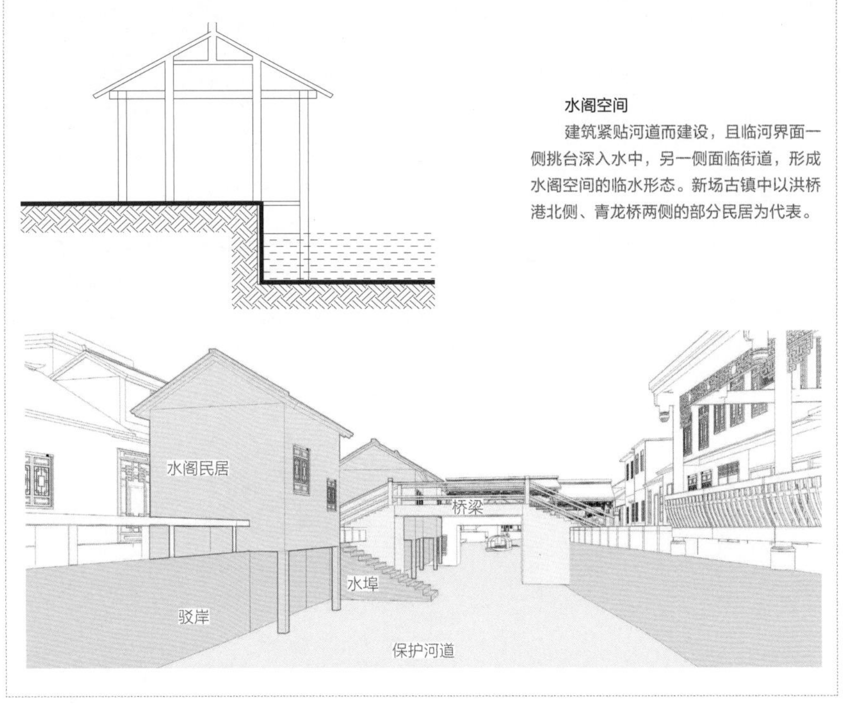

水阁空间

建筑紧贴河道而建设，且临河界面一侧挑台深入水中，另一侧面临街道，形成水阁空间的临水形态。新场古镇中以洪桥港北侧、青龙桥两侧的部分民居为代表。

3-161
3-162

图 3-161 建筑－骑楼－街临水民居形态－包桥街民居
图 3-162 水阁空间民居形态－洪桥港北侧民居

3. 水埠码头类型

洪桥港两侧民居

洪桥港两侧的临水民居形式包括开敞临水与背河临水两种形式，其中开敞临水包括“建筑－街－河”、“建筑－廊棚－河”两种类型；背河临水包括水阁空间民居与背河临水民居两种类型。“建筑－骑楼－河”类的民居驳岸与水埠码头类型详见包家桥桥堍节点分析，后市河东侧的背河临水民居驳岸与水埠码头类型详见私家花园的分析。洪桥港两侧民居具有典型代表性，其驳岸类型包括块石勾缝驳岸 1 与条石勾缝驳岸 3。水埠码头形式包括单边水埠 9、单边水埠 10、直通水埠 1 以及直通水埠 2。

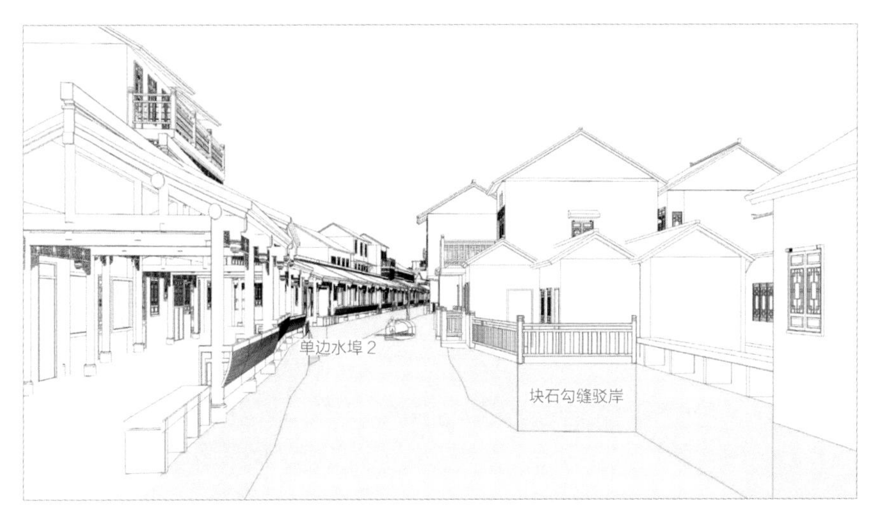

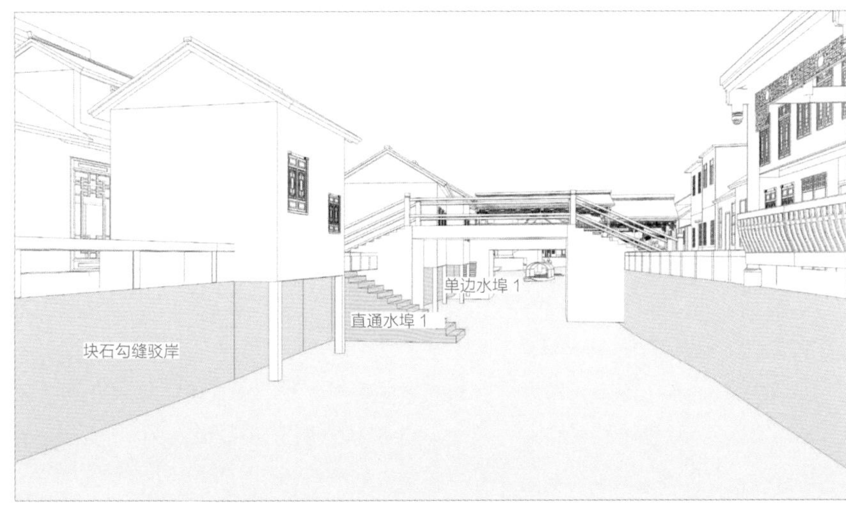

3-163
3-164

图 3-163 驳岸与水埠类型－下塘街民居代表节点
图 3-164 临水空间物质要素－下塘街民居代表节点

3.7 水上集市

新场古镇中，没有水上集市的遗址以及关于水上集市的历史文化材料，规划根据江南水上古镇中传统水上集市水岸文化景观的特征，在规划范围内选取特定位置进行恢复。由于泰国的水上集市文化景观特征与江南古镇类似，因此一并进行研究，以此作为新场古镇分地块的水景观规划设计指引依据。

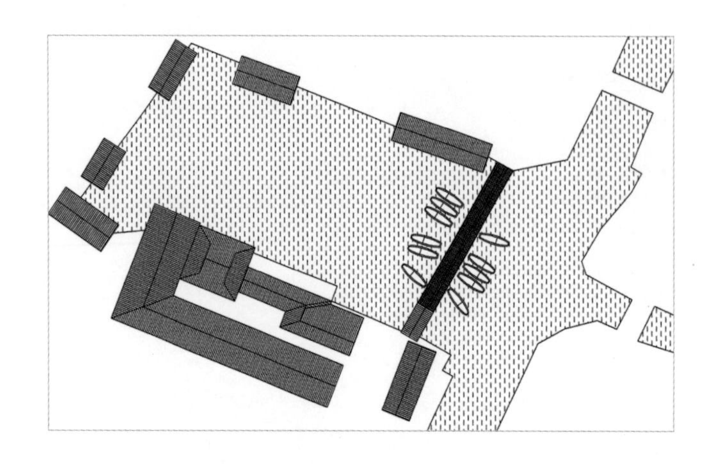

图 3-165 水上集市平面示意图

3.7.1 临水空间形态要素

水上集市是江南水乡古镇中极具特色的集会空间。江南的水上集市通常选在水陆交通较为发达或便捷的集结之地。乌镇的水上集市曾经位于“二省三府七县”的交界处，河道四通八达，水上交通十分便捷。人们把家里种植的农作物和饲养的家畜通过喝早茶的时候带出来卖，由于交易在船上进行，就形成水上集市。

乌镇西栅的水上集市被称为“水市口”，所占水域面积达到 3400m^2，中间由一座木栈桥将水域一分为二。船家会把自己的小船停靠于木栈桥两侧，便于货物的交易。临水的民居从水阁或窗外招呼一声，船家也会摇船至窗下，非常方便。

泰国的安帕瓦水上市场距离曼谷不到 100km，河道丰富。所处周边水域环境不同，安帕瓦河道两侧的民居类似“水阁”或“水上阳台”的部分空间高出水面很多，因此沿河多设有连接民居和船只的梯子，以便沿河居民可以与船上的人进行商品交易。

3.7.2 驳岸船舶构成要素

乌镇西栅的水上集市周围没有大型的水埠码头，所以卖货的人都乘古镇中最为常见的船而来，依次沿桥排开，船上装载将要在集市上贩卖的货品。也有乘坐乌篷船的人们前来，但多为买家或者游客。

3-166
3-167

图 3-166 新场古镇水上市场船舶效果意向 1
图 3-167 新场古镇水上市场船舶效果意向 2

泰国安帕瓦水上市场里的人们也是划船而来，但除了传统的划船外还有机动船。从船只的造型来看，安帕瓦的船只船身宽两头尖，行船速度较快。在这里很多船只会聚拢在一起，没有固定的停靠位置。船上售卖的食品货物种类繁多，除了瓜果蔬菜，也有一些现做现卖的小吃。有的船只甚至可以让游客登船体验服务，例如在船上体验泰式按摩等。

3.7.3 水上生活场景与生活方式

水上集市是历史上古镇中较为重要的集贸市场，随着现代化农贸市场的建立，水上集市的功能渐渐减弱。但传统的水上集市在清晨的雾气还没散去的时候就开始了，人们从四面八方划船而来，聚集到水上集市。周围的茶馆、水阁、早点铺也渐渐开始热闹起来。人们会出来到集市上买一些新鲜的瓜果蔬菜，鸡鸭鱼肉，准备开始新的一天。随着旅游业的发展，乌镇的水上集市也渐渐成为游客体验传统文化习俗的一个好去处。

绍兴的水上集市一半在岸上一半在水上，水上漂满了乌篷船和小划船。在水、岸相连的水埠头附近有茶馆食肆商铺等店铺，也离桥头不远。一般人们卖了物品，做完生意，就会顺便到桥头水埠的茶馆食肆商铺里坐坐。

安帕瓦集市与此相类似，但历史没有江南水上集市那么悠久。每周五、六、日，从中午到晚上，水上市场是一个非常热闹的空间。沿河有不少特色店铺，而且在水上市场可以买到地道的现场制作的特色小吃，吸引了很多游客。

1984 年 2 月，新场镇举办中华人民共和国成立后首次新春元宵民间年会。10 月演出，观众达 8 000 余人。1988 年 3 月 5 日 ~ 6 日，新场镇举办第二期“石笋灯展”。 1990 年 4 月 23 日（农历三月二十八日），新场镇举行为期 3 天的文化庙会。 1998 年 3 月 28 日，新场镇菜市场建成，并开始营运。

3-168 3-169

图 3-168 乌镇水上集市
图 3-169 泰国安帕瓦水上市场

3.7.4 文化内涵与时代特性

江南水乡古镇水上集市的卖客多使用手划船，载着想要贩卖或兜售的货物到达目的地。而买客或从河岸边购买，或乘坐自家的船只在水上集市购买。而抱着体验心态的游客们，往往会乘坐当地的乌篷船，在集市里转转看看。

江南水乡古镇的集市历史悠久，自古以来，江南水乡就有“沿水兴市”的说法。但历史上主要以满足功能需求为主。随着发展和变迁，很多古镇中的水上集市已经不复存在，保留下来的渐渐也演变成一种可供体验的文化景观内容，成为旅游发展的一部分。

3.7.5 构成特性

江南水乡古镇的水上集市是由历史上在水上的贸易而形成的，延续至今。水陆交通的通达为四邻八乡提供了便捷条件，久而久之形成了水上贸易的市场。江南水乡的河道较窄且桥多，并不适合多条船只并行，因而水上集市的区域往往选在一片水域相对开阔的空间，沿岸有桥或水埠与陆路相连。例如乌镇的水上集市，周边还有带水阁的民居相连。

3.7.6 水上集市水景观风貌区控制要求

为体现江南水乡古镇水上集市水岸文化景观特征，应沿河设置水上亲水木栈道，确保临水开敞空间的开敞度，保留并整治现状水埠，方便船舶停靠并利于人们在水上进行交易。周边建议设置公共性强的商业与生活服务功能，营造宜人的水上集市临水公共空间环境，形成水上交易与陆上交易相结合的新场水上集市中心。

3-170
3-171
3-172

图 3-170 新场古镇水上市场船舶 1
图 3-171 新场古镇水上市场船舶 2
图 3-172 新场古镇水上集市意向

第四章

新场古镇水岸保护规划与更新的具体策略

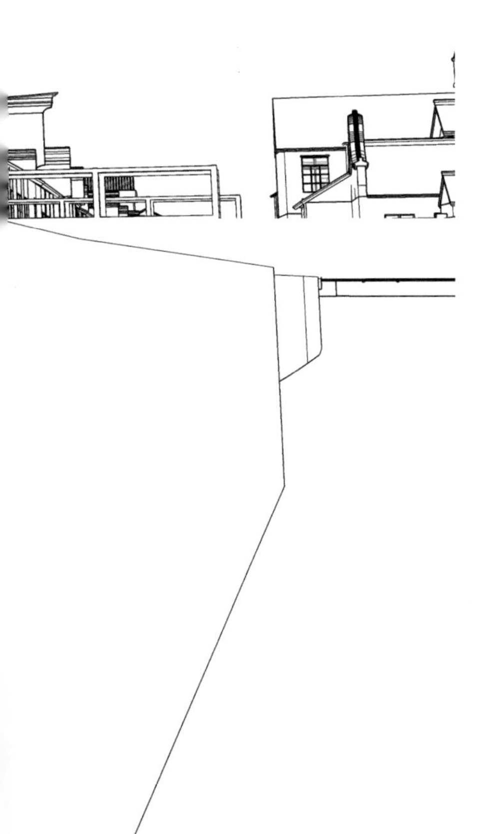

4.1 现状问题典型性分析

中国的崛起，尤其是东南沿海经济的大发展，对江南地区的传统生活环境、水乡民俗风貌、地区产业功能都产生了颠覆性的变化。经济的发展使我们拥有了物质的收获，但是，对古镇维护与发展的不利因素也同时被放大。江南水乡的独有地缘特色文化景观受到城市扩张、产业功能扩大化与乡村商业化、工业化的影响，古镇传统风貌的维护与发展因此受到约束。江南古镇水乡特色的文化景观日渐衰落，与古镇文化景观系统相悖的人造景观导致古镇原生态景观逐渐变味，江南古镇水乡文化景观的维护与发展问题矛盾重重。

4.1.1 江南水乡传统格局被孤立割裂的风貌断序问题

古镇历史风貌保护政策已经落实与推进了多年，从近期的古镇风貌区维护建设与保护发展成果来看，成果依然不够明显。在经济高速发展下的持续城市化进程中，就江南地区整体风貌格局而言，古镇保护范围与结构原初风貌的传承明显不足。古镇水乡文化景观目前依然被不断孤立分割中，并逐渐地丧失江南水乡特色的典型性。

江南水乡古镇的区位主要为临近上海的苏南、浙北地区，处于长三角经济开发的重要核心位置。以经济发展为基础的城市化、城镇化推动了传统乡村城镇的工业化、商业化的快速发展。中心城区外围的居住、度假、休闲等土地利用方式同步发展，逐渐使水乡发生了巨大变化。在城与城之间、镇与镇之间，传统的肌理条件与要素已经慢慢被现代化的设施所替代。其中重要的传统出行方式已经逐步由水陆交通的结构转变为以公路铁路交通为主体的交通方式。在大的空间格局上则由传统的农业经济与生活形态转换为工业区、生活区的新城镇形态发展格局。

* 图片摄于新场古镇

4-1 4-2

图 4-1 新场古镇水岸交通功能退化示意图

图 4-2 新场古镇水岸交通功能退化示意图

因而处于大变革中的江南古镇及水乡特色文化景观正逐步退化缩小，最终形成割裂的局面。呈现江南水网特色格局的江南传统“驳船系统”也随之退化成了古镇景观的受保护对象。

因处于大的格局困境中的古镇区域景观在其日益城市化与现代性的周边环境变革中，特别是强调江南水乡环境与历史传统特质的“驳船系统”景观的塑造上也逐渐被城市景观和公园化景观替代，乡村景观的格局已经慢慢被丢弃乃至遗忘。江南古镇风貌村镇成了大公园场景化的特殊场所，呈现极不自然的割裂断序的状态。

4.1.2 旅游单一产业发展对水岸环境功能同类化的负面影响

江南古镇风貌保护大格局下的文化景观在各类古镇环境中因旅游产业的发展冲击所形成的表象被类同化而呈现新的“千镇一面”的问题。

江南水乡逐步商业化、场景化，尤其是为了迎合旅游产业的发展与功能的需要，古镇的产业大量转换为以服务旅游人群为主的商业服务业，大量旅游人群的导入导致了江南水乡古镇“小桥、流水、人家”的江南水乡风貌逐渐变为商业社区，水岸也成为了类似公园的简单游憩场所，江南水乡的文化景观传统与特色正逐渐消失。

江南古镇特色的逐渐消失，也就是缺乏自身的核心吸引力即传统价值的体现与运用。传统的古镇系统在存在意义与功能的实现价值上依然有极强的作为。而且旅游也不应以牺牲传统的价值以迎合当下的利益为基础，来获得短期回报。对于越来越多的游客希望回归乡村，回归传统古镇风貌区，我们应予以疏导及合理的引导，将传统的价值体现出来，不断扩大延伸其范围，影响那些非风貌区保护范围，并拓展到具有保留与恢复传统风貌的关联地区与乡村的区域。让乡村城镇、农业生活区域、江南水域水网特色延伸地区获得与古镇同样的价值体现。把古镇的旅游基础设施和古朴、静谧的水乡原貌交融成为一体，成为新的水乡城镇发展思路。

4.1.3 江南水网地区水系交通功能不断退化的问题

《清代江南内河的水运》一书中，日本学者松浦章提出了“北马南船”的说法。江南传统水上交通是极其重要的出行及货运手段。江南地区水系发达，有着非常完善的水网系统。从古至今，水交通体系仍然发挥着重要的作用。近代，江南船舶还具备了除交通、运输职能以外的通信职能。可见，江南水网的水系交通的功能作用与地位。

江南地区人民有着丰富的与水打交道的经验与历史。重视水网河道的自然力能量，以交通为目的河道水系的使用已上千年，积累了丰富的文化内涵与历史风貌，在中国文明发展历史上有着举足轻重的作用和意义。运用水的自然条件，科学地以水为载体，船舶为运具，将运载量大的货物与游客以最小的消耗、最低的成本完成交流与运输。江南的水网水运系统结合富有特色的江南驳船系统代表了江南独特的历史风貌，成就了江南文化景观的传承。

但是由于近现代交通方式的改变，江南的水乡风貌也受到了很大影响。以古镇朱家角为例，其水网水系的不断衰退已经直接影响了水乡的文化景观变迁。朱家角镇域范围内，从 1965 年 ~ 2006 年间，河流一共消失了约 164 条，河流面积约 0.45km^2，总长超过 27km，河网密度下降了 7.5%，水面率下降了 4.6%，村级河 流数目减少了 52.3%，村级河流长度减少了 17.8%，村级河流大量消失。河网密度及水面率的下降，说明朱家角镇河网水系结构正趋于主干化和简单化，而导致 这一现象的直接原因正是末端河流的大量减少。 因为河道的退化，以及河运交通功能作用的不断被替代与废除，江南水网的水系结构呈现了极不稳定的状况。伴随着这些末端河道交通功能的退缩，与其相关联的“驳船系统”文化景观，即水埠码头、桥梁街巷、宗教建筑、民居民俗，也随之大量地消失或退化。

4.1.4 驳岸、水体、船舶文化景观的系统整体性不完善问题

古镇驳岸牵涉不同驳岸空间与功能关系的亲水界面，例如民居与寺院、茶馆及简单分类使得传统街巷、民居，乃至宗教场所的驳岸亲水关系产生混乱、类同化，几乎完全抛弃了传统交通功能与文化价值，取而代之的是要么废弃不用，要么成为旅游游览式的水码头停靠点，要么被改造成其他用途，严重与传统水乡的特质不符，不能体现古镇不同水岸船舶关系的传统特色。造成传统文化与功能的多样性被放弃，其丰富的驳船系统的内容被单一化，文化景观内涵价值被消解。

目前，由于对江南水乡河岸界面的景观系统性的研究匮乏，特别是水体交通功能系统化与驳船类型分析不足，水乡古镇建筑街巷的发展逐渐单一化、雷同化，水体驳岸千镇一面，缺失了传统水乡完整意义的驳船系统和文化景观的多样性与丰富性。江南传统水运交通特色的形成，驳船系统必然是重要的基础内容。江南传统历史上，每一个水乡村落都是利用便捷的水运系统，与四边或更远的地方进行着多方面的交往。外界进入这里的村落也必须采用水上交通的运输手段。目前为止水上功能的缺失，船的种类与形式已经所剩无几，确实是系统性不强，功能丧失所造成的结果。

4.1.5 水岸文化景观的历史内容与文化价值如何体现

江南古镇独特的人文意境与丰富的水乡形态已经经历了几千年的演进，是宝贵的文化财富和风貌历史遗存。它的独特性来源于地理环境所赋予水条件的特殊性，同时也来源于中华民族与自然和平共处的智慧源泉。古镇特有的建筑肌理和水环境的完美结合，有序协调发展，正好反映了其结构的历史形成的过程，具有极高的历史价值、文化价值、功能价值，是体现江南地区地方风俗风貌和文化传统的重要证明。研究古镇驳船系统的文化景观，正是为了更科学更积极地寻找有效可持续发展的方法，将历史传统风貌与当代生活完美融合。

如何通过江南古镇驳船系统文化景观的角度展开深入研究，将传统意义上的江南河网水系的内容构件以及各项元素系统分析，分类成型、合理利用、系统保护，将水乡文化更多地与古镇的保护与持续发展结合，互为载体，相互依存，相互影响，将水乡古镇的特色与文化发扬出来。

4.1.6 水岸文化景观对于江南古镇可持续发展的意义

江南地区传统风貌的保护已经实施了多年，古镇作为重要的保护对象也呈现出多样性发展模式。依据现在的发展速度，古镇水乡还能否保持原有的历史风貌，传统的文化正不自觉地经历着商业经营高速发展带来的致命冲击。就好像我们只能从经济的角度考虑发展的唯一途径，慢慢地，我们发现我们正在失去其原有的风貌特色，是古镇的发展模式单一化造成的。同样道理，城市化工业机制的快速发展模式在环境塑造的技术与方式上也改变了古镇赖以生存的传统乡村景观环境，推动古镇向现代城市化特征的慢慢演变，使古镇出现严重的非有机、不可持续、非生活性特征。现代城市化模式的发展不仅仅波及江南水乡特色的乡村古镇外部景观环境，更多地冲击着古镇的整体文化景观。因此，如何规避古镇在村落建设、维护修缮、保护的过程中协调好当代生活现代化带来的消极作用，更要探索逐渐丧失传统的古镇生活环境的文化景观如何避免二次破坏的现象，通过集中要点地逐步分析研究梳理，从江南古镇驳船系统的研究角度来探索江南古镇的可持续发展策略。

4.1.7 新场古镇水岸的现状问题分析

类型	问题内容	现状照片
建筑界面	新建建筑形式、墙面屋顶颜色、材质杂乱，与传统风貌不符，或后期新建建筑高度在两层以上，超出传统街区的一般尺度	 
	历史建筑因年久失修、破损严重，影响立面完整性，或其建筑门窗样式、颜色、材质与古镇风貌特征不符	 
	建筑后期加建、改建现象严重破坏原有的风貌	 
步道与开敞空间	沿河步道被建筑或围墙阻断，破坏了空间肌理	 
	沿河的开敞空间较少	 
驳岸	部分驳岸未经后期维护修缮，出现坍塌、掏空现象	 
	部分驳岸砌筑方法粗糙，与水乡古镇的景观有碍	 

* 图片摄于新场古镇

水埠桥梁	风貌区内部大部分车行道路经过的桥梁除万福桥经过改造整治基本符合古镇风貌外，其余皆为现代混凝土平桥，风格形式、材质颜色严重影响古镇景观	 
	一些历史桥梁在后期的修复过程中，未遵循原真性原则，采用新材质，改造为新式样，明显破坏河道景观	 
	目前存在着居民私自在水埠上方搭建房屋的现象，还有居民将水埠作为搁置杂物的平台	 
	由于私家水埠交通功能的丧失，长期得不到维护，部分水埠已经坍塌废弃，破坏严重	 
	在核心风貌区以外的河道存在采用水泥板等现代材料修建的水埠，影响河道景观	 
桥堍空间	风貌区内主要风貌道路与主要河道、河道与河道交叉形成的桥堍空间是古镇重要的节点空间，但目前除洪福桥和包家桥外，其余节点普遍存在着建筑风貌不符，景观绿化较差，服务设施不足的问题，难以形成应有的标志性	 
	风貌区主要河道与外部水系、边界道路形成的桥堍空间是古镇的水系门户空间。这些空间通常空间开阔，但由于地处古镇外围区域，环境更为杂乱，景观冲突严重，继续整治	 
	古镇内部更多的是以上两种以外的一般桥堍空间，这些空间普遍存在开敞空间不足，绿化景观较差的问题	 

* 图片摄于新场古镇

绿化	除万福桥经过改造整治基本符合古镇风貌外，其他风貌区内部大部分车行道路经过的桥梁皆为现代混凝土平桥，风格形式、材质颜色严重影响古镇景观	
	一些历史桥梁在后期的修复过程中，未遵循原真性原则，采用新材质，改造为新式样，明显破坏河道景观	
	目前存在居民私自在水埠上方搭建房屋的现象，还有居民将水埠作为搁置杂物的平台	
环境设施与小品	风貌区内部沿河普遍缺少供人休憩的服务设施，无法形成很好的滨河氛围	
	古镇仅在洪桥港东部一段有良好的基础设施，其他河道缺少路灯、垃圾箱等基础设施	
水利水务	四条主要河道都存在河道淤积，后市河与包桥港情况更严重	
	风貌区生产生活废水基本直接排入就近河道，驳岸遍布排污口，水质污染严重	
非物质文化遗产	新场古镇的沿水民俗节庆活动丰富，但现在这些活动已基本消失	

* 图片摄于新场古镇

4-3

图 4-3 新场古镇驳岸现状分布

* 图片摄于新场古镇

4.1.8 新场古镇七大水景观风貌区控制要求和特征表

<table>
<tr><th>类型</th><th>控制要求</th><th colspan="3">临水空间与形态要素设计手法</th></tr>
<tr><td rowspan="2">茶馆食肆商铺水景观风貌区</td><td rowspan="2">体现茶馆食肆商铺水岸文化景观特征</td><td>空间要素组织方式</td><td colspan="2">建筑直接临水、建筑间接临水</td></tr>
<tr><td>形态要素组织方式</td><td colspan="2">封闭式边界、半开敞式边界、开敞式边界</td></tr>
<tr><td rowspan="2">宗教寺庙水景观风貌区</td><td rowspan="2">体现宗教寺庙水岸文化景观特征</td><td>空间要素组织方式</td><td>一字形临水：
寺庙位于河道一侧，周边布局园林景观，寺庙建筑山墙面一侧临水，寺庙主体建筑呈南北向轴线对称式布局</td><td>两面环水：
处于十字河道的桥堍空间节点，与河道空间关系紧密，寺庙建筑正门入口与山墙面两侧临水，寺庙主体建筑呈南北向轴线对称式布局</td></tr>
<tr><td>形态要素组织方式</td><td>非轴线对称形态：
水埠没有与寺庙主次入口对应，驳岸的廊亭、游船码头、景观环境没有处于整体空间轴线序列上，寺庙空间与水体空间呈现自然生长的效果</td><td>轴线对称形态：
寺庙建筑空间组合的轴线延伸至外部，贯穿山门正对的水埠码头，形成“水体空间－水埠（驳岸）空间－广场（街道）空间－山门－宗教建筑”空间序列</td></tr>
<tr><td rowspan="2">临水民居水景观风貌区</td><td rowspan="2">体现临水民居水岸文化景观特征</td><td>空间要素组织方式</td><td>背河临水</td><td>开敞临水</td></tr>
<tr><td>形态要素组织方式</td><td>建筑贴河而建、水阁空间街－民居（水阁）－河</td><td>建筑－街－河、建筑－廊棚－河、建筑－骑楼－河</td></tr>
<tr><td rowspan="2">私家园林水景观风貌区</td><td rowspan="2">恢复私家园林的水岸景观界面，体现私家园林水岸文化景观特征</td><td>空间要素组织方式</td><td colspan="2">园外：外部水体、水埠驳岸、街巷以及园林入口
园内：内部水体、临水驳岸、水埠、园内 道路、建筑</td></tr>
<tr><td>形态要素组织方式</td><td colspan="2">单一式：宅院与私家花园之间仅有一条河道相隔，临水形态为单一式，与宅院组合
连续式：私家花园内部水面与河道相通，临水形态为连续式</td></tr>
<tr><td rowspan="3">桥堍节点水景观风貌区</td><td rowspan="3">重在桥堍节点临水空间的营造，周边可设置公共性强的商业与生活服务功能，营造宜人的桥堍临水公共空间环境</td><td>空间要素构成</td><td colspan="2">桥头、河道、水埠驳岸、街巷、桥头开敞空间、建筑</td></tr>
<tr><td>空间要素组织方式</td><td colspan="2">一字河道：单桥
十字河道：双桥、三桥</td></tr>
<tr><td>形态要素组织方式</td><td colspan="2">街－河－街、建筑－河－街、广场－河－广场、街－河－广场</td></tr>
<tr><td>水上集市水景观风貌区</td><td>沿河设置并依据水埠设置格局分布石材材质的清水平台与下水步道，设置亲水木栈道，确保临水开放空间的开敞度，整治现状水埠，方便船舶停靠并利于人们在水上进行交易，建议设置公共性强的商业与生活服务功能</td><td>-</td><td colspan="2">-</td></tr>
<tr><td>水乡田园水景观风貌区</td><td>体现江南古镇水乡田园水岸文化景观风貌，沿河形成自然驳岸，局部设置亲水木栈道，增加亲水植被的丰富性，营造怡人的田园水岸景观界面</td><td>-</td><td colspan="2">-</td></tr>
</table>

4.2 规划设计构想

规划地块中共有四条主要水系河道围绕新场古镇，分别为位于地块北侧、东西流向的洪桥港；地块中部、东西流向的包桥港；地块西侧、南北流向的后市河以及地块东侧、南北流向的新场港。由于新场古镇建筑的部分情况以及河道尺度有所不同，每条河道除承担主要航运功能外，都发挥着其他不同的功能。本章节将从水景观要素、沿河公共空间、沿河建筑功能及布局、非物质文化等方面来具体阐述各河道的特质。

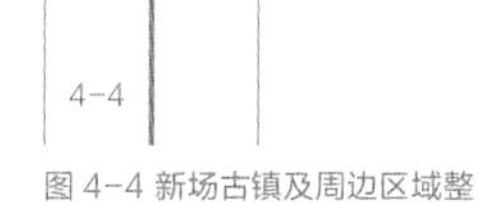

图 4-4 新场古镇及周边区域整体水系规划研究

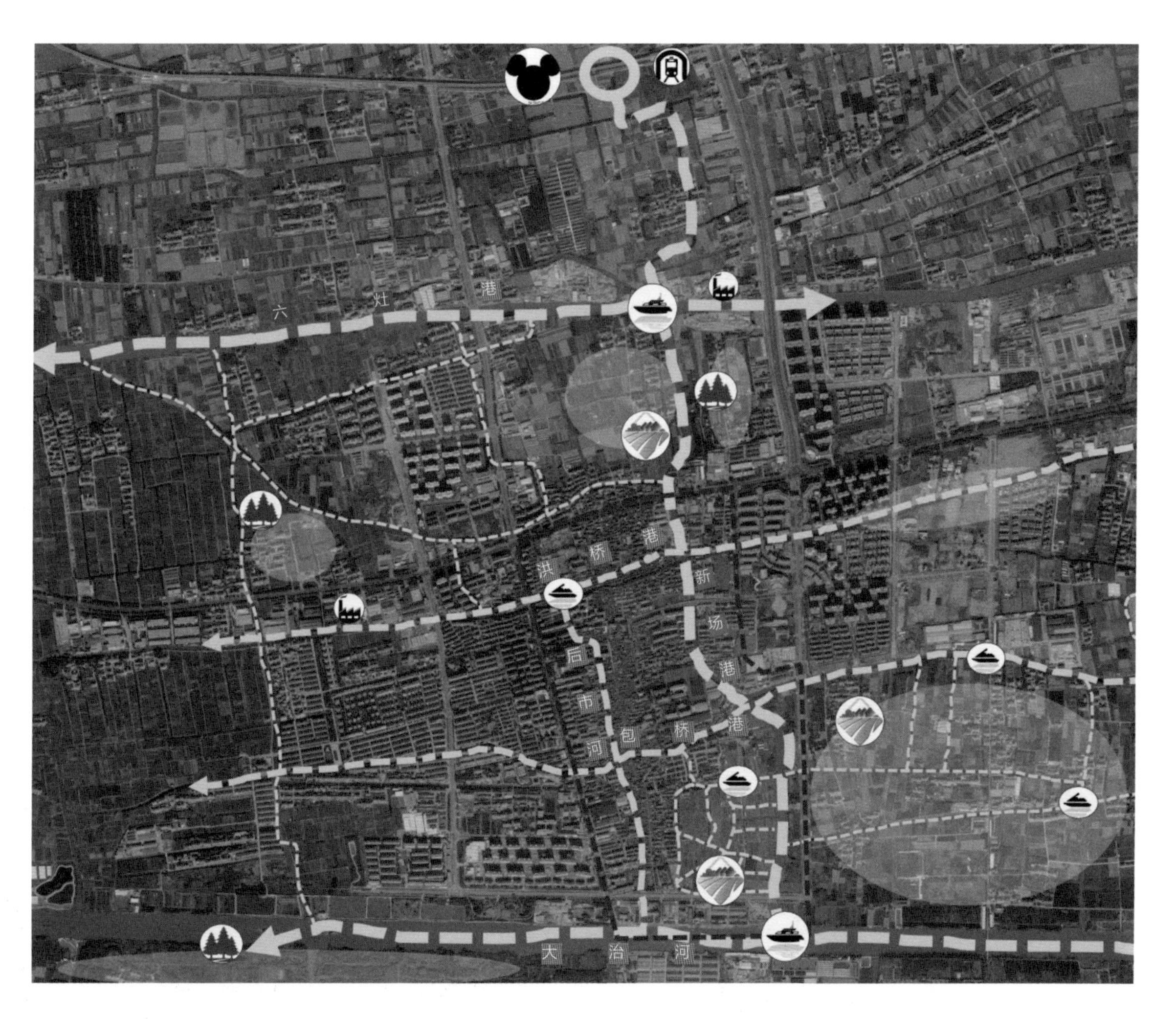

4-5

图 4-5 新场古镇鸟瞰图“壹”

4-6

图 4-6 新场古镇鸟瞰图“贰”

4-7
4-8

图 4-7 后市河现状鸟瞰
图 4-8 后市河效果意向

4-9
4-10

图 4-9 千秋桥现状鸟瞰
图 4-10 千秋桥效果意向

4-11

图 4-11 洪桥港现状鸟瞰

4-12

图 4-12 洪桥港效果意向

4-13

图 4-13 新场古镇历史与未来的畅想"壹"

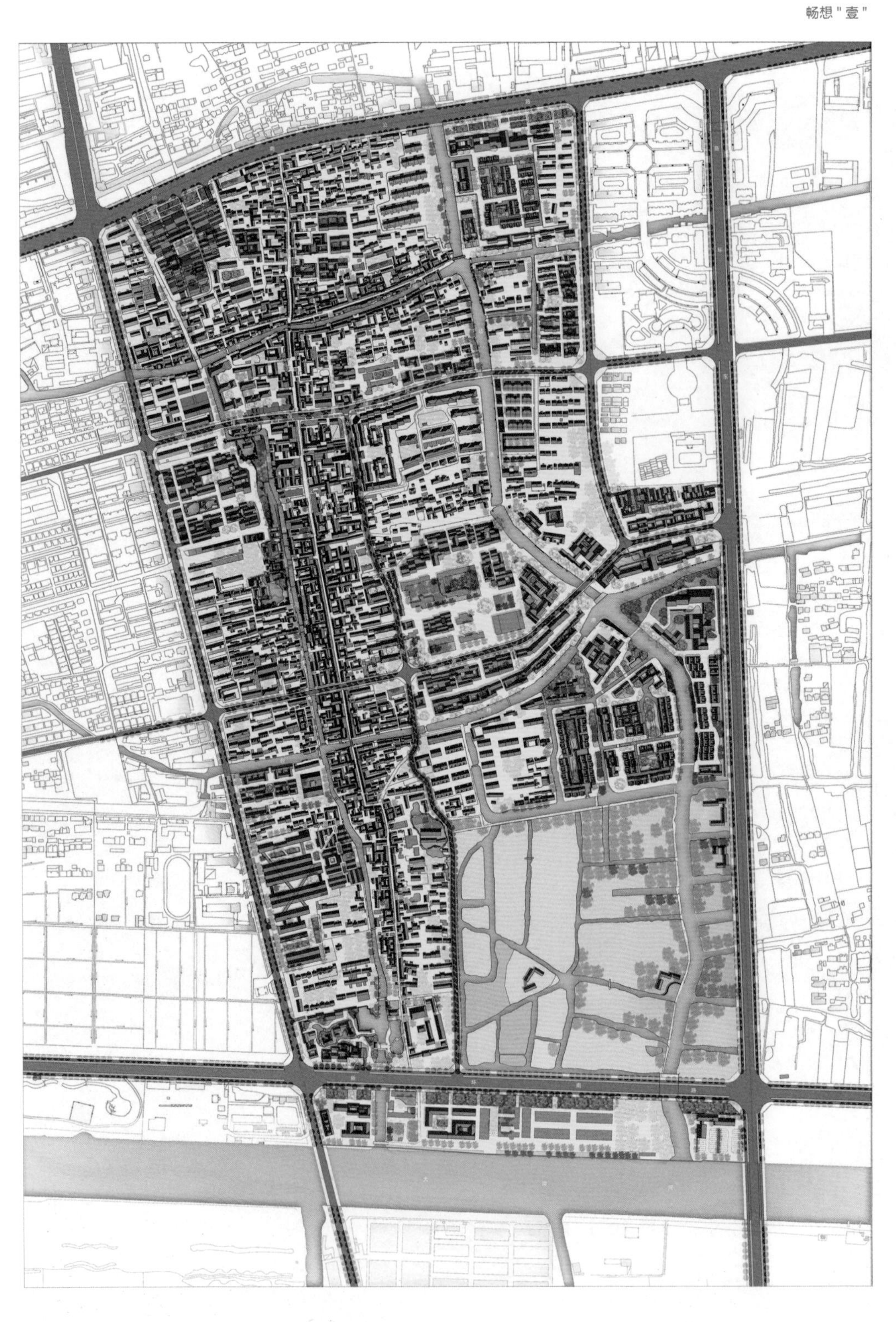

4-14

图 4-14 新场古镇历史与未来的畅想"贰"

4.3 整体结构规划与保护

4.3.1 典型桥梁环境要素的主要保护要求

桥梁类型	代表桥梁	保护更新要求
古石拱桥	千秋桥	保护修缮，加固桥墩、桥面
古石板桥	青龙桥、福安桥	保护修缮，加固桥墩、桥面，恢复栏杆为古桥梁样式
局部改建古桥	西仓桥、永兴桥、洪福桥、东仓桥、城隍庙桥、万福桥、俞家弄桥、太平桥、南利桥、包家桥、倪家桥等	东仓桥：加固桥墩、桥面，进一步整修 万福桥：采取整修手段，加固桥墩，美化桥面、护栏
其他桥梁	廊桥、新场桥、新场北桥、新场南桥、海泉街桥、40 号仓库桥、杨舍弄桥、紫来桥等	廊桥：保护修缮，加固桥墩、桥面 新场桥：整修加固桥墩，美化桥面、护栏

4.3.2 新场古镇水岸文化景观系统要素环境分布

规划根据新场古镇现状水景观环境要素状况与水景观环境保护要素的分布情况，对新场古镇水景观环境要素进行整体规划与系统梳理。其中，水景观环境保护要素的分布主要依据上版控制性详细规划中对于历史环境要素的梳理。规划将水埠码头、水界面驳岸、桥梁与古树作为重要的水景观环境要素构成内容。

水景观环境要素的具体形式按照各种典型区域内的历史要素设计方法进行保护更新设计。对现状条件较好的进行保留，对局部破损构建进行整治引导；属于历史水景观环境保护要素的，以保护为主，重点保护现状水环境要素的形式与材质，破损时按照历史风貌进行修复；现状条件较差且不属于水景观环境保护要素的进行更新改造。

4.3.3 水系结构规划

内部水上交通河道：新场古镇内“井”字形四大主要河道，分别为洪桥港、包桥港、后市河与新场港。

内部景观水系：新场古镇内由四大主要河道连通至街巷、地块、农田内部的景观性水系空间。

外部水系河道：与四大主要沟通的外部水系河道系统。

重要节点空间：水闸、水门、水上集市、内部主要桥堍节点、水上交通集散码头与内外水系连接点。

水闸：洪桥港与新场港交汇处西侧水闸；包桥港与新场港交汇处西侧水闸；后

市河至新环南路以北水闸。

水门：位于新环南路与新场港交汇处。

水上集市：位于包桥港与新场港交汇处东北侧。

内部主要桥堍节点为：洪福桥桥堍节点、千秋桥桥堍节点、后市河与包桥港交汇处桥堍节点、包家桥桥堍节点、地坪桥桥堍节点、南山桥桥堍节点。

水上交通集散码头：洪桥港与新场港交汇处东北侧的城隍庙庙前广场码头、包桥港与后市河交汇处西南侧码头、后市河与新场港交汇处刹匕侧码头、包桥港以南新场港西侧高级商务酒店内码头、新场港西侧水乡自然田园旅游体验月及服务中心码头、新场港与大治河交汇处东北侧游客集散中心码头。

内外水系连接点：新场古镇内四大河道与外部水系河道连通的节点空间，主要位于东西南北四条交通性干道（沪南公路、新奉公路、新环南路、新环东路）的公路桥上。

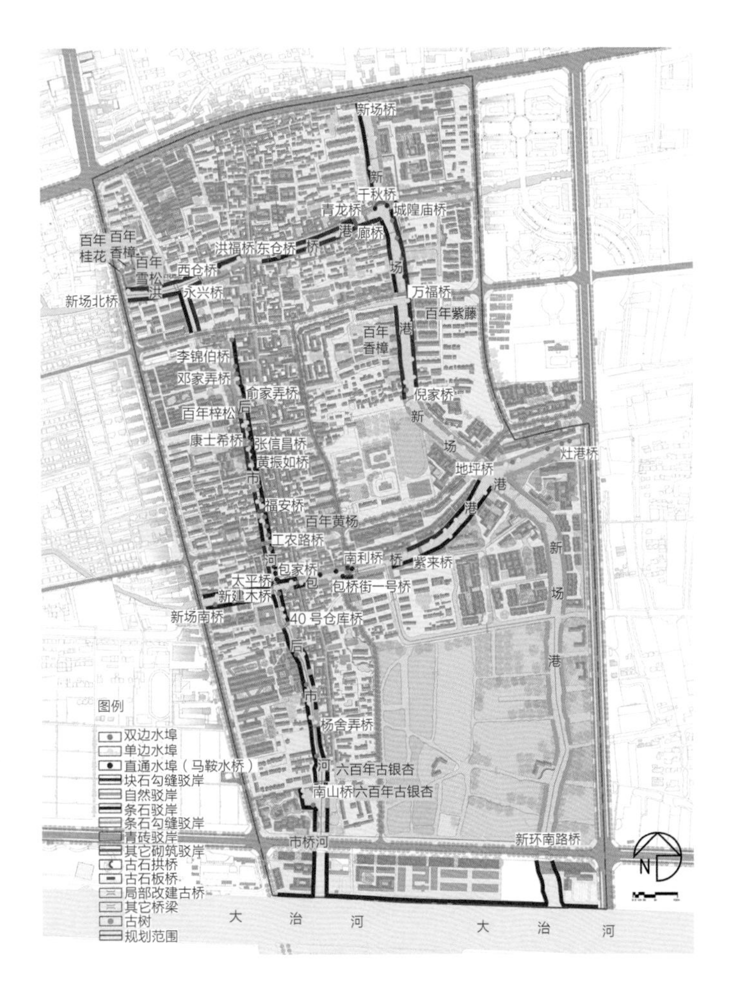

4-15

图 4-15 新场古镇的水系规划结构图

意向控制汇总

水闸

水上集市

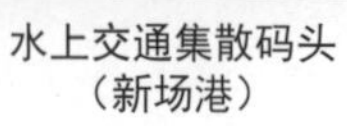

水上交通集散码头
（新场港）

内外水系连接点
（新场北桥）

桥埏节点（洪福桥）　　桥埏节点（包家桥）　　桥埏节点（千秋桥）　　内部景观水系

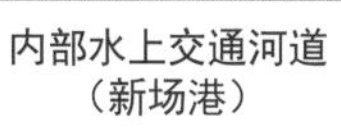

内部水上交通河道（新场港）

内部水上交通河道（后市河）

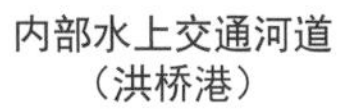

内部水上交通河道（洪桥港）

内部水上交通河道（洪桥港）

4-16

图 4-16 新场古镇河道布局图

4-17

图 4-17 新场古镇水岸分布图

4-18
4-19

图 4-18 洪桥港
图 4-19 包桥港

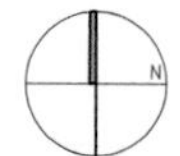

洪桥港 新奉公路 - 仁义路河段

包桥港 新奉公路 - 新环东路河段

4-20 4-21

图 4-20 后市河
图 4-21 新场港

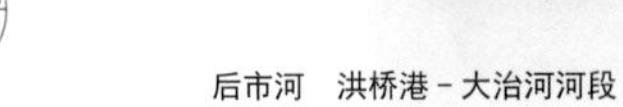

4.4 特征

4.4.1 新场古镇水岸文化景观类型体系特征分析

根据新场古镇水岸文化景观类型体系的分类与特征分析来规划，将新场古镇分为七大水景观风貌区，主要包括：茶馆食肆商铺水景观风貌区、宗教寺庙水景观风貌区、临水民居水景观风貌区、私家园林水景观风貌区、桥堍节点水景观风

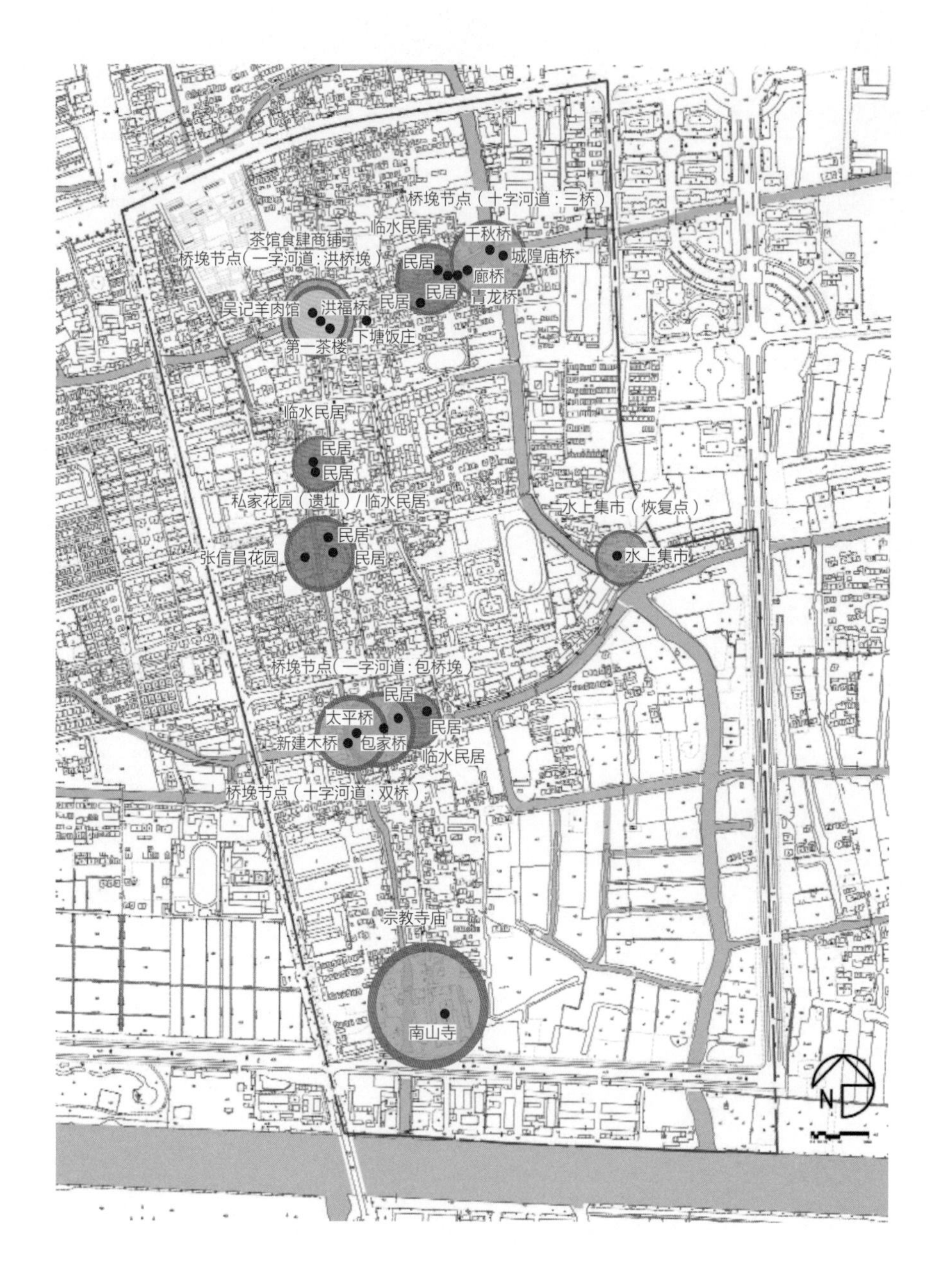

4-22

图 4-22 特定物质功能空间特征选取点位置

貌区、水上集市水景观风貌区和水乡田园水景观风貌区。

其中，水乡田园水景观风貌区主要体现古镇自然的水乡田园水岸景观风貌，并不在此章节的六大水岸文化景观类型中进行详细阐述。其他六大水景观风貌分区主要根据各自特征，对新场古镇的水景观界面进行整体风貌分区定位，要求不同分区内物质环境要素的保护与更新符合新场古镇传统的水岸文化景观空间特征。

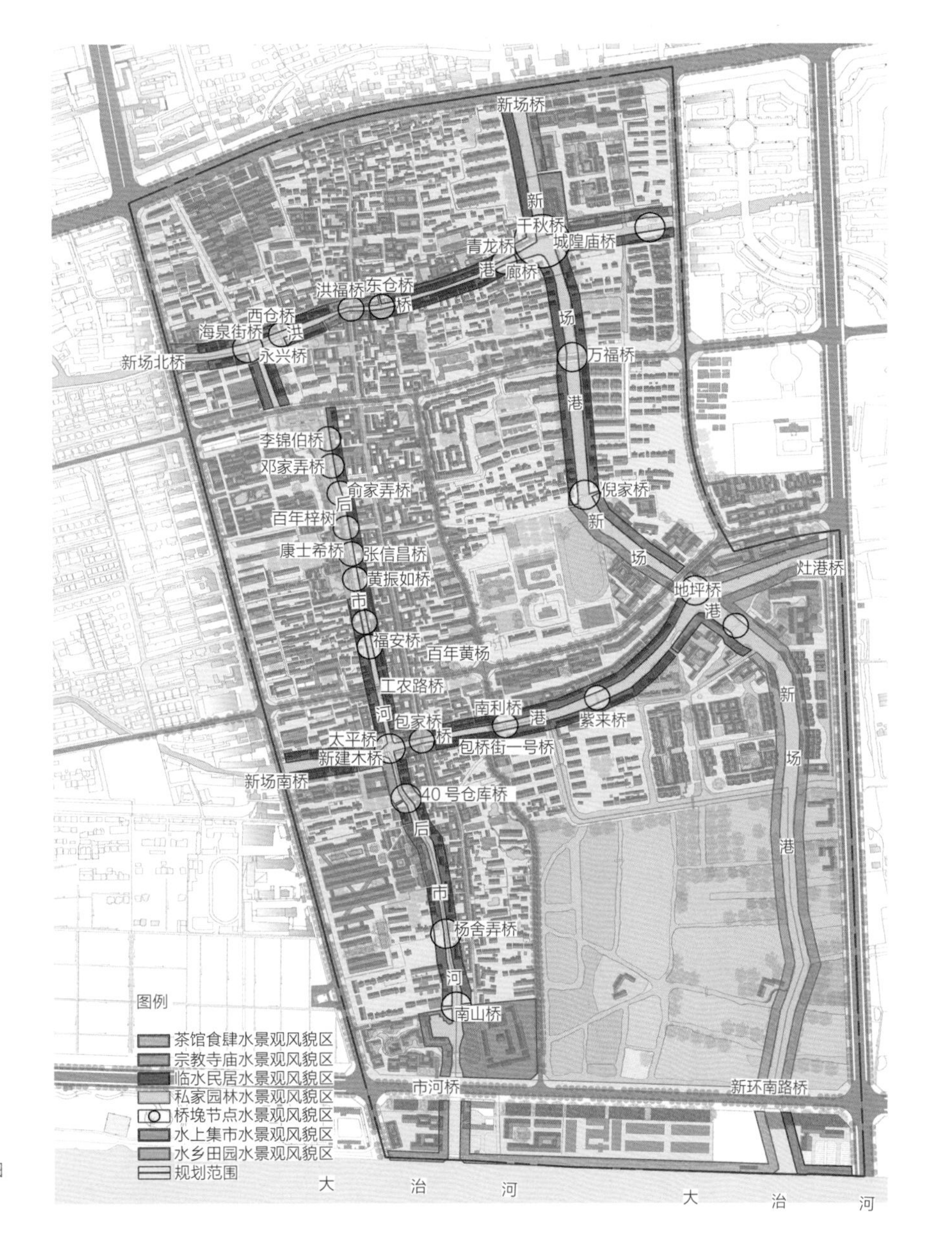

4-23

图 4-23 水景观风貌分区规划图

1. 洪桥港风貌分区指引 – 节选

4-24
4-25

图 4-24 新奉公路 – 新场大街段洪桥港风貌区示意

图 4-25 南山桥 – 大治河段后市河风貌区示意

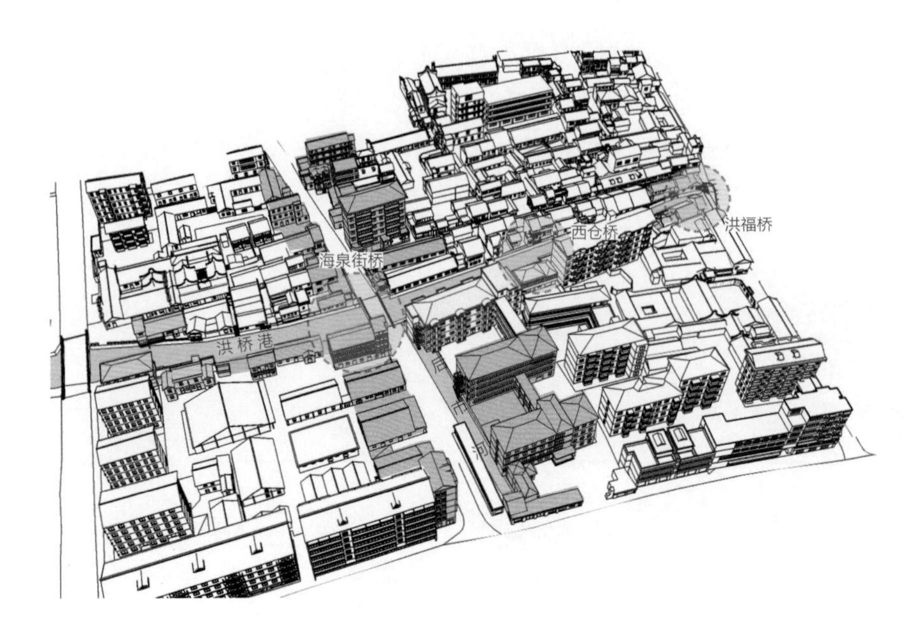

图例
茶馆食肆商铺水景观风貌区
临水居民水景观风貌区
私家园林水景观风貌区
桥堍节点水景观风貌区

模型现状复原

2. 后市河风貌分区指引 – 节选

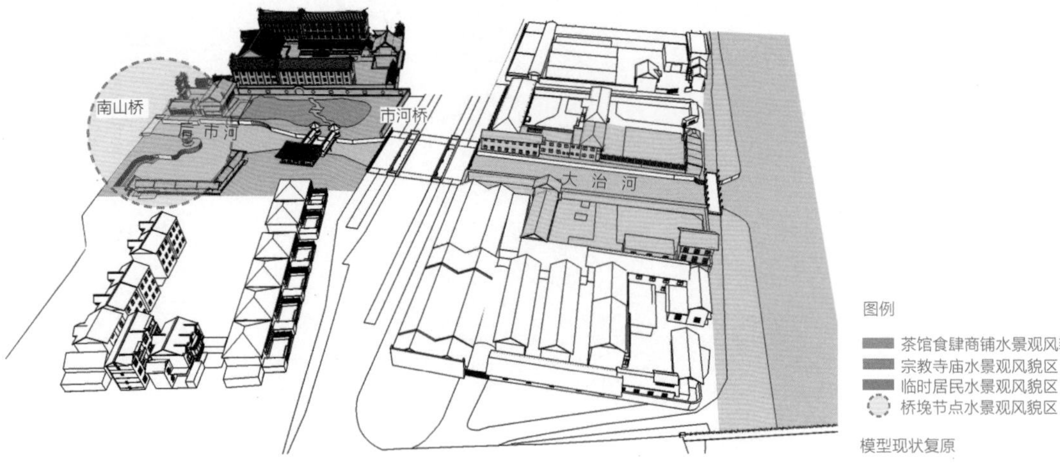

图例
茶馆食肆商铺水景观风貌区
宗教寺庙水景观风貌区
临时居民水景观风貌区
桥堍节点水景观风貌区

模型现状复原

4-26
4-27

图 4-26 包桥港 - 新场港交汇处包桥港风貌分区示意

图 4-27 新场港 - 洪桥港交汇处新场港风貌分区示意

3. 包桥港风貌分区指引 – 节选

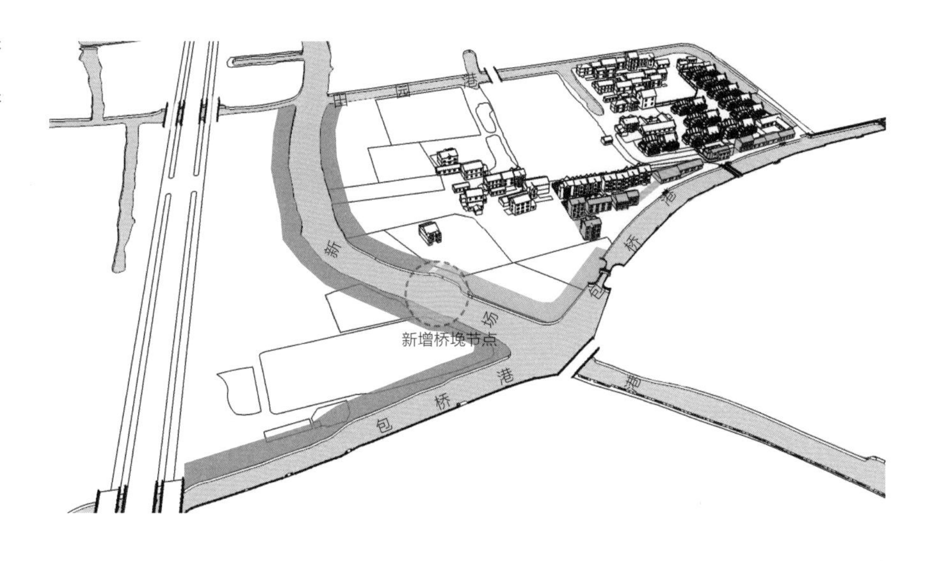

图例

- 临水居民水景观风貌区
- 水上集市水景观风貌区
- 水乡田园水景观风貌区
- 桥堍节点水景观风貌区

模型现状复原

4. 新场港风貌分区指引 – 节选

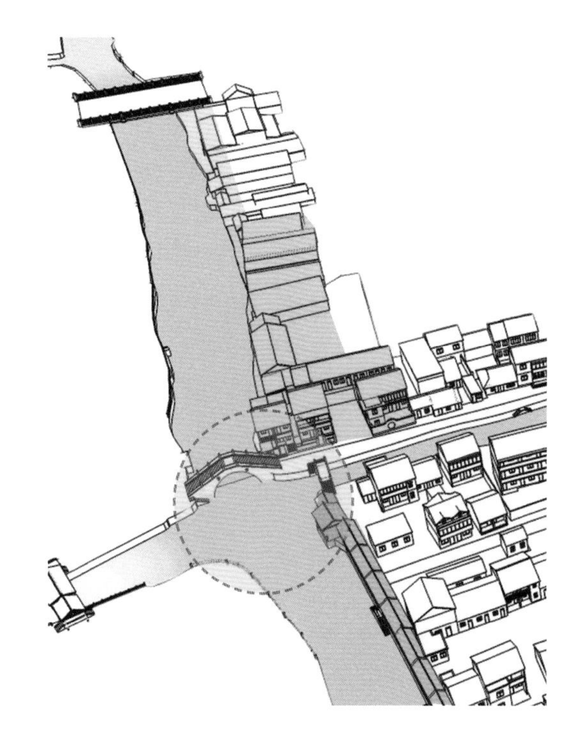

图例

- 茶馆食肆水景观风貌区
- 宗教寺庙水景观风貌区
- 临水居民水景观风貌区
- 桥堍节点水景观风貌区

模型现状复原

4.5 风貌内涵与传承分析

通过前面的类型分析，江南古镇驳船系统文化景观依据类型分类的研究，大体上可以总结出一些基本的规律。对江南水乡古镇特色驳船系统主要文化景观系统的研究中，强调以古镇水系水网为主脉络，水岸为承载界面，驳岸与船舶的不同功能类型组成分类节点，阐述其核心文化景观的内容与特色；探寻在整合点、线、面问题中如何遵循与驳船系统相互关联性的必要条件，并进行深入研究，发掘其潜在的文化景观体系要素，梳理形成保护、传承与发展的核心规律，形成基本保护与传承的核心策略内容。

在当下，江南古镇的职能随着时代的变化，由以交换为主转向生产。发展生产并不意味着破坏传统风貌，保护原有城镇格局有其积极的意义。在发展生产的前提下，保留城镇传统的尺度、活动、气氛，利用水乡河道组织优美景观，能够提升人们的生活品质，维持生态平衡和调节气候。亲水特性的存在，使一些临水建筑的驳岸水埠能够作为景点符号而保留。古镇河道主要的传统功能具有交通运输、出门入户、居家生活等功能作用，深度发掘水岸作为江南古镇主要景观主界面的实质内涵。当前江南古镇遭遇了城市化进程，走入了风貌逐渐丧失的种种困境。传统江南水网交通与景观所形成的风貌格局与传统特色随着水埠头及驳船系统功能的丧失遇到了尴尬的局面，这逐渐弱化了重要的文化景观内涵，也是整个古镇文化风貌保护的缺憾。

经过当代城市化运动的选择，现代交通以陆路交通为主，甚至完全摈弃了水运交通，逐步形成现代意义上的江南生活出行方式，驳岸船舶功能处于不断地消失与转换中。慢慢地，沿河临水的驳岸转变成了具有各种不同的空间与使用功能的现状，有些功能被淘汰，有些形式被改变，传统景观风貌的衰弱与失去造成了令人惋惜的局面。通过研究，依托类型的分解与强化，梳理出传统“水”乡景观界面特点的关系与风格规律，使其内容形成系统。在类型细分的情况下，应该有选择地、更好地保护与恢复古镇历史传统的风貌价值。

* 水埠驳岸样式详表见附录

4.5.1 新场古镇的江南水乡历史风貌

江南水乡古镇的风貌保护机制正不断成熟完善起来。我们从历史风貌的角度做了大量的基础研究工作，积累了丰富的保护经验。在保护与发展过程中，从不同的角度研究也促使我们更细致地深入发掘与实践，既要考虑古镇风貌保护与维护，也要积极探索在保护基础上的发展与更新。毕竟，古镇的历史与风貌不能截止于当代，古镇的未来也是我们要同步关注的主题。江南古镇驳船系统文化景观在传统的基础上，如何保护其本真的内涵，有能发掘其更新的价值与发展延续的可能性是我们研究的主要目标。就现阶段而言，我们更多的是补充原有的发展策略与构建更合理具体的针对性策略。使各个古镇根据自己的特点进行差异化发展，彰显各自独有的风貌特色，增强古镇新活力，从而在如今同质化严重的古镇发展局面下，提供一条可持续的道路，使传统文化和现代文明相统一，满足旅客体验传统本真文化的强烈诉求。

* 图为轴测新民俗画意向表达

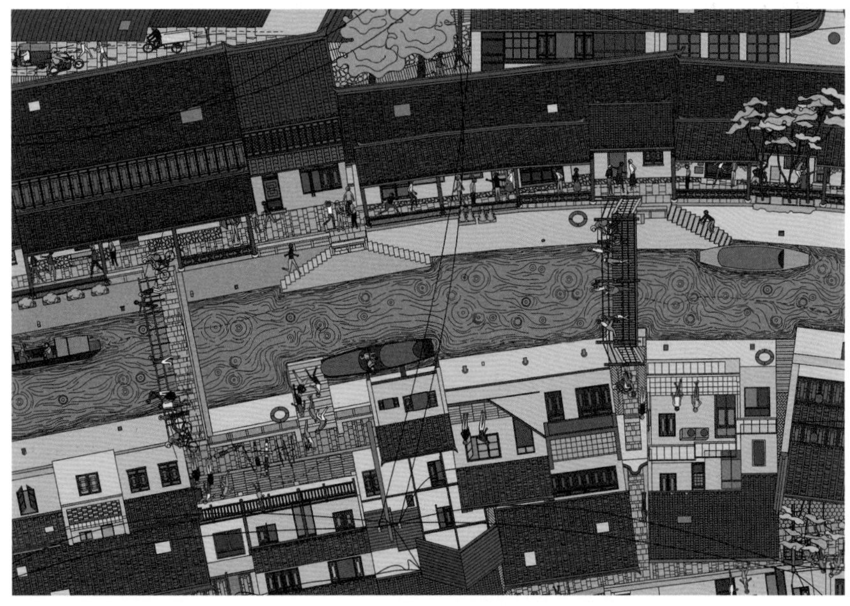

4-28

图 4-28 新场古镇民俗文化之洪桥港青龙桥

1. 依据本真原则整合修缮驳岸传统建筑空间与界面

古镇驳船系统整体空间与结构的整治和维护将依从古镇风貌整体性保护与延续的原则。虽然经过近几年的古镇保护与发展，对古镇的修缮与整治已经做了大量的工作，河道也依据市政设施与环境美化的角度做了相应的治理与改善，但是也出现了逐步失去传统驳船系统界面风貌完整性的现象，同步影响了古镇风貌的完整性。依据古镇风貌已有的保护原则，结合驳船系统文化景观的类型分析与研究成果，注重现有条件与现状的实际功能，提出必要的传统驳岸建筑风貌文化与形象的保护要求，修缮改建破旧不堪的古建筑，适度改造其内部设施，落实具有可实施性的保护与修缮措施。

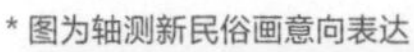

4-29

图 4-29 新场古镇民俗文化之洪桥港洪福桥节点

2. 依据本真原则的文化元素与传统驳岸水埠的艺术细节

古镇驳船系统具有丰富的文化特质，其显著的特征重点存在于驳岸与船舶本身的物质文化体现与非物质文化内涵中。传统的水乡古镇驳岸水埠有着丰富的石雕艺术文化内容，依据河埠的使用性质与使用所属，石雕与石刻的表现内容也很不相同，我们还是要依据历史的原真原则将其恢复。江南的船舶本身也表达了江南地区独特的艺术与文化。驳船系统驳岸建构和建筑与水埠的雕塑和彩绘花纹装饰都要先鉴别其年代及采用的技术工艺，并从材料与技术上完整地修复原有面貌，确保其文化传统的真实性与历史再现。完善功能的同时也要还原传统风貌，要将人们生活的功能要求与环境艺术相互结合。驳岸亲水建筑的外观风貌性修复，应结合驳岸水埠的空间与构件需要，强调船、岸的使用与环境的整体性塑造。要充分体现出驳船系统能够满足人们多方面生活需求的本真功能及原则。在新建、重建、改建、修缮、修复的过程中，应充分考虑建筑与驳岸的关系、驳岸与船的关系、建筑驳岸船舶的整体关系，在尊重历史传统的前提下，保持相互的协调，避免刻意单纯地模仿，严格按照传统工艺的要求保持与展示独特的文化景观的江南典型风貌。

* 图为轴测新民俗画意向表达

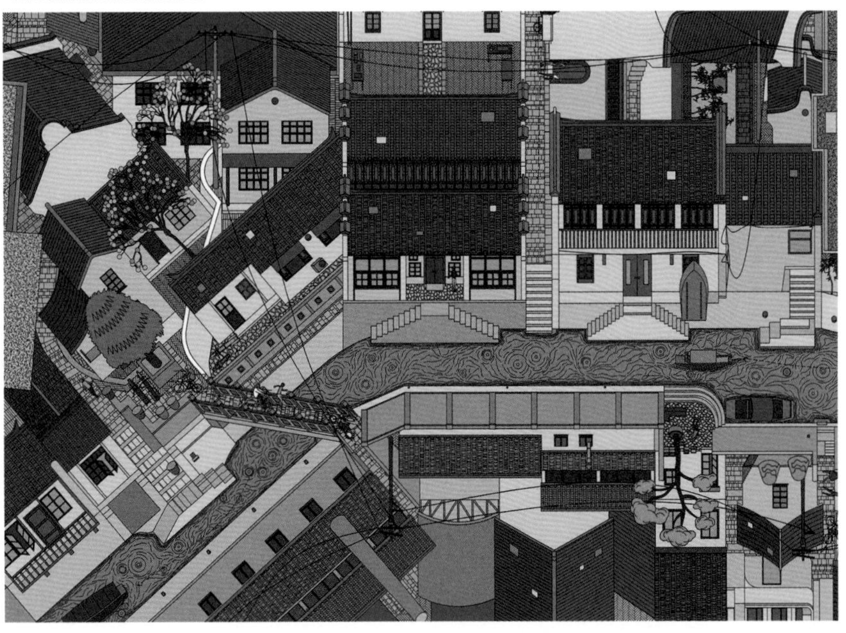

4-30

图 4-30 新场古镇民俗文化之后市河张宅、郑宅

3. 依据本真原则保持维护驳岸船舶的水岸完整空间格局

古镇水岸系统整体空间格局的维护主要表现在水岸的空间肌理、水网结构与船舶的对应上，在形式、高度、色彩体量的控制与管理上都必须注重与传统本真的要素保护原则相一致。

水岸系统的空间环境需要在古镇整体水系统空间环境中统一打造。茶馆食肆商铺、宗教庙宇、园林门户、桥头场集、客栈民居的临水界面景观形象以及相对应的水埠船舶，应把空间结合功能都包含在内，系统化地有机融合。水与驳岸都需要空间上的相互引导，形成空间的完整性和本真传统风貌的实现。应进一步维护与协调古镇整体的水交通空间格局，维护古镇传统的自然物质环境，协调传统功能与发展转型功能之间的关系，延续传统的江南古镇风貌、协调好水乡古镇的各项功能。

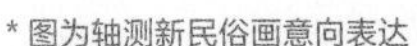
* 图为轴测新民俗画意向表达

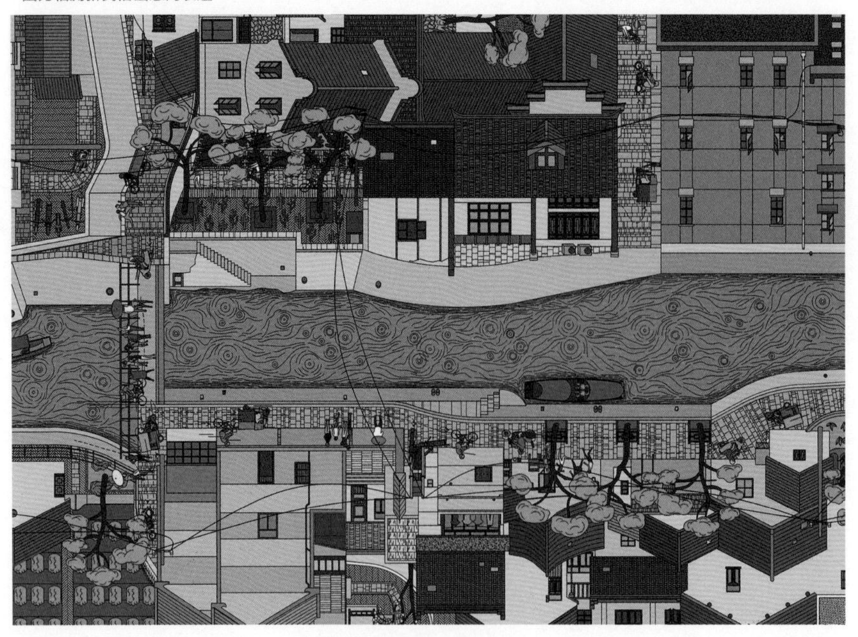

4-31 | 4-32

图 4-31 新场古镇民俗文化之后市河俞家弄桥
图 4-32 新场古镇民俗文化之后市河张信昌桥

4. 依据本真原则修复驳船系统水文化民俗景观

古镇驳船系统传统的水文化民俗景观是依托乡土生活，活跃于民众中间的非物质文化景观，一旦完全隔离于生活就会失去生命力。依据本真原则恢复水文化民俗景观的传统风貌首先要对传统民俗活动进行记录归档，利用文字、音像、图片建立艺人和表演内容及形式的档案库，揭示其传统风貌的精髓部分，并借助地方民众的生活使其有机地活在当代人的生活方式中，从而达到以动态的、活态的方式对其进行保护与发展。在恢复其传统风貌的同时应该要注意结合旅游业的开发进行创新保护，适当发展庙会、旅游文化节等，使其有机融合，增强观赏性。

* 图为轴测新民俗画意向表达

4-33 | 4-34

图 4-33 新场古镇民俗文化之包桥港紫来桥

图 4-34 新场古镇民俗文化之后市河包桥港交汇

4.5.2 水上交通

1. 历史上的航运码头、泊位 、运输船只

中华人民共和国成立前，新场镇有码头、泊位 3 处，即镇南、镇北、镇西。自浦东第一桥而东，过鲁汇、航头的船只都在新场镇西码头靠岸。主要行驶的货轮有镇北市周锦堂、刘大松等合股购置的申大轮船和达利轮船[20]创办的轮船公司，镇南市杜天喜两兄弟合资购置的吉安轮船[21]，以及三灶人周小弟所购的汽船[22]。当时，新场镇附近各地还有小轮船或木船来回接送旅客。 20 世纪 80 年代，新场境内水上运输船只大多是“罱泥船”[23]、“划桨船”[24]。

2. 水上运输社的过往记录

新场运输社前身是由解放以前南、北两家“行口”[25]合并而成立的搬运办事处。1956 年后，南汇县运输合作社成立，新场为第二合作社。1960 年，南汇县运输合作社改称装卸运输社，新场镇为运输营业所，有职工 300 人、船 40 艘（载重量为 500 t），动力以橹、篙为主。1963 年，水上运输与陆上装卸分开，营业所更名为南汇县运输联社新场南运二社，木制车改为劳动车，添置“输送机”，职工劳动强度减轻。 1978 年，南汇县运输联社新场南运二社改名为南汇县航运公司新场站，拥有 6 艘轮船、2 辆载重汽车和 9 台吊车，工作效力提高，收入增长。1980 年，新场站与周浦站合并为周浦航运公司，新场镇为周浦航运公司分站。1983 年，新场分站装卸业务转交新场人民公社交通管理站。1984 年，新场分站改为新场船厂，职工全部转业。

3. 历史上的租船业

新场镇的租船业源于清道光年间（1821 年 ~ 1850 年），时有南、北两帮。南帮[26]历史较短，北帮[27]大多汇集于洪桥一带，人称“滩船帮”。洪桥东规模较大者有 4 家，分别是朱松泉家[28]、朱泉生家[29]、汤善和家[30]和朱忠林家[31]。在抗日战争前夕，新场地区还有零星租船户 22 家，都为独户经营，出租范围广至闵行、杜行、奉贤与南汇两县接界一带。这些船主大多兼耕田地。 1956 年，新场镇从事租船业者有 15 户，船 68 艘，总资产 1.61 万元。15 户中，除周少泉为居民户口而入新场五金厂外，其余均入新场人民公社。

4. 历史记载的新场船厂

1984 年，建立新场船厂，是由周浦航运公司新场分站转产而建，坐落于新

场镇千秋桥西堍北侧，有职工 42 人，主要业务为承接船舶修理，隶属周浦航运公司。随着陆路交通业的发达，水上交通业衰退，新场船厂于 20 世纪 80 年代末歇业。

4-35

图 4-35 新场古镇水景

1. 洪桥港水上交通

主要节点	桥梁模型示意图	河埠模型示意图
新奉公路－新场大街河段		
新场大街－新场港河段		
新场港－仁义路河段		
水上交通引导策略	打通洪桥港的水上空间，改造通过能力较差的牌楼路桥、海泉街桥和新场北桥，特别针对后市河上空新场医院部分建筑进行设计改造。恢复沿牌楼路后市河与新场港之间的历史水系肌理。但由于实现难度较大，因此这条水系不作为水上交通通道，依托其打造一条沿牌楼路的水街景观。恢复河段水上交通功能。将水路交通提升为古镇主要交通方式之一，恢复现有水埠的交通功能，都作为船只停靠点。水上交通设置不同的层次，满足不同的交通需求，如：通勤功能、旅游观光等。水上交通分为：水上巴士船线、自划船线、旅游观光船线。所用船只要符合古镇整体风貌。	

* 图片为新场古镇模型示意

2. 包桥港水上交通

水系结构：包桥港在总结构中承担着水乡风貌水景观恢复与提升的作用。而纵向河段后市河作为主要景观轴线的载体，在总结构中承担着传统院落风貌水景观的作用，纵向新场港河段承担着风貌区特色田园风貌展示作用。

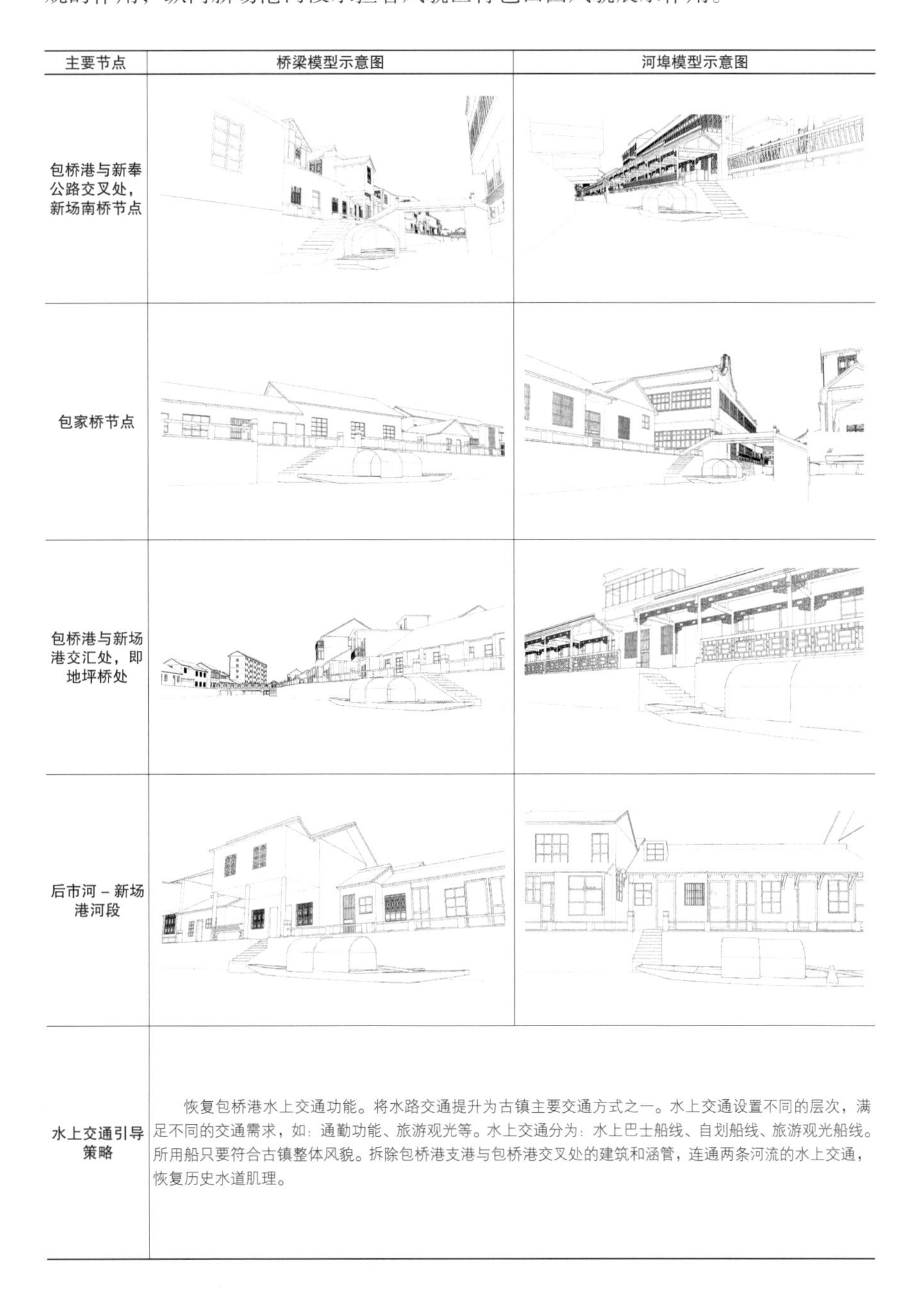

主要节点	桥梁模型示意图	河埠模型示意图
包桥港与新奉公路交叉处，新场南桥节点		
包家桥节点		
包桥港与新场港交汇处，即地坪桥处		
后市河－新场港河段		
水上交通引导策略	恢复包桥港水上交通功能。将水路交通提升为古镇主要交通方式之一。水上交通设置不同的层次，满足不同的交通需求，如：通勤功能、旅游观光等。水上交通分为：水上巴士船线、自划船线、旅游观光船线。所用船只要符合古镇整体风貌。拆除包桥港支港与包桥港交叉处的建筑和涵管，连通两条河流的水上交通，恢复历史水道肌理。	

* 图片为新场古镇模型示意

3. 新场港水上交通

水系结构：

新场港段承担着风貌区水乡风貌特色展示作用。

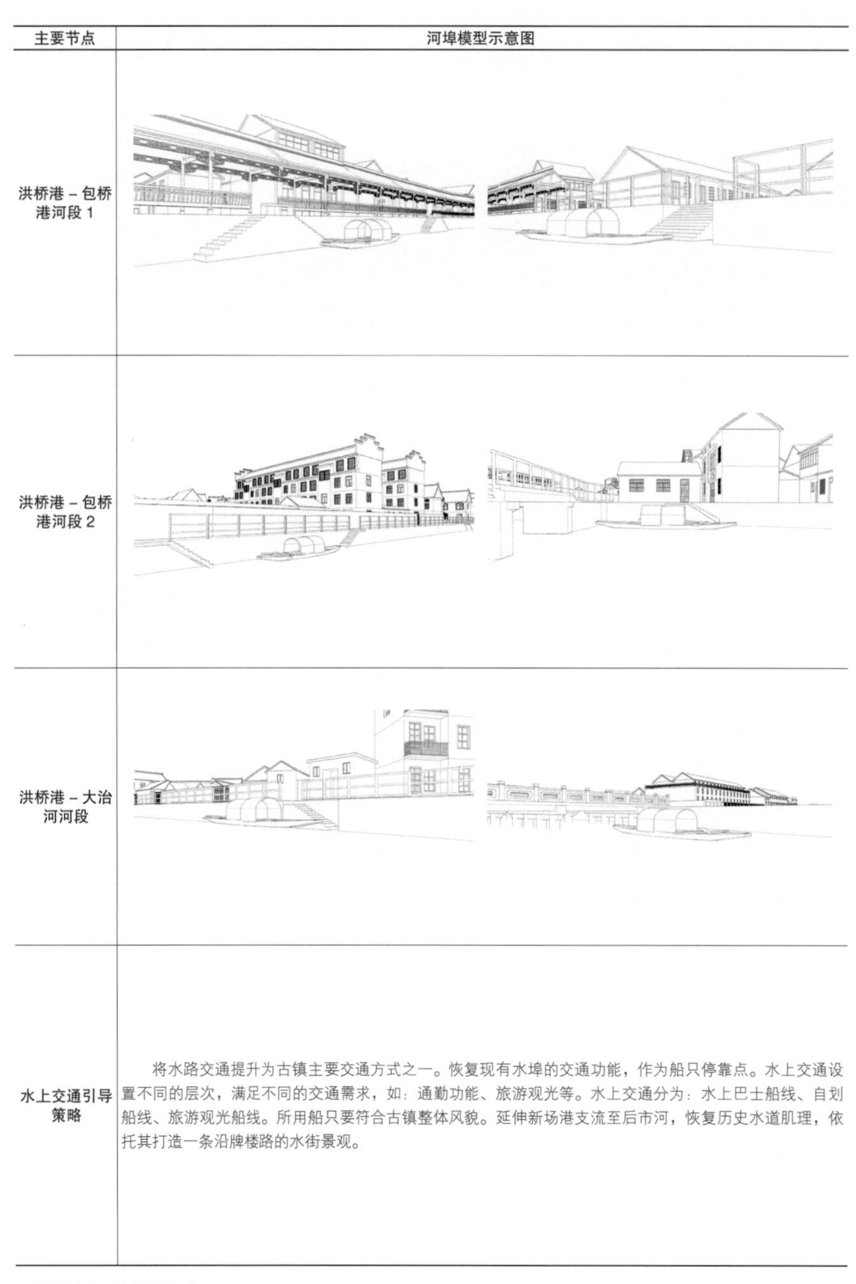

主要节点	河埠模型示意图
洪桥港－包桥港河段 1	
洪桥港－包桥港河段 2	
洪桥港－大治河河段	
水上交通引导策略	将水路交通提升为古镇主要交通方式之一。恢复现有水埠的交通功能，作为船只停靠点。水上交通设置不同的层次，满足不同的交通需求，如：通勤功能、旅游观光等。水上交通分为：水上巴士船线、自划船线、旅游观光船线。所用船只要符合古镇整体风貌。延伸新场港支流至后市河，恢复历史水道肌理，依托其打造一条沿牌楼路的水街景观。

* 图片为新场古镇模型示意

4.5.3 历史桥梁

历史桥梁的记录

中华人民共和国成立前和成立初，新场地区农村桥梁不是木桥便是石桥，无一水泥桥，且狭窄。1963 年，中华人民共和国新场人民公社有各种桥梁 317 座。其中，木桥 266 座，石桥 51 座。随着机耕路的修筑和兴修水利规模的扩大，水泥拱桥应运而生。木桥、石桥不断被淘汰。1969 年，新场人民公社开挖奉新港、二灶港，建造 11 座“肋拱形”机耕路桥，跨度为 60 m，桥面宽 3 m ~ 4 m。20 世纪 70 年代末，在大治河上建造 2 座 3 孔钢筋混凝土大桥，跨度为 120 m。至 1982 年，全公社有各种桥梁 269 座。1983 年 ~ 1998 年，新场镇（乡）在一灶港、曹塘港、五灶港、六灶港先后翻建农桥 18 座；在新卫、新北、果园、新西、大治、新南、曹桥、众安、唐桥、龙桥、王桥、杨辉、金建、长桥、新桥村境内翻建、修复危桥 48 座。至 2001 年，全镇有主干道桥梁 14 座（不包括公路桥），机耕路桥 39 座，人行桥 116 座。

环龙

“环龙”是新场古镇对拱桥的别称。从元代至清代，古镇周围先后共建有 10 多座拱桥。这些拱桥散布于闹市大街和庙宇乡下，形态优美，与古镇内外的众多水系相得益彰。 镇内的“环龙桥”有 7 座，被分别是义和桥[32]、洪福桥[33]、千秋桥[34]、杨辉桥[35]、玉皇阁桥[36]、永宁桥[37]；镇周围的单孔拱桥也有七座：分别是盛家庙桥[38]、保佑桥[39]、庆元桥[40]、念珠桥[41]、太平桥[42]、徐家坝桥[43]、斗老阁桥[44]。

“十三牌楼九环龙”作为新场的重要历史特点，多已毁坏不存。为了既能反映新场古镇这一历史风貌，又不因重修古迹而损害新场古镇其他重要建筑物的构筑物的原真性。对于“十三牌楼九环龙”的修复应遵循“不以数量取胜，但以内涵为本”的原则，在已经没有桥梁历史遗留构筑物的跨河街道上，且又有助于体现水乡风情的位置修建或搬迁几座环龙石拱桥，在重建街道景观节点和庙宇附近恢复几座牌楼。

4-36

图 4-36 新场古镇中的石拱桥 1

1. 洪桥港桥梁

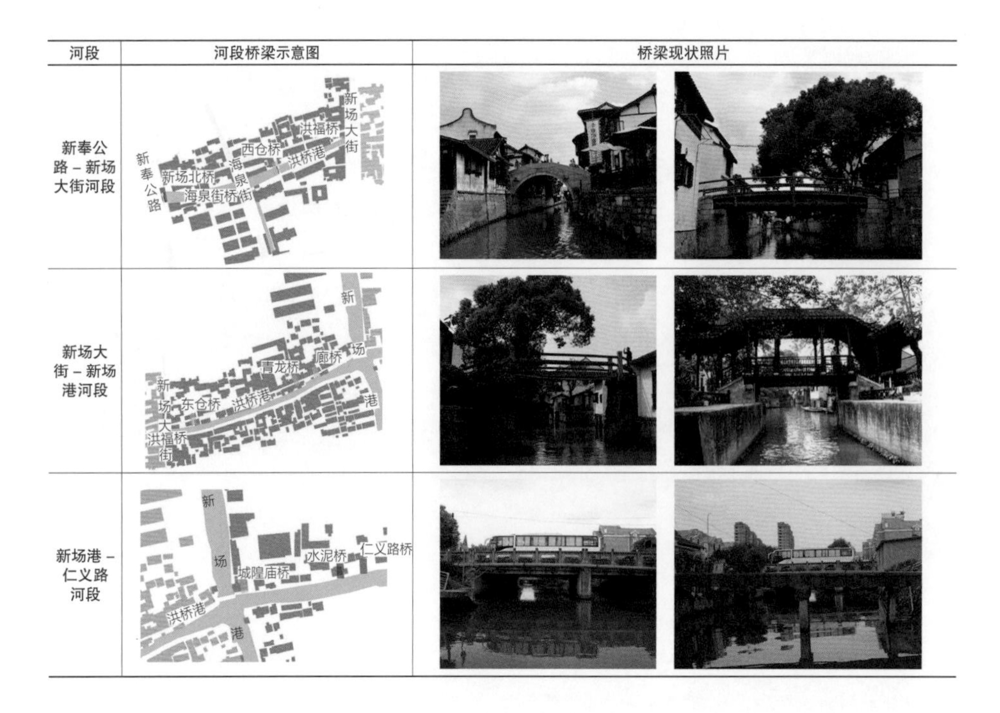

河段	河段桥梁示意图	桥梁现状照片
新奉公路－新场大街河段		
新场大街－新场港河段		
新场港－仁义路河段		

2. 后市河桥梁

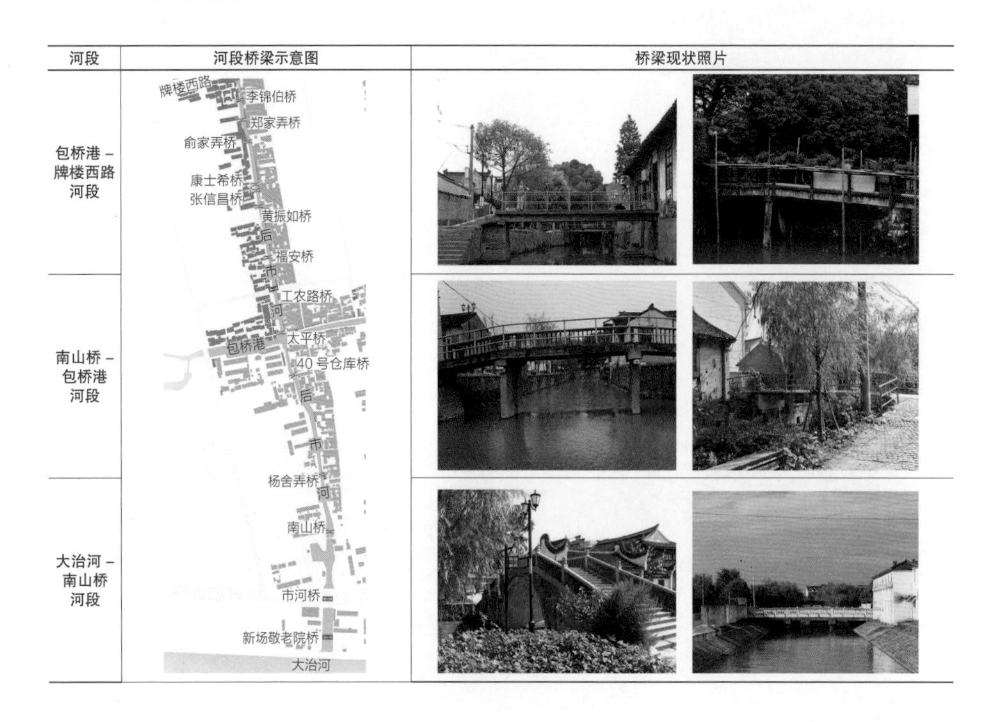

河段	河段桥梁示意图	桥梁现状照片
包桥港－牌楼西路河段		
南山桥－包桥港河段		
大治河－南山桥河段		

3. 包桥港桥梁

河段	河段桥梁示意图	桥梁现状照片
新奉公路－后市河河段	新奉公路、新建木桥、后市河、包桥港、新场南桥	
后市河－包桥港支港河段	包桥街一号桥、后市河、包桥港、南利桥、包桥港支港、包家桥	
包桥港支港－新环东路河段	五灶港桥、包桥港、包桥港支港、紫来桥	

4. 新场港桥梁

河段	河段桥梁示意图	桥梁现状照片
沪南公路－牌楼东路河段	沪南公路、新场桥、新场港、千秋桥、牌楼东路、万福桥	
牌楼东路－包桥港河段	倪家桥、包桥港、地坪桥	
包桥港－大治河河段	新环南路桥	

4.5.4 水埠驳岸

1. 洪桥港水埠驳岸

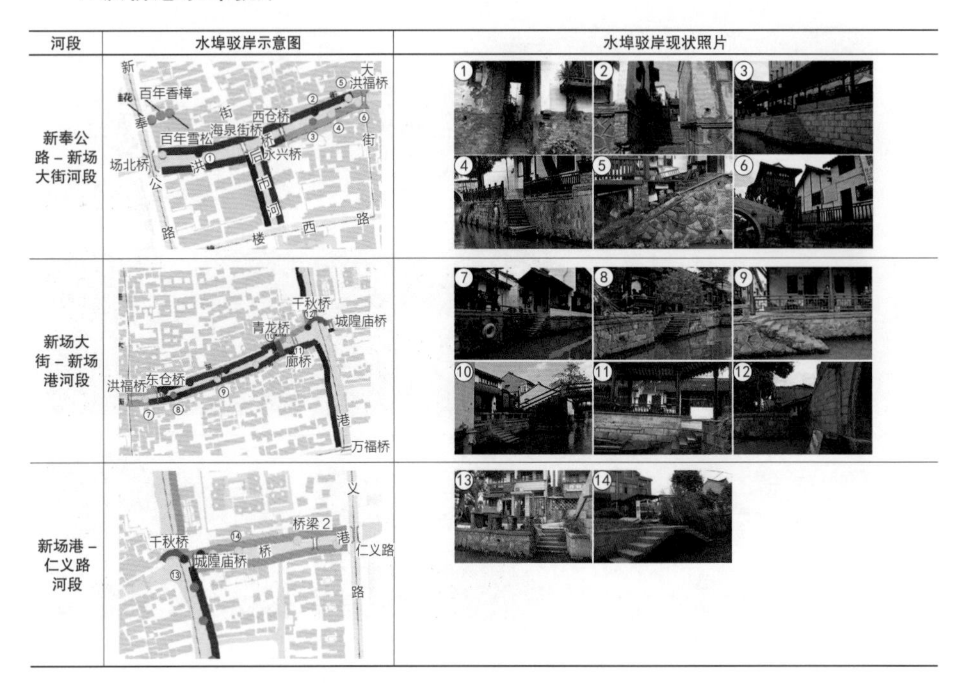

2. 后市河水埠驳岸

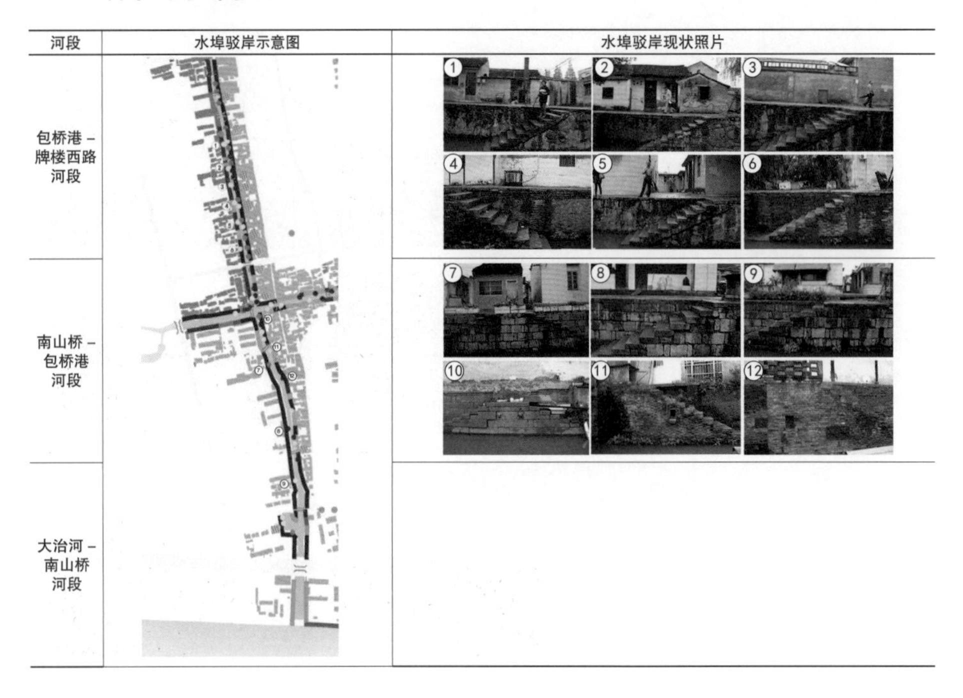

3. 包桥港水埠驳岸

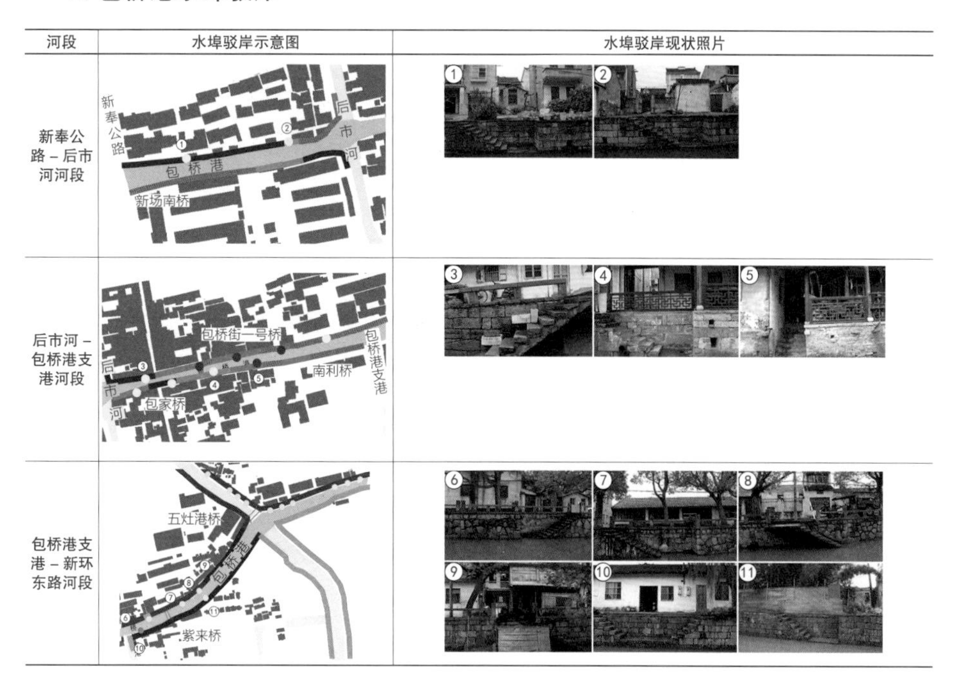

4. 新场港水埠驳岸

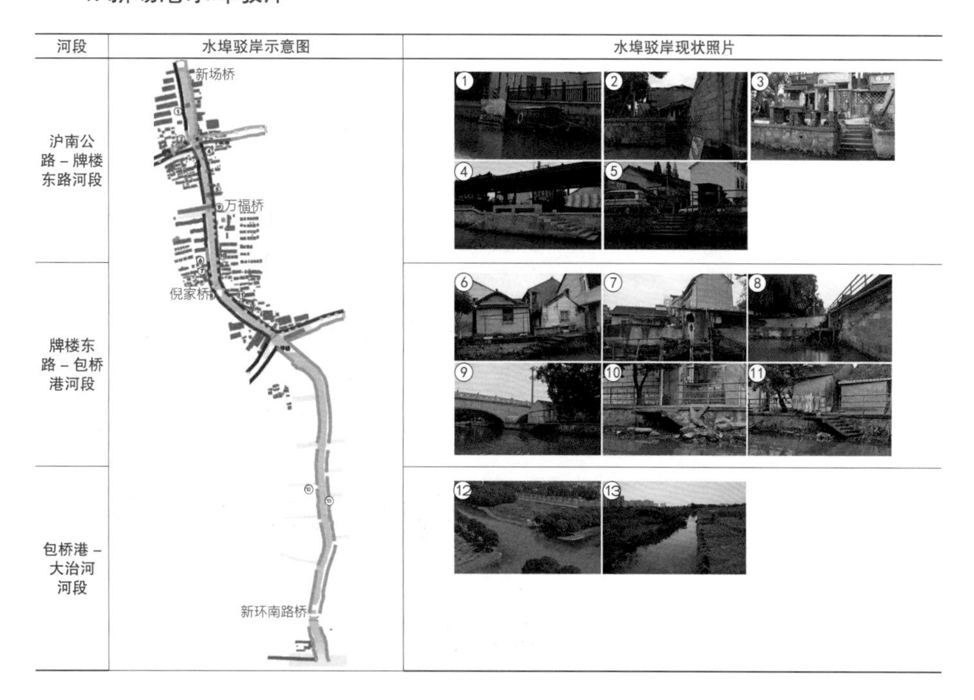

4.5.5 滨水

1. 洪桥港滨水空间

河段	滨水空间分布示意图	滨水空间现状照片
新奉公路－新场大街河段		
新场大街－新场港河段		
新场港－仁义路河段		

2. 后市河滨水空间

河段	滨水空间分布示意图	滨水空间现状照片
包桥港－牌楼西路河段		
南山桥－包桥港河段		
大治河－南山桥河段		

3. 包桥港滨水空间

<table>
<tr><th>河段</th><th>滨水空间分布示意图</th><th>滨水空间现状照片</th></tr>
<tr><td>新奉公路－后市河河段</td><td>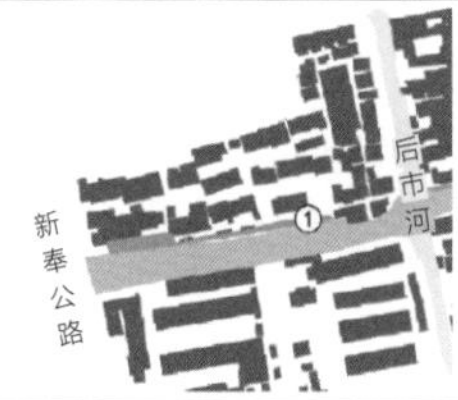
</td><td></td></tr>
<tr><td>后市河－包桥港支港河段</td><td>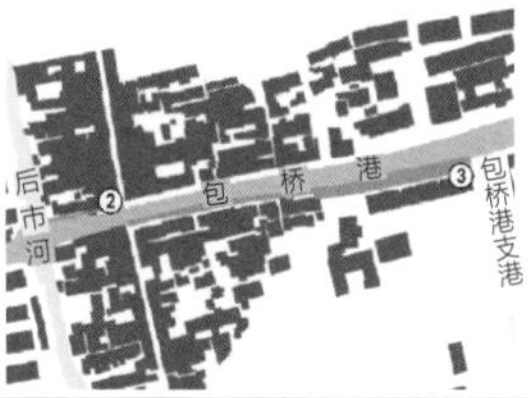
</td><td></td></tr>
<tr><td>包桥港支港－新环东路河段</td><td>
</td><td></td></tr>
</table>

4. 新场港滨水空间

<table>
<tr><th>河段</th><th>滨水空间分布示意图</th><th>滨水空间现状照片</th></tr>
<tr><td>沪南公路－牌楼东路河段</td><td rowspan="3">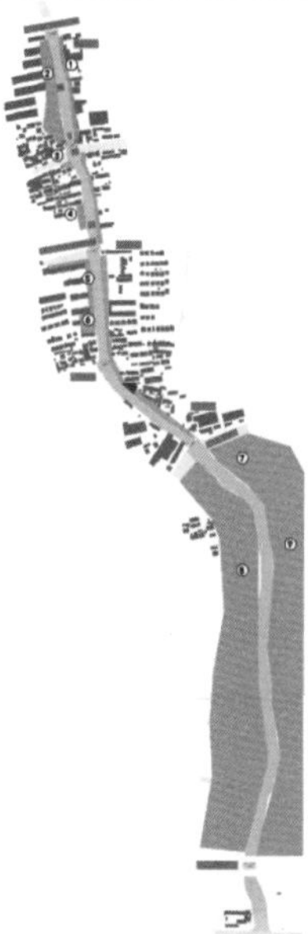</td><td></td></tr>
<tr><td>牌楼东路－包桥港河段</td><td></td></tr>
<tr><td>包桥港－大治河河段</td><td></td></tr>
</table>

4.5.6 水景观界面意向

1. 洪桥港水景观界面意向－节选

新场大街－新场港河段

洪桥港北立面：新场北桥－西仓桥段

整洁优化建筑立面墙体，拆除金属构架，采用古镇传统的门窗形式与色彩；空调机箱外加盖，材质色彩与传统门窗风格统一；整治蓝色瓷砖建筑立面与红色屋顶，统一建筑色彩，恢复江南古镇白墙黛瓦的传统风貌。增加建筑立面的垂直绿化，整治部分混凝土驳岸，改建为条石驳岸或块石勾缝驳岸形式。

青龙桥－千秋桥段

同样整洁优化建筑立面墙体；整治水阁空间临水民居的架空柱式；增加滨水活动空间的绿化景观。

洪桥港南立面：洪福桥－军民路桥段

整洁优化建筑立面墙体，拆除金属构架，采用古镇传统立面色彩；增加小型盆栽景观，营造精致街道环境。增加建筑立面的垂直绿化；对现有水埠桥梁驳岸进行定时维护，保证其处于良好状态。

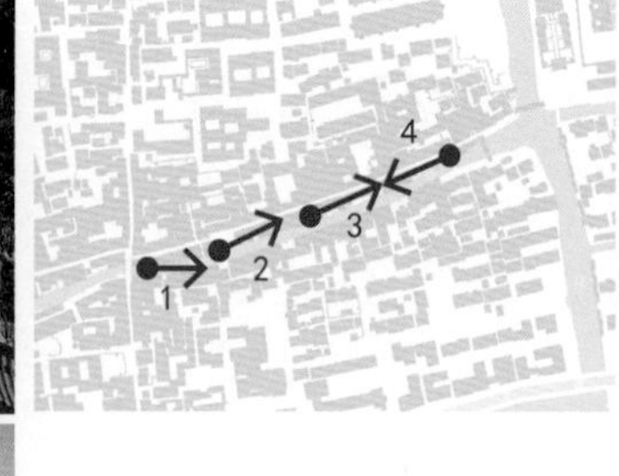

4-37
4-38
4-39
4-40

图 4-37 洪桥港水景观意向（4 图）
图 4-38 洪桥港水景观界面平面图
图 4-39 洪桥港北立面：新场北桥－西仓桥段
图 4-40 洪桥港南立面：洪福桥－军民路桥段

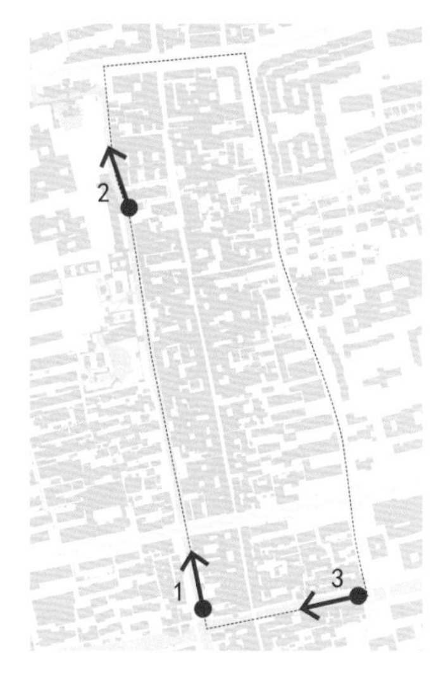

2. 后市河水景观界面意向 – 节选

牌楼西路 – 包桥港东侧

界面引导控制措施：整治修缮建筑立面墙体，采用传统木材质门窗样式，替换掉破损建筑立面构建；拆除不必要的建筑青砖材质构建，更换为整体的木材质门窗形式；整治红砖建筑立面，统一为白墙黛瓦传统风貌；整治混凝土建筑立面，统一建筑色彩，恢复江南古镇白墙黛瓦的传统风貌。

整治修缮驳岸，保持水界面驳岸风貌的整体性，与邻近驳岸形式统一，采用传统条石驳岸形式。整治修缮破损水埠码头，按照拆除杂乱构架，按照传统风貌与形式要求设计并建造，清理规整水埠空间。更换金属材质桥梁栏杆，加固桥墩桥面，增加桥面绿化。增加建筑立面的垂直绿化，摆放花坛、种植水生植物或藤蔓植物等。

整治改造混凝土砌筑水埠码头，按照传统风貌与形式要求设计并建造。保存现状风貌良好的水埠码头。

太平桥：整修加固桥墩，恢复栏杆为古桥样式，增加桥面绿化。

增加滨河步道的绿化植被，摆放花坛、种植水生植物或藤蔓植物等。

4-41
4-42
4-43
4-44

图 4-41 后市河水景观界面平面图 1
图 4-42 后市河水景观界面意向（3 图）
图 4-43 后市河东立面：牌楼路 – 康士希桥段
图 4-44 后市河东立面：康士希桥 – 太平桥段

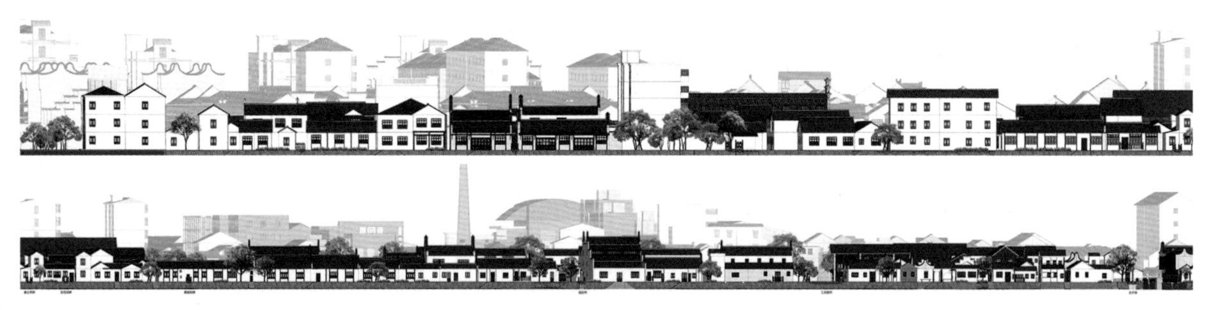

3. 包桥港水景观界面意向 – 节选

界面引导控制措施：整治青砖与红砖建筑立面，整治混凝土建筑立面，整治红色屋顶，统一建筑色彩，恢复江南古镇白墙黛瓦的传统风貌；整治修缮破损与年久失修的建筑立面墙体，拆除金属材质室外晾衣构架，拆除金属防护网构架与其他金属构件，采用古镇传统木格门窗形式与色彩；空调机箱外加盖，材质色彩与传统门窗风格统一，摆放位置与窗台规整，可适当用植物绿化遮挡；拆除风貌较差、不合理的加建建筑或局部构件，统一整治水景观立面风貌，留出适当开敞空间，种植绿化。

整治改造混凝土砌筑水埠码头，按照传统风貌与形式要求设计并建造。保存现状风貌良好的水埠码头。

整治破败杂乱的驳岸，保持水界面驳岸风貌的整体性，与邻近驳岸形式统一。

太平桥：整修加固桥墩，恢复栏杆为古桥样式，增加桥面绿化。

增加建筑立面的垂直绿化，结合立面整治，加入乔木花灌木种植，摆放花坛、种植水生植物或藤蔓植物等。

4-45
4-46
4-47
4-48

图 4-45 包桥港水景观界面意向
图 4-46 包桥港水景观界面平面图
图 4-47 包桥港北立面：太平桥 – 包桥港一号桥段
图 4-48 包桥港北立面：包桥港一号桥 – 新建木桥段

4. 新场港水景观界面意向 – 节选

沪南公路 – 牌楼东路西侧

新场港西立面：千秋桥 – 新场桥段

整治混凝土建筑立面，整治红色屋顶，统一建筑色彩，恢复江南古镇白墙黛瓦的传统风貌；拆除金属防护网构架或其他金属构架，采用古镇传统的门窗形式与色彩；空调机箱外加盖，材质色彩与传统门窗风格统一，摆放位置与窗台规整，可适当用植物绿化遮挡；拆除风貌较差、不合理的加建建筑或局部构件，统一整治水景观立面风貌，留出适当开敞空间，种植绿化。保持新建住宅小区的滨水景观界面风貌，远期门窗可更换为传统门窗形式，打破现状完全封闭的水岸景观界面，增加水埠码头。增加建筑立面的垂直绿化，提升滨河开敞活动空间环境品质，加入乔木与花灌木种植，摆放花坛、种植水生植物或藤蔓植物等。

新场港西立面：万福桥 – 千秋桥段

新场小学更新改造地段滨水界面注重保持与古镇传统建筑风貌的协调，体现新场古镇传统临水民居水岸景观建筑的尺度与风格手法，保证滨水步道的贯通，建筑立面、门窗及屋顶形式及色彩与古镇风貌融合。

4-49
4-50
4-51
4-52

图 4-49 新场港水景观界面平面图
图 4-50 新场港水景观界面意向
图 4-51 新场港西立面：千秋桥 – 新场桥段
图 4-52 新场港西立面：万福桥 – 千秋桥段

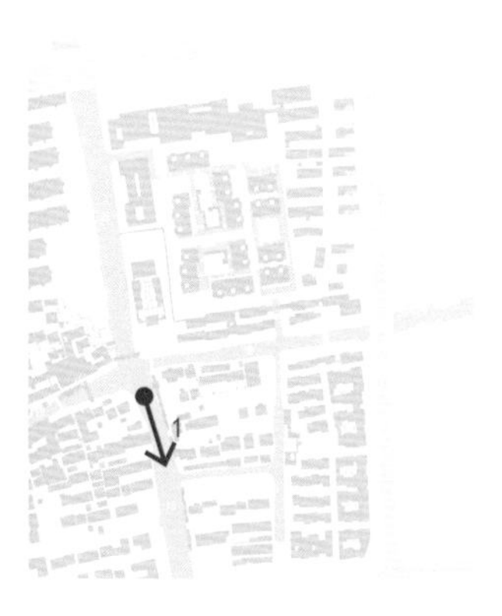

4.6 非物质遗产文化活动

接财神

恢复沿洪桥港的迎财神民俗活动，重新引起当地居民对相关民俗文化活动的重视和积极参与。俗传正月初五是财神生日，新场地区在年初四晚上举行接财神活动。这天晚上，各家商户明烛高燃，设香案，迎财神，祈求赐福。新场镇有两尊财神老爷。一尊是供奉在城隍庙内的武财神赵公明，俗称金面财神。每逢正月初四傍晚，金面财神从城隍庙经千秋桥、洪东街进入新场大街向南。

元宵灯会

元宵灯会，在新场镇上历来颇有影响。届时三里长街，家家户户门口高挂自制彩灯。在正月半的前后，新场镇上千灯悬挂，姿态各异，栩栩如生。因此，在元宵节，沿洪桥港举行灯会，特别南侧下塘街，利用滨水廊棚，悬挂彩灯。

荷花灯会

昔日，新场镇上每逢六月廿四，从南山寺到北大街后市河中点燃莲花灯，进行水祭。届时，后市河中灯火通明，犹如一条水龙，又似水上明珠。根据《话说新场》的介绍，里人举行水祭，既是一种求神保泰的心理意识，又是为了里人保卫家乡树立了备战观念。恢复新场传统放荷灯的活动，再现当年的水祭场景。昔日新场镇每逢六月廿四，由南山寺举办“莲花灯会”，在傍晚时分，南山寺和尚一起出动摇着大木船，船中置放香案，边念经，边放荷花灯，每隔 1m 左右放置一盏，这些莲花灯在“三港”（洪桥港、后市河、包桥港）中央酷似一串串明亮的珍珠。

岸祭活动

“恢复古镇插檀香，棒香之俗，在洪桥港两侧滨水活动空间恢复岸祭活动。七月三十为地藏王菩萨生日，新场地区的居民家家户户在自己的屋檐下、街檐和泼水的地方，都插上一排排棒香，为地藏王开眼照明。

水上集市

在地块内新场港东侧利用宽广的水域和开敞的滨水空间重现富有水乡风貌的水上集市。水上集市是江南水乡古镇最有特色的集会空间了。水上集市会选在水陆交通较为发达或便捷的集结之地。人们把家里种植的农作物和饲养的家畜在喝早茶时带出来卖，由于交易在船上进行，就形成了水上集市。

桃花节

每年三四月份上海南汇都要举办桃花节，新场是主要会场之一。新场港沿岸有近 40 公顷的农田沟渠纵横、苇荡婆娑，有完好的自然田园环境。规划利用已有的良好田园风光，在此地块举办桃花节，让人们在享受自然风光的同时体验传统民俗、民间艺术，形成一个农业、艺术、休闲交相辉映的乐园，为都市人创造一个亲近农田、亲近水乡的恬静自然的空间。

4-53 4-54
4-55 4-56
4-57
4-58

图 4-53 ~ 4-56 古镇民俗文化活动
图 4-57 新场古镇文化活动意向 1
图 4-58 新场古镇文化活动意向 2

4.7 水利与水务

4.7.1 现状

洪桥港：新场大街－新场公路河段中，洪桥港河道淤积程度较轻，污水直接排放进河道，水质污染严重。后市河段由于临近新场医院和海泉街，淤积严重，水质污染也非常严重。在洪桥港和新场港交叉处还设有洪桥港东闸，采用卧倒门形式，起到调节水位、防汛排涝的作用。新场港－仁义路河段中，洪桥港淤积程度严重，两岸居民将污水直接排放进河道，水质污染严重。

后市河和包桥港：是新场的骨干河道，对周边地区防汛、除涝影响较大。地块中这两条河道严重淤积，污染源排放问题严重，污水直接排放进河道，水质污染严重。河网整体水质堪忧，水系不畅，水动力不足。

新场港：新场港是古镇主要排涝河道。地块中这两条河道淤积程度较轻，污水直接排放进河道，水质污染严重。在洪桥港和新场港交叉处还设有洪桥港东闸，采用卧倒门形式，起到调节水位、防汛排涝的作用。

4.7.2 水利水务更新要求

对河道进行截污纳管工程，封堵并拆除现有入河排污口，改造污水出户管，将污水接入市政污水管网。疏浚现有河道满足区域防洪除涝要求。对河道污泥进行清淤，改善水环境质量，促进河道生态系统恢复。

4-59 4-60
4-61 4-62

图 4-59 洪桥港水质
图 4-60 包桥港水质
图 4-61 后市河水质
图 4-62 新场港水质

4-63	4-64
4-65	4-66
4-67	4-68
4-69	4-70

图 4-63 ~ 4-70 新场古镇的排污口现状

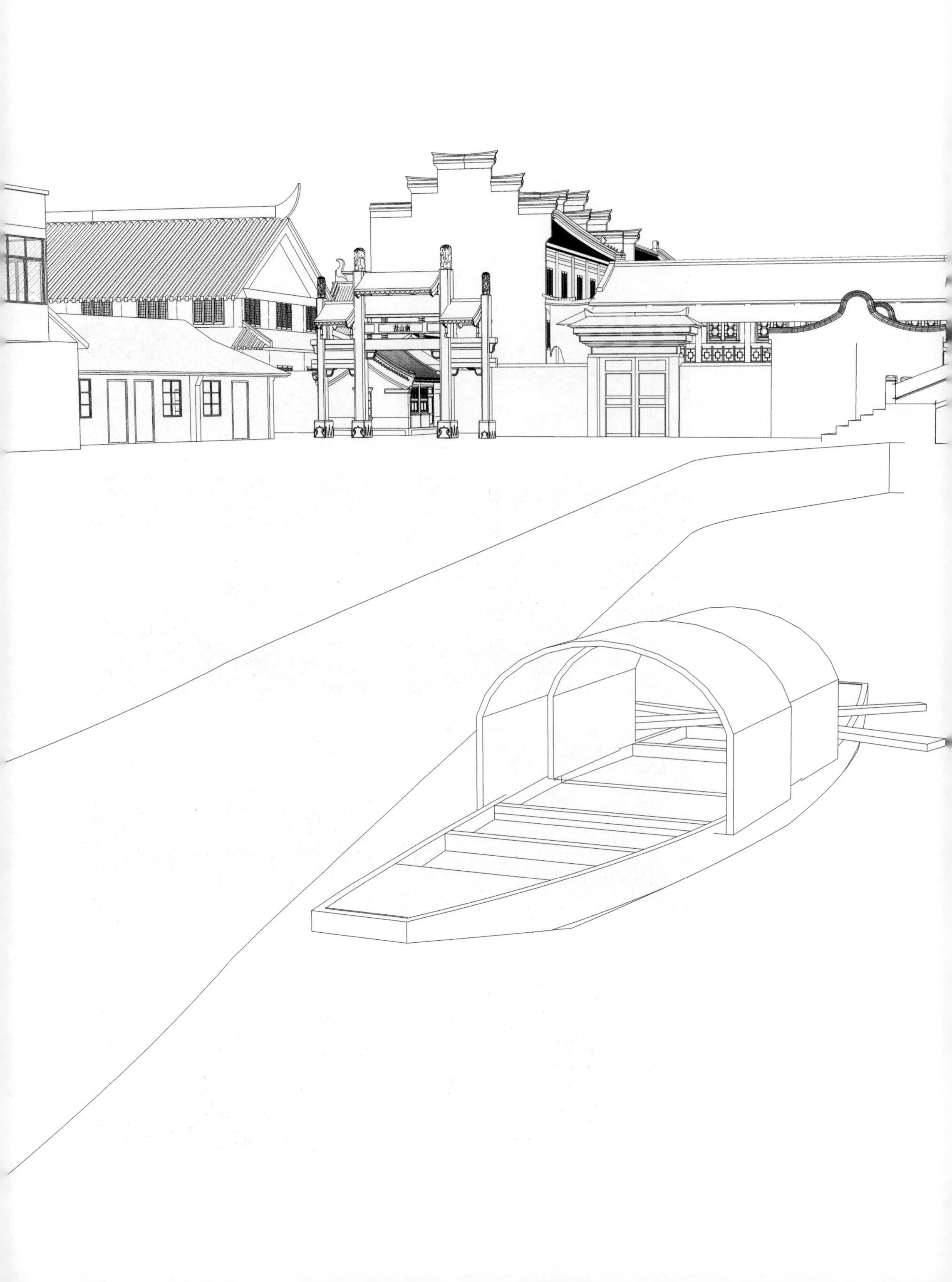
南山坊

第五章

水岸驳船系统文化景观规划策略

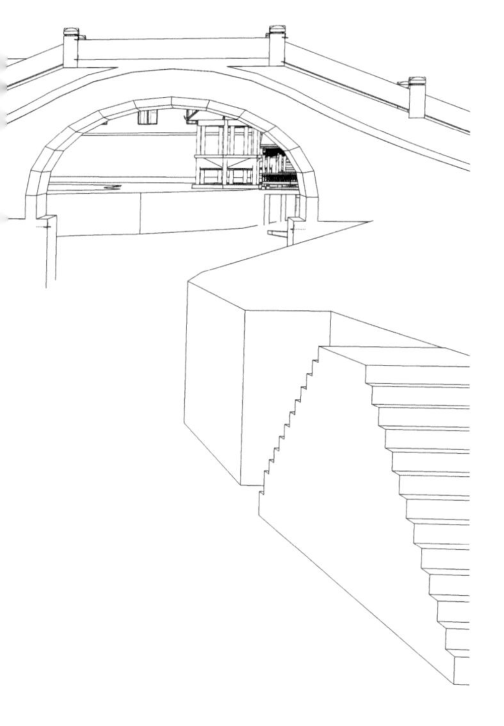

5.1 研究结构与方法路径

5.2 有机发展策略

5.3 旅游功能发展思路

5.4 传统交通功能发展思路

5.5 保护原则

5.6 发展建设原则

5.7 水岸驳船系统文化景观的外延与内通原则

5.1 研究结构与方法路径

江南古镇驳船系统文化景观是关于人与自然不断交流融合形成江南文化内涵的重要组成部分，具有江南文化的典型性，是极其重要的历史、文化、传统的保护内容。江南古镇驳船系统文化景观将更进一步地继承与发扬传统历史文化风貌。尤其在当前城市化进程中，历史风貌的保护与复兴能够延续传统历史文化价值的可持续性，又能创造一个活的文化景观，从而有效促进与发展江南水乡文化的内容和价值。通过对江南古镇驳船系统的研究得到江南古镇保护与复兴的意义和重要性，初步总结以保护为原则的未来发展方向。

江南古镇的风貌保护已经日趋成熟，对江南水乡驳船系统特色文化景观的保护研究也在不断加强。通过前几章的研究表明，以江南水乡为特色的古镇驳船系统文化景观是江南水乡风貌的重要基础，是古镇风貌保护发展再生的、极具潜力的重要契机。通过对于古镇驳船系统文化景观的梳理研究与系统化的梳理，总结出当前江南古镇总体水环境的风貌特色，恢复水乡传统风貌的景观界面，复兴古镇的文化、生活、景观等各项传统与功能。

通过此次对江南水乡新场古镇的分析研究，我们也可以发现当前水乡保护与发展所遇到的困境是城市化进程中的普遍现象，可以说是历史特色风貌文化景观在城市发展中遇到的困境的一个缩影，中外皆有。通过前期详尽深入的研究梳理，在我们新场古镇的设计实践里一定程度上已经指出了类似问题的发展思路和方向，回应了如何在当代的语境下，用当代化的形式去赋予历史文化的传承复兴力量，赋予古镇传统面貌与新的文化景观价值。

依据新场古镇城市设计中驳船系统文化景观的研究成果内容，将总结出来的方法与研究内容系统化运用在新场古镇保护与更新的发展与实践当中。发展探索古镇如何更好地进行保护与传承，同时可以在实践中继续探索古镇驳船系统中水特色所针对的文化景观内涵表现。

另外，针对已有研究取得的初步成果，调整研究实践应用方法，将古镇驳船系统文化景观的研究体系运用在古镇驳船系统文化景观系统化的探索实践中，探索应用实践与发展的各种可行性，是江南古镇驳船系统文化景观研究的探索性总结。希望通过对于江南古镇驳船系统的具体发展研究实践，系统化论证其价值所在，建立可针对各个江南古镇水系统、水环境、水结构的驳船系统文化景观的特色体系内容。江南古镇驳船系统文化景观在当代江南古镇保护与发展中的核心价值将被不断发掘和运用。

图 5-1 新场古镇鸟瞰图

5.2 有机发展策略

5.2.1 尊重客观历史变化与发展的有机恒定策略

古镇驳船文化系统文化景观永恒而稳定地依从古镇保护原则的核心 – 将风貌文化景观、风貌原真性传承与风貌民俗保护作为恒定原则。在百度百科中，"恒定"的意思即为"不受力物体以恒定的速度运动"，但在江南古镇发展的核心操作与执行中，古镇原真风貌保护的内容完全不受外力的影响是不可能实现的。单纯意义上的"恒定"保护原则需要用有机发展、协调实施的理念来协调推进古镇文化、生活、经济和历史的维护与传承。"有机"应该基于恒定原则，在历史风貌原真性传承与保护原则的基础上，不可动摇。

有机恒定发展理念的运用应客观、理性地处理好古镇在发展中的多重关联性，如古镇与人的关系、古镇与水的关系、古镇与自然的关系、人与社会的关系、人与自然的关系，要做到健康、循环、和谐、永久、有机生活的核心理念要求。在古镇驳船系统文化景观方面，应重视功能的复兴、形态的原真性保持、格局结构的合理、自然环境保护意识、传统文化的尊重、地域民俗的合理延续、生态与科技的发展运用，以有机的发展思路注解恒定原则的保护与发展。

江南古镇的发展历史是通过尊重地理环境条件的特点，依托江南地区丰富的水资源、水网结构的连通，发展基于运输便利的经济优势，发展城镇生活与环境改造，最终形成水陆交互的城镇交通与生活体系，也形成了独具风格特色的水网交通、水系景观。所以恒定的古镇江南风貌历来的运作模式脱离不了驳船系统构筑的水岸关系，恒定的水界面才是古镇长期发展的重要阵地与主要景观形式。有机发展是对于环境条件的历史影响，不断研究分析，重点自然是逐步揭示并复原以驳船系统为核心而展开的古镇文化景观的探索。以水为主脉络的古镇格局以及客观历史功能在不断地变化与演进。

古镇的延续与发展不应该以当代城市追求经济与效率为唯一前提，在古镇的发展时期应该着重以控制其新城发展对古镇带来的不断侵蚀。无论是旅游产业的发展还是新古镇的经济形式都不应放弃传统文化与其蕴含的内涵价值。由于发展需要而不断人为破坏，造成了古镇极端荷载，将不利于古镇的可持续发展。尤其是对于应对产业经济发展的不合理配置，如市政设施的现代化破坏了原有自然结构的平衡，舍弃了原有的古镇空间与肌理的平衡状态。因此，必须对爆发式开发加以有效控制。

有机发展与复兴传统之路是将历史有价值的一面延续下去，以风貌的恒定特性强化环境与文化的结合，通过景观的内在系统整合，不断体现生活价值的内涵。我们有别于历史的是物质变迁的生活与自然的融合，而不是颠覆与破坏的简单发展模式。保护的意义在于江南古镇的风貌延续与尊重传统的发展模式，有机而持久地保持原有肌理与文脉。

5-2

图 5-2 新场古镇洪福桥

5.2.2 协调功能满足与历史变迁之间的发展策略

1. 理性控制发展规模与容量，补充营建低耗古镇宜居功能

现代生活方式对于乡村城镇发展的影响已经成为不可抗拒的现实状态。都市化的城市结构与功能在不断置入乡村古镇，古镇为满足不断扩大的流动消费人口的服务需要，原有低耗低效的城镇行为模式已经彻底改变。作为主要历史功能的承载，古镇驳船系统一直承担着交通主动脉的互联功能作用。古镇旅游业的发展加快改变了驳船系统的传统交通生产运输的功能作用，古镇水网系统历经改造仅仅保留了水上出游的功能，完全忽略了其辅助型交通的发展价值。同时，原有的与生态自然相协调的文化景观也在逐步丧失其原有的形态与内涵。在历史长河中，古镇的经济与生活的变迁演进一直尊重着传统内涵，长期来讲，其生活功能的本质变化不大。对于古镇规模与人口的不断扩张应该采取引导、弱化其商业功能，强调生活性内容，合理选择旅游项目，同时恢复必要的水界面景观和其承载的形式内容，加强古镇驳船系统的功能补充与文化景观提升。

2. 历史变迁中古镇特色水乡的传统文脉延续及功能复苏

江南古镇水乡文脉的延续，避免在古镇区域过度发展单一重复叠加型的商业旅游模式，避免水岸资源浪费。复苏以原生水文化的景观与功能结构，包括驳船系统及水界面的文化景观梳理，调整驳岸空间与水环境的合理景观比例，让水乡生活功能重归古镇主题，积极营建低耗、生态、高幸福指数的水乡古镇生活文脉。

5-3

图 5-3 新场古镇后市河

（1）依托驳船系统文化景观的复苏，提升古镇水界面旅游品质

旅游经济是目前古镇发展的重要手段。但是单一重复性的旅游内容，使古镇旅游慢慢走向了粗暴的恶性循环状态。由于对传统古镇的历史文脉认识的不足，古镇呈现趋于平庸的场景化、游乐场化的窘境。古镇驳船系统文化景观的传承与复苏正好及时提供了古镇多元文化关于水文化景观内容的发掘，将融合古镇水文化游览和古镇生活休闲体验为一体的高品质、参与型、体验型的文化内涵丰富的旅游内容呈现出来，从游览到体验，从历史到传统，继承古镇文化脉络，不断提升旅游物质与精神的品质。

（2）依托驳船系统文化景观的复苏，丰富古镇水空间形态景观

水主题、水文化是古镇的历史之根与成长之干。江南古镇为中华文化提供了丰富的给养，使我们拥有了丰厚的文化底蕴。在古镇的水岸空间，水上之美无所不在，在人的互动与参与之下，形成独有的景观意象。作为江南地区人们经济与生活的重要载体，古镇水界面还呈现以驳船系统文化景观为特色的美妙的多样文化形态，使江南水乡古镇能够成为江南的精神花园与文化乐园。

（3）依托驳船系统文化景观的复苏，重建水乡古镇特色水交通

逐步恢复区域水上交通，形成水上文化旅游的线路，结合驳船系统丰富的文化景观，建立江南水上驳船系统，创立“驳船系统文化景观”博物馆，强调文化内容，建立一个水上景观的交互体系，提升突显驳船系统的景观价值，对旧区中传统街坊、聚居地的保护与更新可依托驳船系统文化景观的复苏为契机。

（4）依托驳船系统文化景观的复苏，创建古镇特色慢生活体系

交通发达的城市，生活高效、快速，同时生活充满压力。交通效率的重点体现在陆路环境中，并已经改变与替代了古镇以前的交通环境。而江南历史上的传统水陆交通组织与运行却没有如此大的承载与压力。虽然，江南地区的水上交通已经无法满足当下城镇发展的需要，并充满了其发展的局限性，但对于古镇与古镇空间来说，依然有着可待发掘的文化内容与功能。水网构架的精神意义在于唤醒人们因追求效率而忘记的文化环境习俗的美与对生活特色的追求。古镇驳船系统文化景观的再次复苏正是由于人们对于生活的本质与核心的理解，是慢生活的重要体现。

5.3 旅游功能发展思路

5.3.1 基于加强历史文化保护的驳船系统文化景观旅游文化

总的来说江南古镇的旅游文化都是基于古镇历史文化传统保护的内容与范围。古镇的历史文化与区位环境地理的特色是其发展中不可忽视的因素。江南古镇水乡的历史与水乡特征由很多要素组成，其中古镇驳船系统文化景观的历史文化价值是最重要的标志之一，也是旅游的重要资源。古镇旅游文化的内涵包含了历史、艺术、人文、技术、民俗及交通，这些都在驳船系统文化景观的具体表现上有所展示。

5.3.2 江南古镇之间特色水路交通为旅游整体性展示与发展

以江南水网、水系为媒介，强化水乡古镇文化关联度，重点整合古镇驳船系统的各项表现与外在实质，以驳船系统文化景观的独特视角，再度深化古镇的文化内涵、历史内涵、形象特点，形成全新的旅游产品，打造全新旅游线路。各个古镇之间，依托水网与驳船系统的同类整体关联性形成合力，以江南古镇整体文化景观与历史遗存为内容，加强申请“世遗”的准备工作，开拓旅游的文化高度与内涵。依托古镇驳船系统文化景观的类型、内涵与形象的研究，拓展整体江南水乡的文化景观领域，将古镇的水系与运河、太湖相互连通，形成文化景观的完整体系，把江南文化景观的各个内容有效组织成具有延续性、可发展的大旅游系统，形成丰富的文化旅游价值，予以开发发展。

5-4

图 5-4 新场古镇文化旅游

5.3.3 打造古镇驳船系统文化景观差异化特色旅游内容与游览体验

挖掘江南古镇水乡独特驳船系统文化景观的内涵，结合驳船系统的各项要素，全面展示江南水乡驳船文化景观的各种形象，形成独特的文化水上旅游线，提高旅游的含金量，满足各个层面旅游者的文化消费需求，以富有韵味的水乡古镇特色，加强整体旅游的内容品质。古镇驳船系统类型分析的结论显示，从江南历史传统水文化的系统构成中让人产生了较全面的文化体验与感受。通过深度发掘驳岸、水体、船舶，以及整体构建的综合形态，使人们较系统的能够品位到中国传统文化的博大精深。在这样的场所空间里，也发生了日常中国百姓的生活，也是旅游者体验人文环境的重要场所。

5.4 传统交通功能发展思路

在第 38 届世界遗产大会上，中国的大运河被批准列入世界遗产名录内，对于中国而言，这个消息鼓舞人心，也给江南水岸文化景观的研究与发展带来了机遇。从 2014 年 6 月 22 日入名录以来，在大环境支撑下，利用大运河河运体系的支撑作用，疏通恢复再生江南水航道交通网络系统，成为了古镇驳船系统文化景观发展有利的基础。伴随着中国大运河的不断疏浚与拓宽，江南水乡地区的水网水系也正在逐步恢复连通，加强与区域交通联系，通过整体水道水运交通串联古镇的基础条件已经不断完善。尤其是江南地区古镇旅游业的发展，逐步恢复水网的航运交通功能，形成以旅游为核心的水网交通体系是必然趋势。除此以外，古镇之间的居民生活也能通过水道相连，形成水上的互动联通。

江南水网水系，依据空间关系组合的不同状况，基本呈现分散的点式排布。这一结构是指在一个区域内或不同区域内的若干个临水生活环境区域的联合发展，这些临水生活区域环境在地理空间上并不毗邻，但在文化风俗上具有一致性，如江南古镇。

5-5

图 5-5 新场古镇意向效果

5.5 保护原则

5.5.1 空间组织的文化景观保护原则

江南水乡古镇驳船系统文化景观关于保护内容制订的首要原则是，严格按照古镇历史风貌保护相关条例管理办法内容。其中，古镇驳船系统中的各个级别的文物类物质与非物质内容的保护要求最为严格，将按照“‘抢救第一，保护为主’的方针和‘修旧如旧’、‘延年益寿’的原则，对文物建筑及遗址进行维护保养。”其次，古镇的传统街巷肌理与水系脉络也是主要的保护内容。

保持古镇驳船系统空间关系的完整性是江南古镇历史风貌保护的主要内容之一，无论是临水建筑、桥梁、河巷还是船舶，都以互为关联的空间组织要素构成其功能与景观系统。古镇驳船系统的组织空间以水乡的自然水网条件为轴线，以驳岸、水埠、船只的整体组织构建作为重要节点，并将这些节点依次整体展开，形成完整系统格局的平面关系。

传统意义中水乡古镇的主要对外展示界面及空间，都是以水的交通与功能为走向来指引的。古镇驳岸船舶及其完整系统的景观要素具有连续的界面，是一个以水为主的景观体系。其立面形态因为历史不断延续传承，在功能与环境的不断融合中形成特色。这些特色与演进的关系也在复兴 - 衰弱 - 再复兴的循环中展示了历史发展的脉络。所承载的不仅仅是环境与功能的变换，更是体现了历史各个时期的经济、生活、文化的变换。景观因人的互动与参与，在整个连续界面空间 - 立面形态的文化表现上得以体现。

恢复功能与水界面完整系统的文化景观，强化各个不同类型节点的空间。发掘、梳理驳船系统各类型的独特性，塑造其物质与非物质内涵的外在表现，重点打造古镇水岸景观界面。

5-6

图 5-6 新场古镇水景

5.5.2 交通组织的文化景观保护原则

江南古镇的交通协调在于处理好水交通与陆路交通的关系与比例。就目前的交通便利性与有效性而言，水路交通明显存在较大的劣势。因水交通在古镇及乡村范围内运用的衰退，水路交通在古镇基本沦为旅游的副产品。古镇的驳船系统文化景观的传统价值也因此被不断忽略，造成古镇的单一性、特色性被不断弱化。因此摸清价值，将驳船系统的保护提升到古镇保护的核心地位变得尤为重要。我们必须认清江南古镇水网水巷与古镇街道街巷具有同等的风貌保护价值。

江南古镇驳船系统的交通与陆路交通互补，同时也与古镇的慢行系统相协调与统一。统一各种类型的交通组织关系，依据古镇条件有选择性的引进外部水运交通作为古镇水上交通的延伸。将航运功能与水上游览相互结合，逐步恢复传统水路交通的功能渗透，活化古镇的水路交通环境。原有古镇的驳岸河埠与船舶的基础设施，在强调传统保护的要求以外，恢复其作为古镇重要出行口岸的功能作用，并加以维护修缮，依据历史风貌景观原则还原历史特色，并延续文化的品质与高度，做到延续功能、有度维护、有序使用的良性状态。还原水交通的历史作用，丰富古镇应有的传统历史结构特色风貌。

5-7

图 5-7 新场古镇河道鸟瞰

5.5.3 功能组织的文化景观保护原则

通过对古镇历史文化风貌的梳理研究，古镇驳船系统的传统功能的外在表现也是文化景观基于保护原则基础上的重要保护内容。江南古镇在历史上的成型发展都是依靠其核心功能的不断调整与变换来适应各个历史时期的发展需要的。驳船系统作为古镇重要的生活功能与经济功能的工具与载体，基本承载了其功能的重要形态与组织方式，尤其在交通与生活方面的长期运用，文化景观的要素基本没有改变。古镇驳船系统的历史功能也已经经历了长期的发展过程，从形式上、组织上、表现上都积累了丰厚的文化内涵，形成了以水为界的功能构架与组织形态，其辅助服务设施的基本功能与生活场景文化的景观内涵，决定了其作为古镇经济生活与文化生活的核心。虽然经历了时代的变革，经济模式的转变，科学技术的迅猛发展，对于传统的生活以及古镇驳船系统功能组织的文化景观保护仍然应加以重点保护，保留我们生活的原真性与延续性。

各个不同类型的古镇驳船系统文化景观空间界面与对位功能发展的相互协调与组织，是在古镇整体风貌保护基础上对古镇生活功能的具体表现形式。古镇水域的保护与控制，包括了每一个驳船系统类型对应的区域。风貌历史内容保护的明确、水界面驳岸空间环境的整治内容和功能性建筑的控制要素，将古镇驳船系统关于驳岸、船舶、水埠、水岸建构、服务功能控制部分与水交通环境协调区域的功能协调组织形成活化功能的主题专区。连接水陆线的内外连通，补充与衔接对外交通和休闲生活的游览组织功能。同时，重点对于驳岸空间的形态尺度、水道系统的格局、历史性水埠建筑的风貌、特色与体型以及对材料的运用，尤其是在色彩、装饰等方面注重历史文化景观的美学与功能作用相结合。

5.5.4 民俗文化的文化景观保护原则

江南古镇在非物质文化遗产方面拥有丰厚的积累。许多历史文化名镇的古镇保护机制已经趋于完善，在此基础上，更进一步完善与补充古镇驳船系统的非物质文化民俗的内涵，是有效保护与发展古镇文化景观的重要工作。

古镇驳船系统的民俗与传统在文化构成中都有其重要的功能属性。无论是传统节庆还是宗教祭祀，在古镇的文化构成中都会与水产生直接关联。这样的反映不仅在于水交通的运用上，更多的与古镇的水文化有关。

营造保护的环境与基础，重点是将人与水的关系互动起来，强调在构建驳船系统交通功能作用的同时，把文化体验与民俗行为整合起来。将古镇驳船系统中关于民俗文化的典故、行为加以整理形成制度，用文化复兴的理念修复关于活动的内容的引导。将水文化、船文化、桥文化、水祭祀文化结合水交通的形式组织有效的活动推广，从人对于文化感知的需要入手，从民俗物质美学形式的表现入手，还原完善江南古镇日益缺失的民俗文化景观传统风貌。

5-8

图 5-8 新场古镇第一茶楼评书

5.6 发展建设原则

5.6.1 古镇外部大整体格局发展建设原则

1. 依托江南古镇驳船系统文化景观的恢复重构有机活化乡村水网大格局

随着大运河申遗的成功，运河文化景观的大格局被整体展现出来，原有运河航运功能单一性的认识被不断改变提升，历史文化的内涵被不断发掘，连同太湖流域的整体文化景观整体展示的时代机遇已经到来。古镇恢复衔接大水网体系，让生态化、低耗节能的水交通被合理运用，而古镇的水网延伸、水交通的复苏是构建江南古镇文化景观多样性大格局的重要环节，对于生态江南、舒适江南、文化江南、风貌江南的保护与传承起着重要的支撑作用。

2. 保障江南规划发展与建设合理性，恢复江南水网格局连续性与整体性

阻止水乡江南自然地理格局的继续萎缩，辅助修复水网水道逐渐失去的交通功能、生活功能和环境特征。构建新生态水环境与水交通，将绿色出行与环境整合起来，推进水网络的整体修复再造，将以人为本的文化传统良性需求作为准则来打造具有特色的典型的江南水乡。

3. 打造驳船系统文化景观，构筑典型的江南传统水乡河网特色

基于古镇风貌传承与保护的要素结合，落实依托江南城镇，特别是以风貌乡村古镇为阵地，梳理古镇风貌环境要素中水界面、水环境景观，恢复整合以古镇临水建筑、驳岸驳船、驳岸建构为核心的驳船系统，重点打造古镇水乡的传统功能文化景观特色，形成古镇文化景观新的主要呈现界面与环节节点，完善古镇水乡历史风貌，构筑江南水系统水网特色。

4. 有机串联河道，形成江南古镇大驳船系统文化景观

建立生态景观与风貌景观区域的交互网络，形成低碳慢行的特色区域交通系统，提倡传统生态景观与优质生活相结合的文化景观，使人们可以整体体验江南特色水岸驳船系统。充分利用传统江南的水网，整合村落间因现代城建的影响而逐渐失落的文化民俗与传统生活。

5. 以水为中心，整合江南水乡人文生态系统特征

构建新时代水文化，让水文化复兴江南水乡环境景观。从水乡环境特色上来看，渗透力极强的纵横水道形成了以丰富的水网格局为基础的独特江南农业活动、聚落文化与交通运输的核心。加强发掘与塑造“水”文化景观，让水成为再生整体江南人文生态系统的关键，也恢复其不同于其他地方文化景观的独特特征。

5.6.2 古镇内部各类型系统整合建设原则

1. 古镇驳船系统文化景观完整性水界面的功能系统整合

完整性“水界面”主要是包含古镇区域范围内驳船系统中关于驳岸、船舶、水埠、水岸构建、水道水系的整体系统，各个部分共同形成相互关联的交互系统。古镇风貌水体景观界面，是以古镇水岸文化景观的重要界面整体系统化的关系呈现来展示古镇的风貌整体形象。每一个重要的类型元素都与古镇的风貌历史保护相互结合，是古镇主要的风貌要素组成部分。对于系统物质要素的历史遗存进行保护，是通过对其功能的复兴，将保护与整治古镇区域内的物质环境来保证整个古镇区各部分协调发展，功能互补创新保护与功能实现。对于系统完整性的整合主要针对古镇环境特点的各要素特点，采取节点界面、动态流线、景观界面相结合的整体保护与整治措施。

2. 古镇驳船系统文化景观点界面的类型系统构建整合

“点界面”主要是指古镇驳船系统的节点空间的构建，也是风貌形态塑造维护修缮的重点。点界面的类型比较多样，前面研究分类的内容包括茶楼食肆驳船系统、宗教建筑驳船系统、古镇园林驳船系统、民居宅地驳船系统和桥头河埠驳船系统。各种分类的目标不仅在于功能影响下的不同表现，还有其形态意义上的文化体现。即便是单从水埠头的布局类型上也各不相同、各具特色。节点的形态控制与景观的塑造表现即严格按照保护和修缮各级文物的要求整合，更多的是结合功能类型系统构建与控制整合，兼顾保护历史环境各项要素，塑造 文化景观的重要节点界面。

3. 古镇驳船系统文化景观水动线的流线系统构建整合

“水动线”是指动态交通流线，古镇驳船系统既要连动复兴古镇交通功能的水路动线的整体连通关系，也要将节点界面的文化景观系统整合形成完整体系。并且在古镇沿线配合保护整治，将保护与整治沿街、沿河文化风貌以及重点地段的风貌与环境，完整整合在一起。同步可以依据环境的特点、据旅游游览线路的关系来整合整体流线系统，创造古镇的水陆动态景观，创造文化景观延续作用。

4. 古镇驳船系统文化景观民俗非物质格局维护整合

“民俗非物质”格局是江南古镇文化景观整体格局中非物质文化民俗的部分。古镇驳船系统文化景观有其特殊的水特色环境条件，船、岸、桥、水埠等都是构筑文化民俗内容的主要阵地。江南水乡的文化、宗教、民俗、艺术都具有江南的水乡典型特色，具体的活动形式与整体意象表现也离不开水韵文化的内涵与功能的支撑。在维护江南水乡传统历史文化风貌的大背景下，驳船系统中非物质文化景观部分的内容也融入到整个体系中，并加以完善，且以整体格局系统化的保护修复传承为核心，在古镇驳船系统文化景观的每个环节中予以整合。

5. 古镇驳船系统文化景观格局维护与更新体系构建整合

构建江南古镇驳船系统文化景观的完整格局，提倡整体性保护与发展原则，重在两大内涵。第一，从整体性考虑，以古镇水网水道为基础，恢复传统功能、风貌、景观格局，在风貌历史保护机制下不断完善与修复古镇形象，把江南古镇驳船系统的格局整体修复维护起来，提倡整体功能的保留恢复及整体风貌的复原，提倡江南文化民俗与水上生活的非物质性活动的修复。第二，从管理的角度入手，提升更新主体即经济体系管理内容与风貌保护机制，不断完善更新主体与政府、开发企业以及公众的相互关系，从制度上完善古镇整体保护，解决在古镇区域内包括空间环境、水网环境、历史风貌保护、传统功能修复、古镇建筑控制以及各项功能的协调问题。深入强化维护以江南古镇驳船系统为主要景观核心的古镇驳船系统文化景观格局，重新构建整合更新体系。

景观格局维护与更新体系构建，具体的实施措施与建设还包括更新资本与政府引导。资本是发展古镇、复兴驳船系统文化景观的必要条件。古镇的发展往往涉及较为敏感的新老发展观念的冲突与矛盾，这也表现在古镇的更新资金的来源上，运用上都是古镇更新与发展的保障。

5.7 水岸驳船系统文化景观的外延与内通原则

5.7.1 古镇与周边城镇村落新城的交通创新融合

有效运用有机活化理念，驱动恢复水交通流线及环境，结合江南水系生态的总体环境景观发展，串联古镇驳船系统传统条件基础，以交通功能的活化复苏作为建设发展的总策略。以驳船系统中各个环节要素节点作为平台组织实施内容，形成以水界面为主体的古镇传统景观风貌基础条件，注重古镇内部水道水系的连通连续关系，重点梳理水网的外部环境衔接，以自然、人文、交通为重要的要素战略向外部延伸。加强与周边的交通联系及互动，打通村落间的交流，吸收乡村农田的驳岸自然景观及要素，串联古镇整体水网外延与连通大格局。创新发展水系航运及以旅游为导向的古镇新城交通。

5.7.2 旅游功能的边界缓冲

古镇经济目前普遍依靠旅游产业来支撑，旅游对于古镇的发展意义非常重大。旅游产业既有帮助古镇经济快速发展的一面，也有单一产业变相破坏整体传统风貌环境的一面。因此，正确的引导，采取积极有效的整体保护措施，将发展着眼于有机循环的生态理念，整体控制、逐步细化各个角度的规范与实施细则边界，制定有机的新陈代谢良性发展策略尤为重要。科学地保护与发展相互协调，提炼与认识生活环境基础原点，回归江南水乡文化景观的最根本形态。古镇空间与环境的边界管控，借助于古镇驳船系统文化景观的相对完善与其保护成果，力求古镇原真的生活系统、生态系统的动态能够保持平衡与控制。使旅游产业的负面影响始终保持在一定的可控范围内，发挥其良性作用，调整旅游活动类型，设定空间边界、制度边界、操作边界，保持古镇生活聚居地内生态的平衡。特别强调水系功能的激活，水系及驳船系统文化景观的历史传承与创新。在古镇驳船系统的整体范围内，建立核心水系水域功能保护区、驳岸空间环境影响区、街巷建筑控制区，分层次分边界，将生活与旅游有机关控分流，设定缓冲空间，减少因旅游对于古镇环境的影响。

5.7.3 水岸功能渗透

古镇驳船系统水边界轮廓线和总体格局应予以有机整体的保护，水岸功能渗透就是活化传统功能实现有机保护的发展策略。依据功能与空间分类原则，水体以船为核心，岸以水埠为媒介，驳岸结合建筑功能为载体，恢复并形成各个空间类型的功能关联。同时，依据传统交通功能的布局结构原则，将水岸关系相互渗透交融在一起，连接古镇驳岸空间与水体空间的传统功能。以文化景观布局原则恢复传统水界面景观轮廓线和景观功能空间界面，改变水岸已经从传统意义上水岸功能慢慢变成了水岸场景化并且附庸于古镇景观的现状。恢复传统价值水岸功能，改变水逐步退缩的现实情况，强调水岸功能逐步叠加和穿插，活跃部分功能空间。目前，古镇大量驳岸功能的转变，聚居了其他一些功能，也体现了历史重要的一面。合理的融合功能与环境，同时其场所，如河埠码头的作用逐渐丧失等是需要重点改变的方面。引导水岸的现状功能，结合传统交通功能的修复来实现各项功能的相互渗透，融合合理的商业服务、生活娱乐、文化休闲的等各种有机功能关系。

5.7.4 风貌景观渗透

古镇驳船系统传统风貌与现代景观之间并不矛盾，其功能与内容在和谐传承上具有互补性作用，在景观的塑造与保护上有必要的协调机制予以保障其良性的发展。传统风貌与多元景观的相互融合，包含了众多古镇传统风貌元素，除了水乡特色环境水体驳岸景观外，还包含了传统古镇空间的各项要素。合理渗透古镇驳船系统与水巷、古镇空间，在保护与更新中将风貌景观有机融合、成体系协调发展。保持古镇传统面貌与特色内涵，保持历史赋予的风貌连续性、文化关联性和景观有机传承，形成景观渗透后统一的文化景观发展秩序与原则。

注释

1. “浜” - 河塘，小河沟的意思。宋朱长文《吴郡图经续记上・城邑》：“观于城中众流贯州，吐吸震泽 ，小浜别派，旁夹路衢。”明李诩《俗呼小录》：“绝潢断港谓之浜。” 清魏源《东南七郡水利略叙》：“三江导尾水之去，江所不能遽泄者，则亚而为浦……泾、浜、溇。” 矛盾《大旱》：“港或浜什么的都干到只剩中心里一泓水。” 还例如 “洋泾浜”，原是上海的一条小河，位于从前的上海的公共租界和法租界之间，后来被填成一条马路，即今天的延安东路。明浜，是看得见的河塘，里面是有水的，或者没水但是有水草和淤泥。暗浜，原来曾经是河塘，当水消退消失之后，上面增加了覆土及其他覆盖物，从表面已经看不出河塘的样子。

2. “泾” - 本意专指泾水，在吴方言中泛指沟渠。叶圣陶《一课》：“一条小船，在泾上慢慢地划着，这是神仙的乐趣。” 渭水支流，有南、北二源，北源出宁夏六盘山东麓原州区，南源出甘肃省华亭县，至平凉市境合流后，又东南流入陕西省，至高陵县入渭河。《说文》中记载 “雍州其川，泾汭。”《周礼・职方氏》中记载 “泾以渭浊”。成语中就有泾渭分明一说。

3. “浦” - 浦，濒也，本义是水滨的意思，表示水边或河流入海的地区。本为入江支流之称，《说文》等均有记载。江河与支流的汇合处，浦口即小河入江的地方，浦海即江河的入海口。比如上海黄浦江上接近吴淞口的 “高浦”、杨浦区的 “杨树浦”、卢浦大桥下的 “打浦”。

4. “塘” - 面积不大的池子，塘坝，塘堰。原意是挡水的土坝。方形水池。水被 “塘” 挡住后形成了一个 “池”，通称为池塘，有些地方简称 “塘”，也称 “水塘” 等。上海的地方名称中就有 “西塘”、“三林塘” 等，都是和水有着特殊的渊源关系。

5. “漕” - 水转谷也,即可供运输的河道。一曰人之所乘及船也《说文》等均有记载。“水” 与 “曹” 联合起来表示 “水运粮草”，本义就是通过水道运送粮草。

6. “滩” - 河海边淤积成的平地或水中的沙洲，或是由海水搬运积聚的沉积物沙或石砾堆积而形成的岸，滩可依沙的粗细分为砾滩（石滩）、沙滩。滩头。分为海滩、湖滩、河滩，另也指江、河、湖、海边水涨淹没、水退显露的淤积平地。

7. “港” - 本义是指江河的分流，江河的支流。可以停泊大船的江海口岸、河湾。

8. “溪” - 溪流是相对上比河流窄,水流速度变化多端的自然淡水水流,山间不与外界相通的小河沟。一般来说窄于五米的水流被称为溪流，宽于五米的被称为河流。通常溪流都是在河流的上游，和山谷一带，湍流和不平坦的河床亦较常见到。

9. 张环宙等．从水因子角度对江南水乡古镇的历史地理研究 以太湖流域六大古镇为例 [J]．杭州师范学院学报（自然科学版），2006（1）。

10. 王毅，郑军，吕睿．文化景观的真实性与完整性 [J]．东南文化，2011（3）:13 ～ 17。

11. 徐境，任文玲．西塘古镇滨水空间解读 [J]．规划师，2012（S2）。

12. 倪剑．江南水空间的形态与类型分析 [J]．浙江建筑，2003（02）。

13. 阮仪三，袁菲．再论江南水乡古镇的保护与合理发展 [J]．城市规划学刊，2011（05）。

14. 刘强，文剑钢，周有军．江南水乡古镇形象与环境特色探讨 [J]．城市风貌与建筑设计。

15. 田洪喜，白桦，生活・艺术・休闲的轨迹 - 普通江南茶馆的设计。安徽文学，2009 年第 9 期，P112-113。

16. 黄凤兴．中国茶馆的演变与茶文化 [J]．茶业通报，2007, 29（2）:95。

17. 段进，秀松，王海宁．城镇空间解析 - 太湖流域古镇空间结构与形态 [M]. 1．北京：中国建筑工业出版社，2002。

18. 郑鹤声、郑一钧．《郑和下西洋资料汇编》上册第 42 页，齐鲁书社，1980 年。

19. 彭双，何道明．试论中国古典园林对水文化的诠释 [J]．郧阳师范高等专科学校学报，2010（2）。

20. 申大轮船每天清晨从大团 镇接客至新场镇，向西进北闸港到上海市区，傍晚按原水道经新场镇送客到大团镇后回新场镇。如遇水浅，由达利轮船接送新场镇、大团镇间的旅客，申大轮船于 1937 年被国民政府征用。

21. 每天载客来往大团镇、新场镇、上海市区之间，航线由进南闸港到上海市区。吉安轮船于抗日战争前转让售出。

22. 每天上午、下午载客 2 次，由新场镇开出，经下沙至周浦镇南八灶，旅客可换乘上南线（上海－南汇）小火车到上海市区。

23. 罱泥船一般载重 1000kg ～ 1600kg，除作罱泥积肥外，主要用于货物装载。专作货物运输的罱泥船一般在 10t ～ 20t 以上。

24. 划桨船一般载重 200 公斤左右，在农村中较普遍，大多 用作捕鱼、摸蟹，装少量货物之用。

25. 行口即为力夫专事装卸搬运业务的机构。中华人民共和国成立后，两家行口于 1950 年合并建立搬运办事处。1953 年，改称为搬运工会新场第二中队，下设 6 个班，有职工 59 人。

26. 由王宝生、周应涛及潘阿英合资经营，拥有船 12 艘，其中 1 艘达 20 吨，尽集于包家桥一带。民国 23 年（1934 年），周应涛因意见不合而分道。王宝生独得大船，一年后即售船歇业。周应涛则独营 10 余艘小船。953 年，周应涛之子周少泉另创“周瑞记租船厂”，专营租船业。1958 年，由新场镇政府改造接收，资产（6820 元）划归新场五金厂。

27. 以洪桥为界，洪桥西有康阿三，有船 17 艘，身后有其子康泉生继业，中落后家业无存。

28. 朱家为大户，约有 150 多年历史，相传其祖上由“长守太太”创业，所筑“永志堂”至今犹存。其后裔朱松泉，约生于清咸丰十年（1860 年），曾置小船 20 艘。民国 36 年（1947 年），其后裔尚有船 16 艘，1964 年 5 月，由新场人民公 社新场生产大队如数接收。

29. 朱泉生家，曾有出租船 12 艘，经过子辈分家和出售，及至入社，总存 11 艘。

30. 独营租业，初时有船 1 ～ 2 艘，其子媳增至 4 艘，传至其孙大六。

31. 曾拥船 20 艘，于抗日战争期间败落，无一遗存。

32. 义和桥：建于元至正年间（公元 1341 年～ 1368 年），明万历年间（公元 1573 年～ 1620 年）重修，俗呼王况桥，因桥畔原建有白虎庙，又称白虎庙桥、白虎桥，位于洪西街白虎庙港，中华人民共和国成立后拆除桥面，今存环龙残骸。

33. 洪福桥，建于明代，现为平桥。

34. 千秋桥，建于清康熙年间（1662 年～ 1722 年），在洪东街东端，跨东横港。1983 年整修，现仍完好。桥体上镌刻有劝人 为善的祝福词。2002 年 5 月 29 日，被列为南汇区文物保护单位。

35. 杨辉桥，建造年代不详，开挖大治河时被拆除，改为公路桥。

36. 玉皇阁桥，建于清乾隆二十一年（1756 年），在新场镇东南，由东横港入大治河处，现改为水泥平桥。

37. 永宁桥，建造年代不详，现已拆除。

38. 盛家庙桥，建于明嘉靖十一年（公元 1532 年），现仅存环龙残骸。

39. 保佑桥，建于明弘治十五年（公元 1502 年），位于新场镇北坦直社区，现保存完整，为区级文物保护单位。

40. 庆元桥，建造于清代光绪年间，位于镇区北部新桥村 312 号。

41. 念珠桥，建于清代，位于镇区北部新桥村 312 号。

42. 太平桥，建于清代道光年间，位于新北村 7 组。

43. 徐家坝桥，建于清代，位于新场镇西南的曹桥村 7 组。

44. 斗老阁桥，建于清代嘉庆年间，位于新场镇南部的众安村 3 组。

附录

水埠样式特征表 附表 1

类型	特征	立面形态	平面形态
单边水埠 1	水埠码头形式为单边式，水埠平台为下平台式，由建筑直接进入	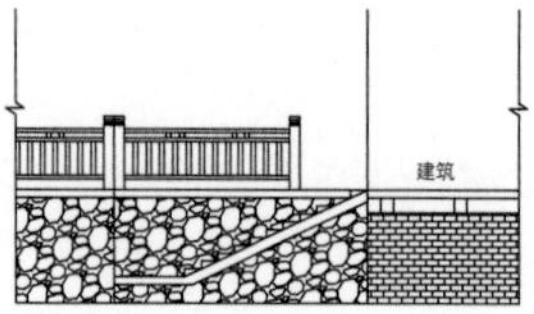 建筑	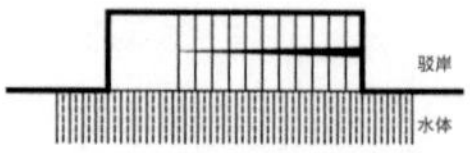 驳岸 水体
单边水埠 2	水埠码头形式为单边式，水埠平台为上下平台式，位于洪福桥桥头处，由临水公共空间直接进入	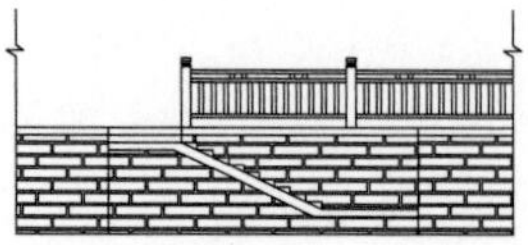	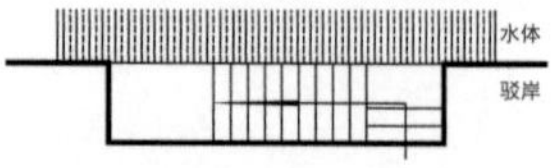 水体 驳岸
单边水埠 3	水埠码头形式为单边式，水埠平台为下平台式，由临水公共空间直接进入	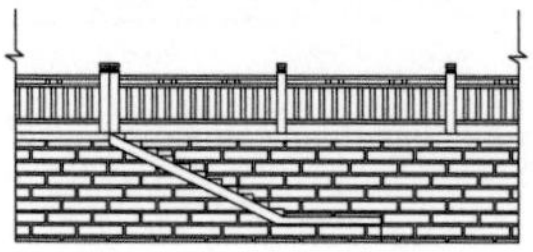	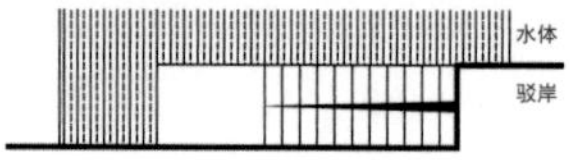 水体 驳岸
单边水埠 4	水埠码头形式为单边式，水埠平台为上下平台式，由临水廊亭直接进入	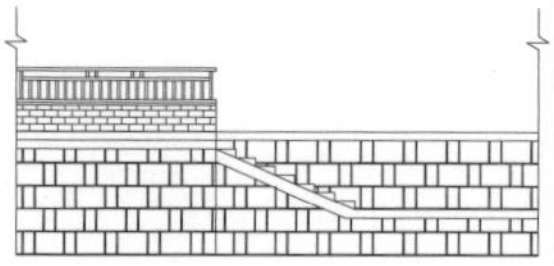	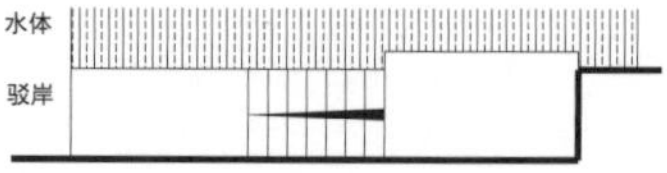 水体 驳岸
单边水埠 5	水埠码头形式为单边式，水埠平台为下平台式，由临水廊亭直接进入	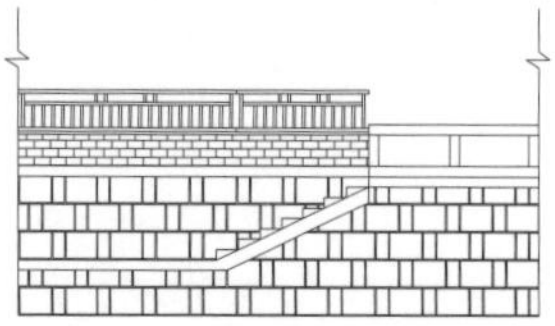	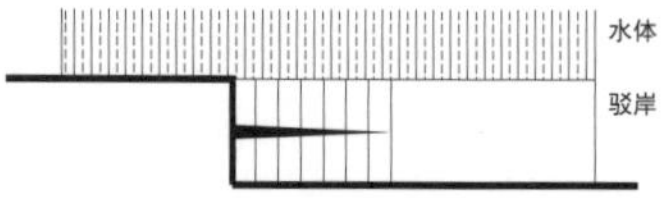 水体 驳岸
单边水埠 6		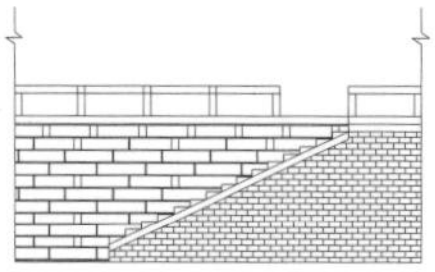	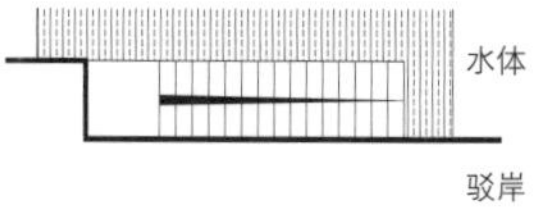 水体 驳岸
单边水埠 7	水埠码头形式为单边式，水埠平台为下平台式，由临水建筑直接进入	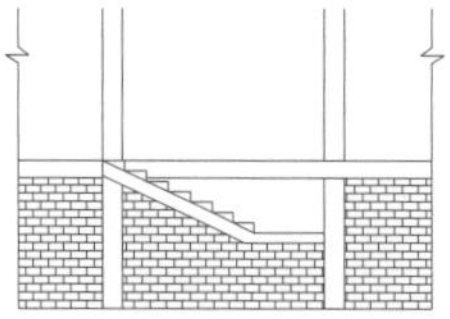	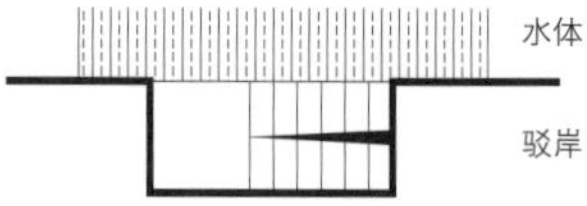 水体 驳岸

续表

类型	特征	立面形态	平面形态
单边水埠 8	水埠码头形式为单边式，水埠平台为下平台式，由临水街道直接进入	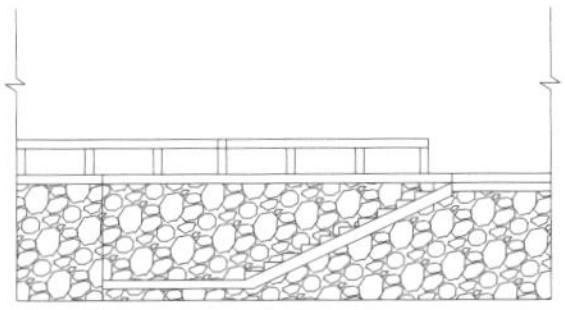	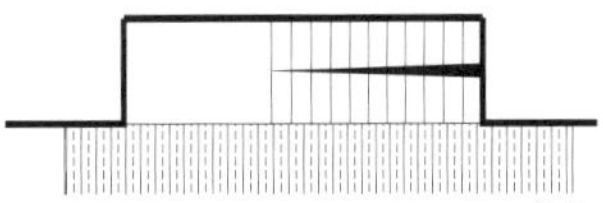 驳岸 水体
单边水埠 9	水埠码头形式为单边式，无水埠平台，由临水廊桥直接进入，与桥头结合设置	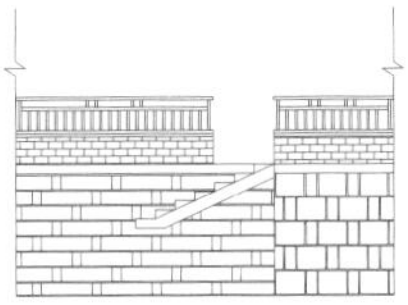	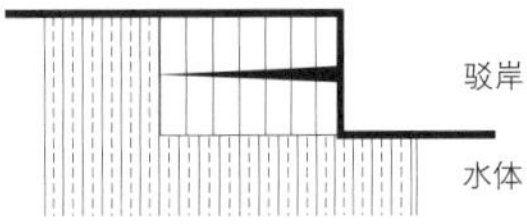 驳岸 水体
单边水埠 10	水埠码头形式为单边式，水埠平台为下平台式，由临水开敞空间直接进入，与建筑形态为建筑－廊棚－河式的临水开敞民居结合	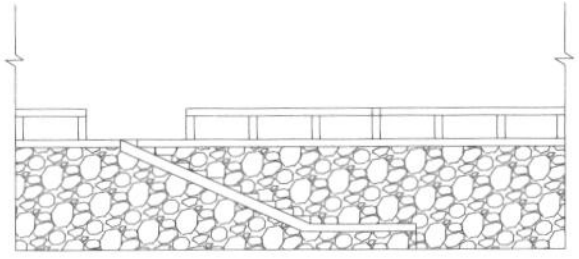	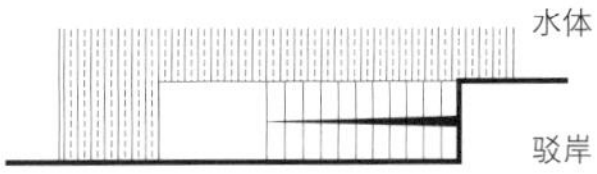 水体 驳岸
直通水埠 1	水埠码头形式为直通式，无水埠平台，由临水街道直接进入	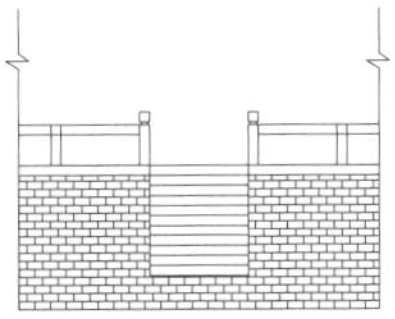	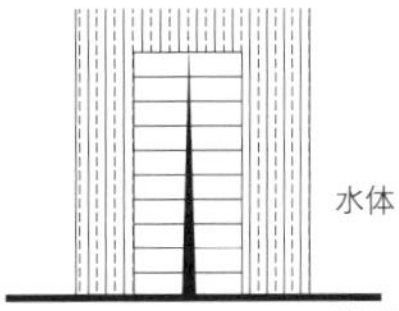 水体 驳岸
直通水埠 2	水埠码头形式为直通式，无水埠平台，由临水建筑直接进入	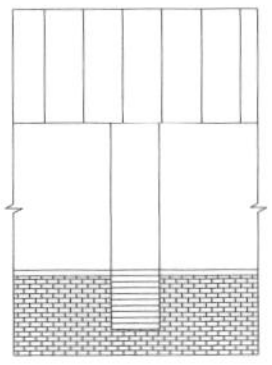	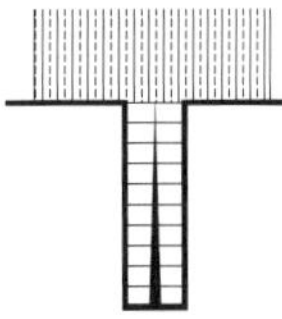 水体 驳岸
直通水埠 3	水埠码头形式为直通式，无水埠平台，由临小广场直接进入	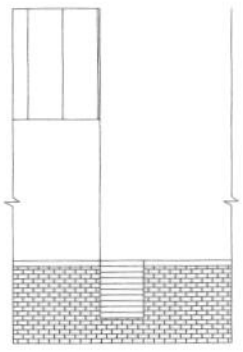	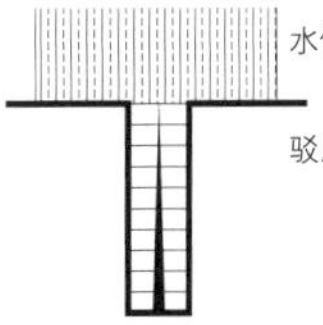 水体 驳岸
双边水埠 1		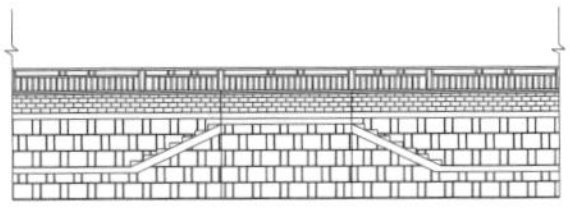	 水体 驳岸

续表

类型	特征	立面形态	平面形态
双边水埠 2	水埠码头形式为双边式，水埠平台为上平台式，由临水建筑直接进入	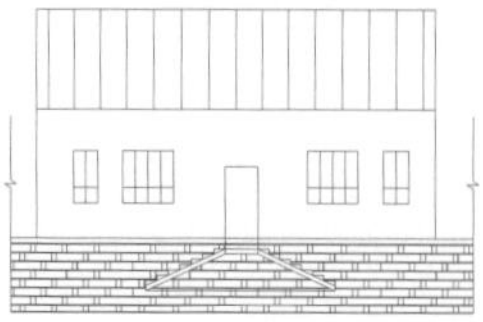	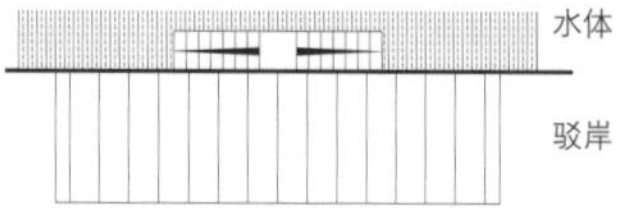 水体 驳岸
游船水埠	水埠码头形式为单边式，无水埠平台，由临水廊桥直接进入，与桥头结合设置		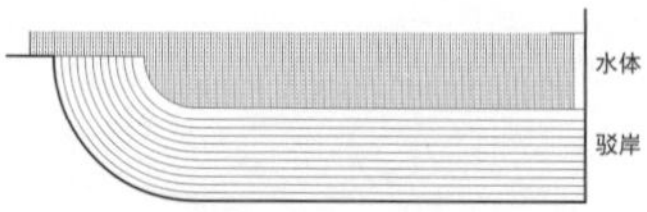 水体 驳岸

驳岸样式特征表 附表 2

驳岸类型	设计样式	参考样式
条石驳岸 1	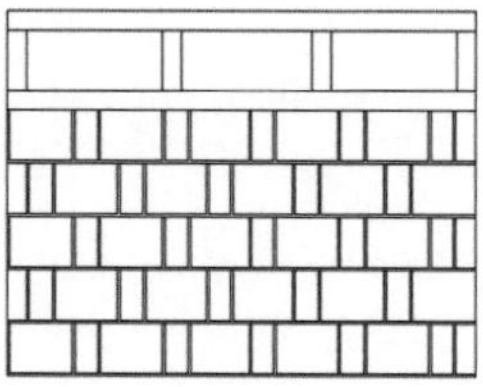	
条石驳岸 2	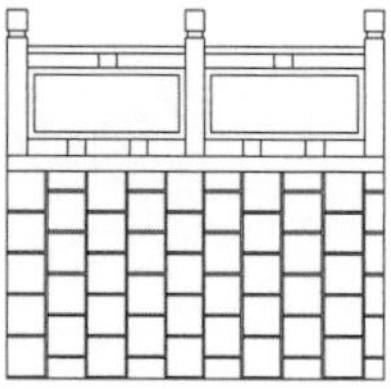	
条石驳岸 3	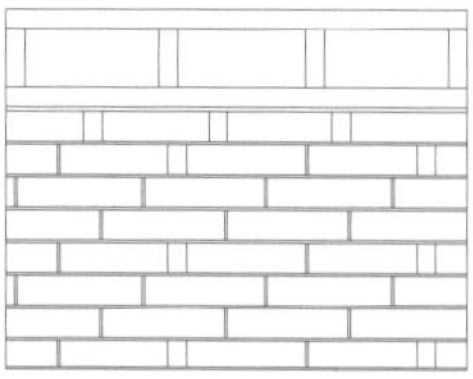	

续表

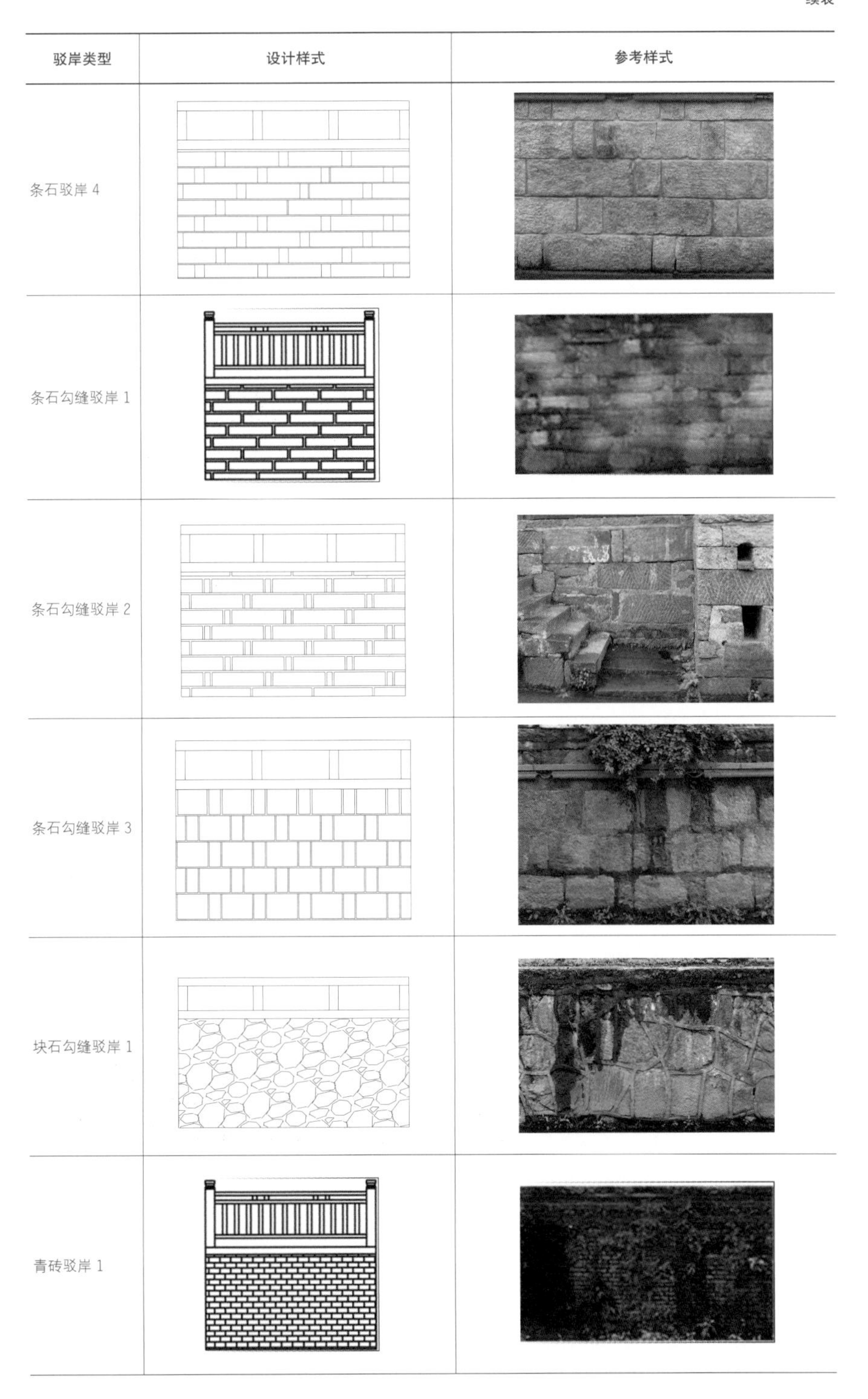

驳岸类型	设计样式	参考样式
条石驳岸 4		
条石勾缝驳岸 1		
条石勾缝驳岸 2		
条石勾缝驳岸 3		
块石勾缝驳岸 1		
青砖驳岸 1		

续表

驳岸类型	设计样式	参考样式
青砖驳岸 2	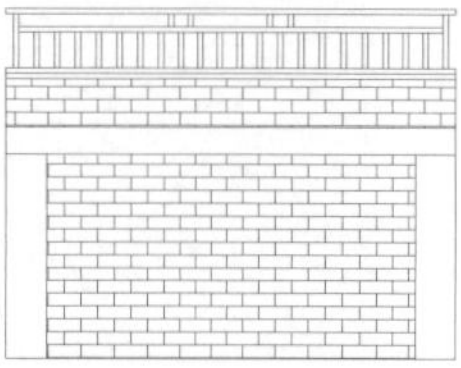	
青砖驳岸 3	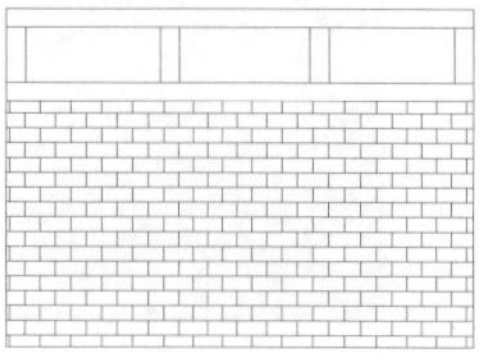	
自然驳岸 1：条石 + 碎石 + 绿化	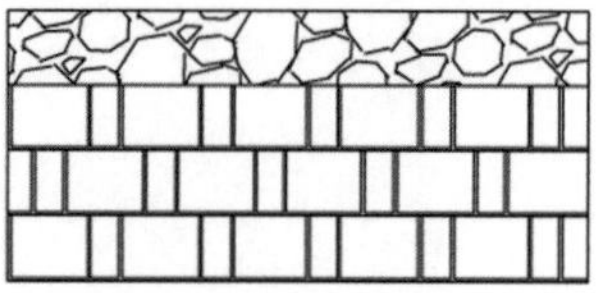	
自然驳岸 2：条石 + 绿化	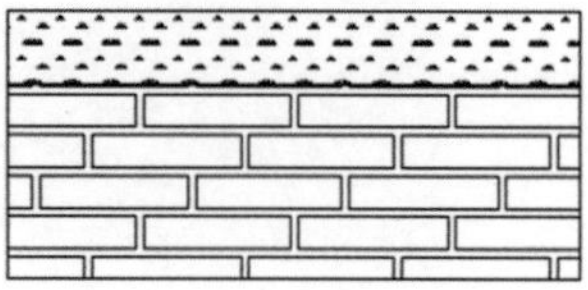	
其他砌筑驳岸	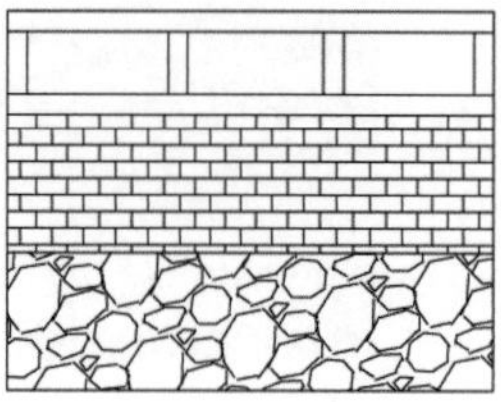	

著者后记

首先感谢上海市浦东新区人民政府、上海市浦东新区新场镇人民政府、上海新场古镇投资开发有限公司，感谢各方朋友对于本书的大力支持与关爱，也特别感谢给予此书提出非常重要指导意见的阮仪三教授和严国泰教授！

本书依据作者对江南水乡驳船系统文化景观长达三年以上的学术研究所形成的硕士论文成果为基础，以江南水乡水岸文化景观为核心分析研究角度，提出“水岸是古镇水乡风貌第一界面”的观点，运用实践于新场古镇保护更新规划与设计的过程基础上，形成新场古镇水岸传统风貌典型特征的吻合性与客观存在性的论证成果得以成书。本书目前还仅是对于江南水乡古镇的水岸进行了文化景观结构性的初步分析与研究，对于江南水乡的更为深入的研究因其丰富性与独特性的研究还有太多不足，其中还有较多不细致之处，希望各界学者老师勘误指正。

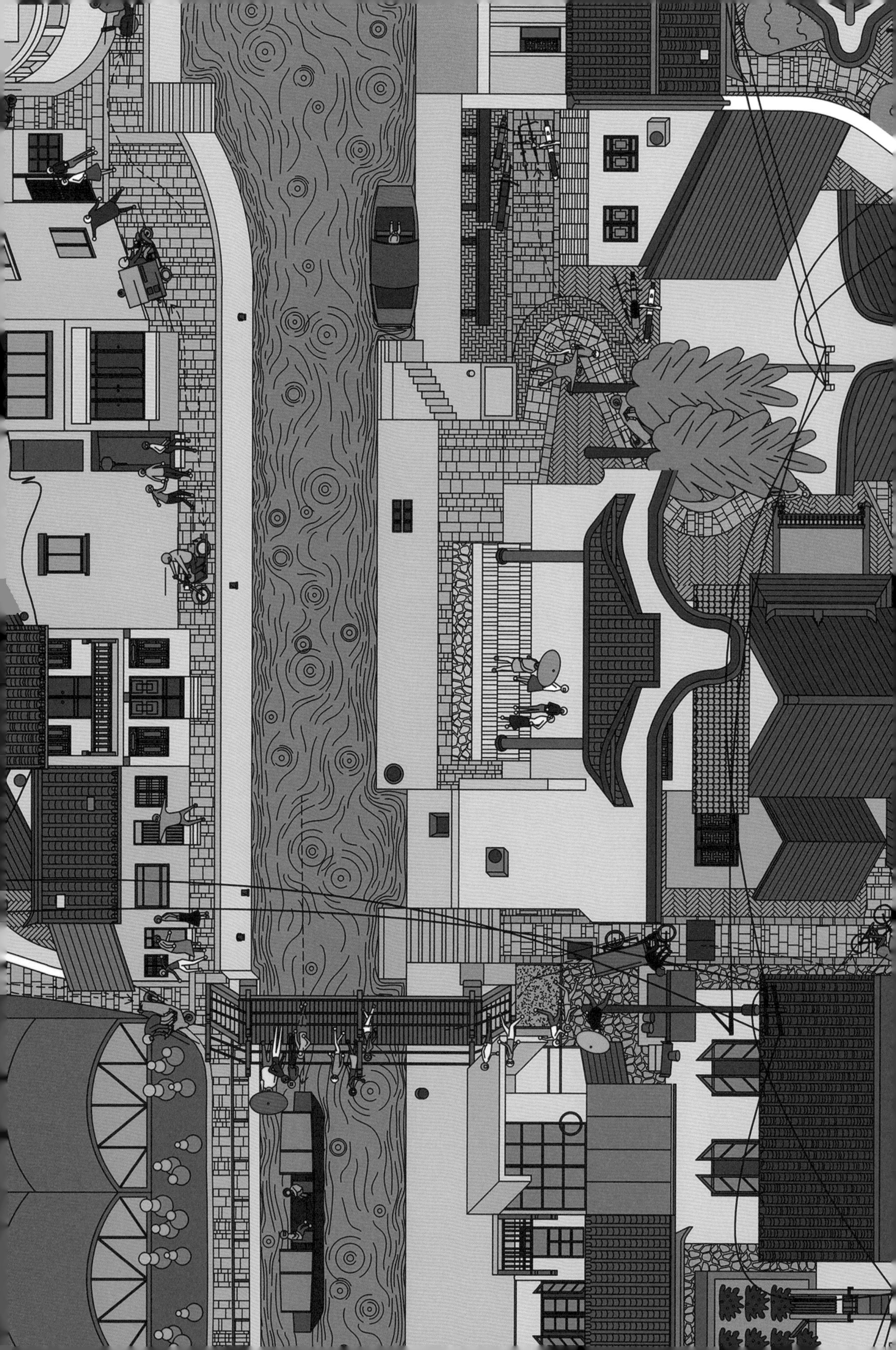

《江南水乡古镇水岸研究 新场古镇》

本书参与人员名单：
王旭潭 杨聪雄 徐子龙 厉越 潘美宝 TOM
沈禾薇 蓝庭光 许永超 周娜 代兰 邵志超
陈波 谭凤霞 陈伟健 蔡翔 颜希羽 郑梅香 梁文瀚 王妙玉

本书书名题字书法家：
黄越

“新场古镇新民俗画”合作主创作者：
李涵 胡妍

图书在版编目（CIP）数据

江南水乡古镇水岸研究　新场古镇 / 薛鸣华，王林著. — 北京 ：中国建筑工业出版社，2018.12
ISBN 978-7-112-22959-8

Ⅰ. ①江… Ⅱ. ①薛… ②王… Ⅲ. ①乡镇－景观规划－研究－上海 Ⅳ. ①TU982.295.1

中国版本图书馆CIP数据核字(2018)第261018号

责任编辑：徐明怡　徐　纺
责任校对：王　烨

江南水乡古镇水岸研究　新场古镇

薛鸣华　王林　著

*

中国建筑工业出版社出版、发行（北京海淀三里河路9号）
各地新华书店、建筑书店经销
上海雅昌艺术印刷有限公司印刷

*

开本：787×1092 毫米　1/16　印张：13¾　字数：259 千字
2019 年 3 月第一版　2019 年 3 月第一次印刷
定价：128.00 元
ISBN 978-7-112-22959-8
（33058）